AF474910

J.-HENRI FABRE

LECTURES

SUR

LA BOTANIQUE

PARIS
LIBRAIRIE CH. DELAGRAVE
15, RUE SOUFFLOT, 15

LECTURES

SUR

LA BOTANIQUE

COULOMMIERS. — TYPOG. PAUL BRODARD.

LECTURES

SUR

LA BOTANIQUE

PAR

J.-HENRI FABRE

Ancien élève de l'École normale primaire de Vaucluse,
Docteur ès sciences, Correspondant du ministère de l'instruction publique,
Lauréat de l'Institut et de la Sorbonne,
Officier de l'Instruction publique, Chevalier de la Légion d'honneur.

PARIS
LIBRAIRIE CH. DELAGRAVE
15, RUE SOUFFLOT, 15

1881

LECTURES SCIENTIFIQUES

BOTANIQUE

La science est l'amie de tous.
PLATON.

I

L'Arbre et le Polypier.

Vous connaissez les belles perles rouges avec lesquelles on fait des colliers. On vous a dit que c'était du Corail. Fort bien ; mais, avant d'être façonné en perles par les mains de l'ouvrier, sachez que le Corail a la forme d'un petit arbuste d'un rouge vif, avec tige, branches et rameaux. Seulement, l'arbrisseau n'est pas en bois : il est en pierre aussi dure que le marbre, ce qui ne l'empêche pas de se couvrir, au fond de la mer, d'élégantes petites fleurs.

Or ces prétendues fleurs épanouies sur des rameaux de pierre sont en réalité des animaux, dont le Corail est la demeure commune, la maison, le support. On les nomme *Polypes*, et leur commun support *Polypier*. Figurez-vous un globule creux de matière gélatineuse, un petit sac dont l'orifice est bordé de huit lamelles frangées, de huit tentacules s'épanouissant comme les pétales d'une fleur : tel est l'habitant du Corail. La cavité du globule est une poche digestive, et les huit lamelles frangées sont des bras propres à saisir une proie.

Tel qu'il est dans la mer, le Corail est revêtu d'une écorce molle, criblée d'une foule d'enfoncements cellulaires, dans chacun desquels un polype est logé. Au-dessous de cette écorce vivante se trouve le support pierreux, d'un rouge vif. Bien que cantonnés chacun dans une cellule spéciale et doués d'une existence propre, les polypes d'un même pied de Corail ne sont pas étrangers l'un à l'autre. Ils communiquent tous par l'estomac ; ce que l'un digère profite à tous. Avec leurs bras frangés épanouis en rosette, les polypes happent au passage les particules nutritives amenées par les eaux. Le hasard ne les favorise

Fig. 1.— Le Corail.

pas tous de la même manière. Tel fait une chasse abondante, tel autre ne referme pas une seule fois le filet de ses tentacules. N'importe : la journée finie, la nourriture a été égale pour tous ; les estomacs qui ont digéré ont fourni la ration aux autres.

Comment s'est établi d'estomac à estomac cet étroit communisme que, dans ses plus folles aberrations, l'esprit humain n'aurait jamais conçu ; comment s'est organisé cet étrange réfectoire où l'individu qui mange nourrit son voisin qui n'a pas mangé? Voici : Tout polypier, tout pied de corail débute par un seul polype, qui, issu d'un œuf et d'abord errant dans les eaux, finit par se fixer à une roche sous-marine, pour y fonder une colonie. Ce polype, une fois qu'il a pris domicile, *bourgeonne* à la manière de la plante, c'est-à-dire donne naissance, en un point de son corps, à une verrue charnue qui graduellement se développe et devient un animalcule pareil au premier. Un nouveau polype se forme donc sur le flanc du fondateur de la colonie. La communication entre la cavité digestive du polype-rameau et celle du polype-souche est d'abord indispensable, afin que la nourriture saisie et digérée par ce dernier profite au jeune, incapable de se suffire à lui-même. Or cette communication primitive se conserve toujours; les polypes du Corail arrivés à maturité ne se séparent pas, mais continuent à vivre en famille, indissolublement unis par les liens d'estomac.

Fig. 2. — Un polype du Corail.

Le premier polype issu d'un bourgeon est suivi d'un second, d'un troisième, d'un quatrième. Les fils à leur tour bourgeonnent des petits-fils; et ainsi de suite sans limites arrêtées, si bien que les générations successives s'échelonnent sans fin par de nouveaux bourgeonnements, de jour en jour plus nombreux. Quant au domicile commun ou polypier, il résulte de l'exsudation de tous ses habitants, qui suent de la pierre comme l'escargot transpire les matériaux de sa coquille. Chaque polype nouveau-né apporte son contingent de matière pierreuse, et l'édifice grandit, se ramifiant de plus en plus.

D'après son mode de formation, il est visible qu'un polypier n'a pas de fin nécessaire et qu'il ne peut périr que d'accident. Les polypes vieux meurent sans doute comme meurt tout animal; mais, avant, ils laissent sur le polypier de nombreux rejetons, qui en laissent à leur tour d'autres plus nombreux; et, cela se continuant toujours, il n'y a pas de raison pour que le polypier dépérisse. Loin de là :

s'il ne survient aucun accident, le polypier, toujours restauré, toujours agrandi par des générations nouvelles, atteindra, plein de vigueur, tel âge que l'on voudra. Le polype meurt, le polypier reste ; l'individu périt, la société persiste. On trouve dans la mer Rouge des polypiers tellement volumineux, que, en évaluant leur âge d'après la lenteur de leur accroissement annuel, on arrive à une prodigieuse antiquité. Aujourd'hui encore en pleine activité, ils comptent de trois à quatre mille ans d'existence ; ils datent de la construction des Pyramides ; ils sont contemporains des Patriarches et des Pharaons ! Pour les agglomérations des polypes, le temps ne compte pas. L'individu meurt, mais la communauté traverse les siècles, toujours jeune, toujours en travail.

Fig. 3. — Rameau avec ses bourgeons.

Un végétal est comparable à un polypier couvert de ses polypes. Ce n'est pas un être simple, mais un être collectif, une association d'individus, tous parents, tous étroitement unis, s'entr'aidant les uns les autres et travaillant au bien-être de l'ensemble. C'est, de même que le corail, une ruche vivante dont les habitants ont la vie en commun et mangent au réfectoire.

Prenez un rameau de lilas ou de n'importe quel arbuste ; dans l'angle formé par chaque feuille et le rameau, angle qu'on nomme *aisselle de la feuille*, vous verrez un petit corps arrondi revêtu d'écailles brunes. C'est là un *bourgeon*, ou, comme disent les jardiniers, un *œil*. Il est destiné à devenir un rameau implanté sur le premier, de même que ces autres bourgeons, les verrues nées sur le corps d'un polype, deviennent d'autres polypes implantés sur le premier. Eh bien, ce bourgeon, et par conséquent le rameau qui doit en résulter, est, pour l'ensemble de l'arbre, ce qu'un polype est pour l'ensemble du corail. Il constitue un membre de la famille, un individu, un habitant de la communauté végétale. Mais c'est un habitant nouveau-né, faible encore, incapable de travail. Il ne prendra part à l'activité générale de l'arbre que le printemps prochain, lorsqu'il sera devenu rameau. Jusque-là, c'est un nourrisson alimenté aux frais de la communauté ; il n'a rien à faire qu'à se fortifier et grandir, comme l'enfant dans ses langes et l'oiseau dans son nid.

Tout le travail revient aux rameaux couverts de feuilles, aux rameaux de l'année. Par l'intermédiaire des racines, ils puisent dans le sol; par l'intermédiaire des feuilles, ils puisent dans l'air; et, mélangeant, associant, combinant les matières premières amenées par ces deux voies, ils préparent la purée gommeuse dont se nourrissent les bourgeons. L'année suivante, ils seront mis à la retraite; et les bourgeons d'aujourd'hui, devenus forts et développés en rameaux, travailleront à leur tour à l'œuvre commune, pour être remplacés au bout d'un an par de nouveaux bourgeons.

Fig. 4. Bourgeon de Marronnier.

L'arbre se compose ainsi d'une série de générations annuelles échelonnées l'une sur l'autre. La génération actuelle est représentée par les rameaux feuillés. C'est là que réside l'activité végétale. Les bourgeons forment la génération immédiatement future. C'est pour eux que l'arbre est en travail. Enfin la tige, les branches et leurs subdivisions, jusqu'aux rameaux feuillés, représentent les diverses générations passées. Ces générations d'un autre âge sont inactives, quelquefois même frappées de mort. Elles constituent le polypier végétal, c'est-à-dire qu'elles servent de support aux jeunes générations.

Il descend de l'ensemble des bourgeons, pour les mettre en rapport avec la terre, non de vraies racines, mais une humeur spéciale, préparée à frais communs, humeur qui chemine sous l'écorce et s'organise dans son trajet en une couche de bois moulée sur celle de l'année précédente. Cette couche ligneuse relie les bourgeons au sol, car, parvenue à la base de la tige, elle se distribue dans les racines déjà formées, ou même en produit de nouvelles en s'épanouissant, se subdivisant sous terre. Comme pareil travail se reproduit pour chaque génération de bourgeons, c'est-à-dire chaque année, il en résulte qu'un arbre se compose d'une succession de couches ligneuses emboîtées l'une dans l'autre, les plus vieilles à l'intérieur, les plus récentes à l'extérieur. Une branche, suivant son âge, en comprend tel ou tel autre nombre ; et la tige, point de départ de la communauté végétale, les comprend toutes. Le dénombrement des couches ligneuses du tronc donne donc l'âge de l'arbre.

Chacun de ces étuis ligneux est le produit d'une génération de bourgeons ; celui de la génération présente occupe l'extérieur de la tige, immédiatement sous l'écorce ; ceux des générations passées en occupent l'intérieur et sont d'autant plus reculés vers le centre qu'ils sont de plus vieille date. Les bourgeons futurs produiront d'année en année leurs couches de bois respectives, qui viendront se superposer une à une à leurs aînées ; et la couche superficielle actuelle se trouvera à son tour enclavée dans l'épaisseur du tronc.

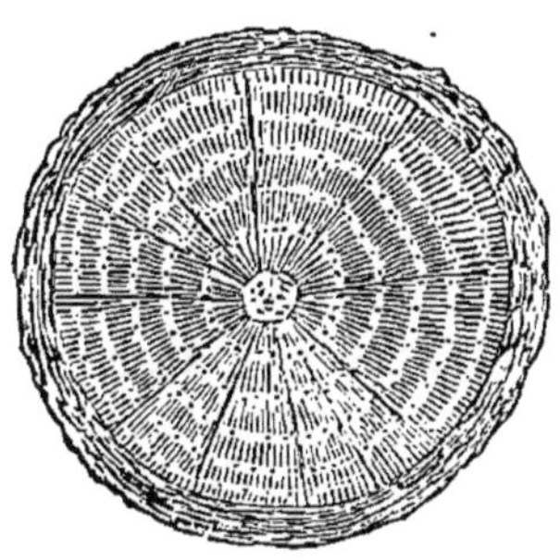
Fig. 5. — Coupe transversale de Chêne de six ans.

De tous ces étuis ligneux, d'âge inégal, le plus nécessaire aujourd'hui est évidemment celui de la superficie, puisqu'il met en communication avec la terre les habitants actuels, les bourgeons de l'année. La destruction de cette couche amènerait la mort de la communauté entière. En leur temps, les couches de l'intérieur ont tour à tour, quand elles occupaient la surface, rempli le même rôle à l'égard des rameaux contemporains ; mais aujourd'hui que ces rameaux, devenus branches, sont remplacés par d'autres, les couches profondes n'ont que des fonctions secondaires ou même nulles. Les plus voisines de la superficie conservent encore quelque aptitude au travail et viennent en aide à la couche de l'année pour amener aux rameaux les sucs de la terre ; quant aux plus centrales, ce sont de vieilles assises d'où l'activité s'est pour jamais retirée.

Maintenant elles ont bruni, leurs sucs se sont desséchés, leur bois s'est durci, encroûté, minéralisé pour ainsi dire. Dans leur décrépitude, elles ne se mêlent de rien. Tout au plus, par l'appui de leur bois tenace, donnent-elles de la solidité à l'édifice général. L'activité de l'arbre décroît donc de la superficie au centre. A la surface, c'est la jeunesse, la vigueur, le travail ; au centre, la vieillesse, la décrépitude, l'inertie.

Parvenus à un âge avancé, les arbres, surtout ceux dont le cœur ne durcit pas, ont fréquemment la tige caverneuse. Tôt ou tard, les couches intérieures, consumées par la pourriture, se réduisent en terreau, et le tronc finit par devenir creux, ce qui ne l'empêche pas de porter une vigoureuse couronne de branchage. Rien de plus étrange, au premier abord, que ces vieux saules, par exemple, rongés par les larves d'insectes, excavés par la pourriture, éventrés par les années, qui se couvrent, malgré tant de ravages, d'une puissante végétation. Cadavres en décomposition au dedans, ils jouissent au dehors de toute l'exubérance de la vie. La singularité s'explique si l'on considère que les couches centrales sont maintenant inutiles à la vie de l'arbre. Vieilles reliques des générations qui ne sont plus, elles peuvent être ravagées par la pourriture ; le reste de l'arbre n'en souffrira pas tant que les couches extérieures se conserveront saines, car là seulement réside la vitalité.

Détruit dans ses parties centrales par les outrages du temps et rajeuni chaque année par des générations nouvelles, l'arbre traverse les siècles sans vouloir mourir. Par une prérogative inhérente à son organisation d'être collectif, il réunit les caractères les plus contradictoires. Tout à la fois, il est vieux et jeune, mort et vivant. En vain l'âge fait tomber en poussière les premiers habitants de la communauté végétale ; de nouveaux les remplacent, et l'arbre se conserve indéfiniment riche d'avenir. Certains polypiers de la mer Rouge sont contemporains des Pharaons ; quelques arbres luttent avec eux d'antiquité, ou même les dépassent. J.-H. Fabre.

II

De l'individu végétal.

Le commun des hommes, et même les hommes instruits, accoutumés à voir tous les grands animaux doués d'une vie propre, ont eu beaucoup de peine à se former à l'idée d'êtres en apparence simples et qui sont réellement des assemblages d'individus. Ils ont témoigné une grande surprise, lorsque les zoologistes ont démontré qu'il existe des animaux agglomérés et vivant d'une vie commune. Tels sont divers Polypes. Il s'agit de savoir si les plantes sont des individus uniques, comme les animaux supérieurs, ou des assemblages d'individus, comme le Corail et autres polypiers.

D'après l'opinion vulgairement reçue, un Saule, un Cerisier, un Chou, etc., sont autant d'individus uniques ; mais reconnaissons que ces prétendus individus sont singulièrement divisibles. Presque toutes leurs parties sont susceptibles d'être à volonté séparées de l'ensemble et de constituer un nouvel être. Cette division peut aller même à l'infini. Je prends un exemple entre mille. Le Saule pleureur, importé d'Asie en Europe, ne se sème jamais dans nos climats ; on le multiplie de bouture. Le premier Saule pleureur parvenu en Europe a donc produit, par simple division, tous les Saules pleureurs existant aujourd'hui, et il produira tous ceux qu'on voudra en obtenir. Tous ces Saules seraient donc des portions d'un seul individu ; leur ensemble, réparti sur tous les points de l'Europe, constituerait un seul végétal. Pareille conséquence est inadmissible.

Toutes les difficultés disparaissent si l'on considère un arbre comme un agrégat de l'individu primitif provenu de la graine, et de tous les individus provenus de bourgeons, qui se sont développés les uns sur les autres. Nous considérerons donc comme individu tout germe développé, savoir : tantôt une graine, tantôt un bourgeon.

Les individus nés de bourgeons sont habituellement dépourvus de racines et se nourrissent au moyen de la sève qui leur est transmise par la tige sur laquelle ils ont pris naissance ; mais si, par un moyen quelconque, on y favorise le développement des racines, alors ces individus peuvent vivre séparés de celui qui leur a donné naissance. Les procédés par lesquels on obtient ces nouveaux individus sont connus sous le nom de *bouturage* et de *marcottage*. La greffe n'est autre que la transplantation d'une jeune pousse d'une tige sur une autre.

Cette formation de nouveaux individus naturellement greffés sur celui qui leur donne naissance n'est point limitée ; et, dans ce sens, il est visible qu'un arbre a une durée indéfinie et ne meurt que par accident. Cette proposition, qui peut paraître étrange lorsqu'on n'y a pas réfléchi, n'est en réalité pas plus singulière que si l'on disait qu'une agrégation d'animaux, se multipliant et se succédant sans cesse, peut durer indéfiniment.

DE CANDOLLE.

Les personnes du monde regardent les végétaux, tels qu'ils se présentent à nos yeux, comme autant d'individus uniques et distincts. Les botanistes les considèrent comme des êtres collectifs, des agrégats d'individus.

Il existe, dans le végétal, deux sortes de *bourgeons* ou deux états particuliers des individus élémentaires : les *bourgeons proprement dits* et les *bourgeons floraux*. Les premiers restent toujours adhérents au végétal, ils multiplient, allongent indéfiniment ses ramifications et produisent à leur tour d'autres générations d'individus. Les seconds ou bourgeons-fleurs ne sont fixés au végétal que pendant une durée limitée ; ils s'y épanouissent et donnent des semences, qui se séparent de l'être collectif et vont produire ailleurs de nouvelles agrégations.

La théorie de l'individualité des bourgeons est confirmée par un grand nombre de faits. On sait que l'ensemble d'un végétal ne souffre pas sensiblement de l'amputation ou de la mort de plusieurs de ses parties ; et que les parties, à leur tour, peuvent vivre, le plus souvent, indépendantes de l'ensemble. Quand les horticulteurs taillent un Pêcher, celui-ci n'en continue pas moins de pousser avec vigueur ; il a même plus d'énergie dans les parties épargnées, parce que les individus élémentaires qui restent profitent de la nourriture destinée à ceux qu'on a soustraits. Quand on enlève des bourgeons ou des rameaux à un système pour les souder à un autre système (*greffage*) ou pour les placer dans le sol (*bouturage*), ces parties ne cessent pas de vivre malgré leur séparation ; elles deviennent même le principe de nouvelles collections.

On observe quelquefois des parties d'un végétal bien vigoureuses à côté d'autres parties très languissantes. Les arbres placés entre un chemin fort sec et battu, et une terre très meuble, très fertile, donnent les branches plus belles, plus nombreuses du côté qui les nourrit le mieux.

Des parties d'un végétal peuvent porter des feuilles ou des fruits avant ou après tout le système. De Candolle introduisit une branche de Cerisier dans une serre, et celle-ci se couvrit de fleurs pendant que le reste de l'arbre, resté dehors, ouvrait à peine ses bourgeons.

On a vu des rameaux à feuilles panachées à côté de rameaux sans panachures ; des fleurs simples au milieu d'une inflorescence où toutes les autres étaient doubles ; des branches portant des fruits acides à côté d'autres branches dont les fruits étaient sucrés.

Lorsque, par le moyen de la greffe, on ajoute à un végétal un ou plusieurs bourgeons appartenant à un autre végétal, l'association n'est pas influencée par les nouveaux venus ; et ceux-ci se développent, donnent des feuilles, des fleurs, des fruits, comme s'ils faisaient encore partie de la première agrégation. C'est ainsi qu'on est parvenu à rassembler sur un seul pied plusieurs variétés de fruits ; par exemple, on a réuni sur un Poirier toute la collection des poires cultivées.

MOQUIN-TANDON.

Deux sœurs, après la mort de leur mère, héritèrent d'un Oranger. Chacune d'elles prétendait l'avoir dans son lot.

Enfin, l'une ne voulant pas céder à l'autre, elles décidèrent de le fendre en deux et d'en prendre chacune la moitié. L'arbre éprouva la destinée à laquelle fut condamné l'enfant du jugement de Salomon. Il fut partagé en deux. Chacune des sœurs en replanta la moitié ; et, chose merveilleuse, l'arbre divisé par la haine fraternelle fut recouvert d'écorce par la nature.

BERNARDIN DE SAINT-PIERRE.

Les arbres sont composés par de petits êtres organisés semblables, et l'individu total est formé par l'assemblage d'une multitude de petits individus.

BUFFON.

On est forcé de convenir qu'une plante est une confédération d'individus tous parents, tous intimement unis, s'entr'aidant les uns les autres, et travaillant tous au bien de l'ensemble. C'est une famille, une république, une espèce de ruche vivante, dont les habitants, les citoyens ont en commun la nutrition et mangent au réfectoire.

DUPONT DE NEMOURS.

III

Les plantes alimentaires.

Vous vous figurez peut-être que, de tout temps, en vue de notre alimentation, le Poirier s'est empressé de produire de gros fruits à chair fondante ; que le Navet, pour nous faire plaisir, a gonflé sa racine de pulpe savoureuse ; que le Chou-cabus, dans le désir de nous être agréable, s'est avisé lui-même d'empiler en tête compacte de belles feuilles blanches. Vous vous figurez que le Froment, le Potiron, la Carotte, la Vigne, la Pomme de terre, la Betterave et tant d'autres encore, épris d'un vif intérêt pour l'homme, ont de leur propre gré toujours travaillé pour lui. Vous croyez que la grappe de la Vigne est pareille maintenant à celle d'où Noé retira le jus qui le grisa ; que le Froment, depuis qu'il a paru sur la terre, n'a pas manqué de produire tous les ans une récolte de grain ; que la Betterave et le Potiron avaient aux premiers jours du monde la corpulence qui nous les rend précieux. Il vous semble, enfin, que les plantes alimentaires nous sont venues dans le principe telles que nous les possédons maintenant. Détrompez-vous. La plante se préoccupe fort peu de nos intérêts ; elle vit pour elle et non pour l'homme. C'est à nous, par notre travail, nos soins, notre réflexion, à tirer parti de ces aptitudes en les modifiant. La plante sauvage est pour nous une triste ressource alimentaire ; elle n'acquiert de la valeur qu'en passant par les mains de la puissante fée qui a nom *Industrie humaine*. Sous la baguette de la sublime magicienne, sous le stimulant du travail, les espèces se transforment jusqu'à devenir méconnaissables.

Dans son pays natal, sur les montagnes du Pérou, la Pomme de terre à l'état sauvage est un tubercule vénéneux de la grosseur d'une noisette. L'homme donne accueil dans son jardin au misérable tubercule. Il le plante dans une terre substantielle, il le soigne, il l'arrose, il le féconde de ses sueurs. Et voilà que, d'année en année, la Pomme de terre prospère ; elle gagne en volume, en propriétés nutritives, et devient enfin un tubercule farineux de la grosseur des deux poings.

Sur les falaises océaniques, exposées à tous les vents, croît naturellement un chou, haut de tige, à feuilles rares, échevelées, d'un vert cru, de saveur âcre, d'odeur forte. Qu'attendre de ce sauvageon? Il n'a certes pas bonne mine. Qui sait? sous ses agrestes apparences, il recèle peut-être de précieuses aptitudes. Pareil soupçon vint apparemment à l'esprit de celui qui le premier, à une époque dont le souvenir s'est perdu, admit le Chou des falaises dans ses cultures. Le soupçon était fondé. Le Chou sauvage s'est amélioré par les soins incessants de l'homme ; sa tige s'est affermie ; ses feuilles, devenues plus nombreuses, se sont emboîtées, blanches et tendres, en tête serrée ; et le Chou pommé a été le résultat final de cette magnifique métamorphose. Voilà bien, sur le roc de la falaise, le point de départ de la précieuse plante ; voici, dans nos jardins potagers, le point d'arrivée. Mais où sont les formes intermédiaires qui, à travers les siècles, ont graduellement amené l'espèce aux caractères actuels ? Ces formes étaient des pas en avant. Il fallait les conserver, les empêcher de rétrograder, les multiplier et tenter sur elles de nouvelles améliorations. Tout compte fait, la conquête du Chou pommé a certainement dépensé plus d'activité que la conquête d'un empire.

Quel est cet autre, au bord d'une mare, en compagnie des grenouilles ? — C'est le Céleri sauvage. Il est tout vert, dur et d'une saveur repoussante. L'imprudent qui en mangerait en salade périrait empoisonné. Quel est donc l'audacieux qui s'avisa d'introduire dans nos jardins cette plante vénéneuse, dans l'espoir de la civiliser et d'en tirer parti ? — Encore un bienfaiteur dont le souvenir s'est perdu dans les nuées du temps. Toujours est-il que, sous l'influence d'une éducation bien entendue, le Céleri a renoncé à ses instincts d'empoisonneur pour prendre des côtes blanches, tendres, pleines d'un liquide sucré. Je vous laisse à penser tout ce qu'il a fallu de ruses savantes pour obtenir un pareil changement. Dissuader une plante de distiller du poison et lui faire produire du sucre à la place, c'est un chef-d'œuvre d'adresse de la part de l'homme. Il y a toujours cependant dans le Céleri un arrière-levain de sa mauvaise nature. L'empoisonneur a des velléités de revenir à son premier état. Aussi le jardinier ne le perd pas de l'œil. Quand il lui soupçonne de perfides desseins, quand il le voit s'émanciper et verdir, il se hâte de l'enterrer. Privée de lumière, la plante revient à de meilleurs sentiments ; en quelques jours, elle tourne au tendre.

Et le Poirier sauvage, le connaissez-vous? C'est un affreux buisson, armé de féroces épines. Ses poires, toutes petites, âpres et dures, semblent pétries de grains de gravier. O le détestable fruit, qui vous serre la gorge et vous agace les dents! Certes celui-là eut besoin d'une rare inspiration qui le premier eut foi dans l'arbuste revêche et entrevit, dans un avenir éloigné, la poire beurrée que nous mangeons aujourd'hui. Avec le temps et les soins, la miraculeuse métamorphose s'est faite. Le sauvageon s'est civilisé; il a perdu ses épines et remplacé ses mauvais petits fruits par des poires à chair fondante et parfumée.

De même, avec la grappe de la Vigne primitive, dont les grains ne dépassent pas en volume les baies du sureau, l'homme, à la sueur du front, s'est acquis la grappe de la Vigne actuelle; avec quelque pauvre gramen aujourd'hui inconnu, il a obtenu le Froment; avec quelques misérables arbustes, quelques herbes d'aspect peu engageant, il a créé ses races potagères et ses arbres fruitiers.

La terre, pour nous engager au travail, loi suprême de notre existence, est pour nous une rude marâtre. Aux petits des oiseaux, elle donne abondante pâture; à nous, elle n'offre de son plein gré que les mûres de la Ronce et les prunelles du buisson. Ne nous en plaignons pas, car la lutte contre le besoin fait précisément notre grandeur. C'est à nous, par notre intelligence, à nous tirer d'affaire; c'est à nous à mettre en pratique la noble devise : Aide-toi, le Ciel t'aidera. L'homme s'est donc étudié de tout temps à démêler parmi les innombrables espèces végétales celles dont le naturel facile peut se prêter à des améliorations. La plupart des plantes n'ont pas voulu entendre raison; avec une opiniâtreté invincible, elles sont restées fidèles à leurs vieilles habitudes malgré toutes nos tentatives pour les séduire. D'autres, prédestinées sans doute, créées plus spécialement en vue de l'homme, se sont faites à nos soins, et, par la culture, ont contracté de nouvelles habitudes d'une haute importance pour nous.

Mais l'amélioration obtenue n'est pas tellement radicale que nous puissions compter sur sa permanence si nos soins viennent à faire défaut. La plante a toujours regret de s'être ralliée à l'homme; elle tend à revenir à son état primitif. L'indépendance a des attraits si puissants! Tout y aspire, même le Chou-cabus, qui, au milieu de la prospérité de nos jardins, songe au roc de la falaise et roule dans sa grosse tête des projets d'émancipation. Que le jardinier l'abandonne à lui-même quelques années sans engrais, sans arrosage ; qu'il laisse les graines germer à l'aventure où le vent les aura chassées, et le Chou s'empressera d'abandonner sa pomme serrée de feuilles blanches pour reprendre les feuilles lâches et vertes de ses parents sauvages. Et ne croyez pas que de lui-même il revienne jamais sur ce coup de tête. Non, non! la vie libre a trop de prix pour lui.

Le Poirier, lui aussi, le Poirier, avec son air de bonhomie, ne demande pas mieux que de revenir à son état sauvage. Il regrette la vie misérable, mais libre de ses ancêtres, mûrissant dans les fourrés de buissons leurs petites poires, si âpres, si dures, que la guêpe et le moineau n'en voulaient pas, et songe avec attendrissement à cette vie indépendante qui ne connaît pas les ennuis de la greffe, les tortures de la taille, le supplice de l'émondage. Que le pépiniériste y prenne garde, qu'il fasse oublier à l'arbre, avec une terre substantielle, les amertumes de la servitude ; sinon, un de ces quatre matins, le Poirier va se lasser de faire des poires beurrées et revenir à ses petits fruits acerbes. Et, s'il ne peut lui-même s'affranchir, il inspirera du moins à ses descendants des idées subversives ; et les arbustes qui naîtront de ses pepins se feront une fête de revenir aux méchantes petites poires, aux rameaux hérissés de dards.

Même observation au sujet de nos autres plantes cultivées : elles tendent toutes à revenir au type sauvage, dont elles sont une déviation, œuvre de nos efforts, de notre intelligence ; aussi, pour les maintenir avec les caractères que leur a donnés une longue culture et obtenir d'elles la nourriture quotidienne, il faut de notre part une attention incessante, un travail assidu.

J.-H. Fabre.

IV

La Greffe.

L'organisation sociale du végétal qui, tout en utilisant pour le bien général de la communauté les forces individuelles, laisse aux bourgeons assez d'indépendance pour vivre sur leur propre fonds et s'établir à part en boutures ou en marcottes, permet un genre d'éducation encore plus remarquable.

Un bourgeon, et par suite un rameau, développement de ce bourgeon, est une unité, un individu de la cité végétale. Il a sa vitalité propre, il constitue en quelque sorte un plant qui, au lieu de prendre racine dans la terre, prend racine sur le rameau qui l'a produit. Il est possible de changer le régime de la pousse par le marcottage ou le bouturage; il est possible de l'enlever de sa branche, où elle s'abreuvait de sève, pour la transplanter en terre, où d'elle-même elle puisera les sucs nutritifs au moyen des racines qui naîtront de la partie enterrée. Or ne serait-il pas également possible de transplanter le rameau de sa branche sur une autre branche, de son arbre sur un autre arbre? Ce serait un simple changement de nourrice; le rameau, le bourgeon, devraient s'en accommoder. C'est bien moins grave que de passer brutalement de la branche dans le sol.

Ils s'en accommodent en effet; et l'arboriculteur, très fréquemment, met à profit cette précieuse disposition. *Greffer*, c'est transplanter des bourgeons d'un arbre sur un autre. L'arbre qui doit servir de nourrice prend le nom de *sujet*, et le rameau ou le bourgeon qu'on y implante celui de *greffe*.

Une condition indispensable est à remplir pour la réussite de la greffe. Le bourgeon transplanté doit trouver auprès de sa nouvelle nourrice des aliments en rapport avec ses goûts; il faut absolument que le sujet ait le même genre d'alimentation que la greffe. Cela exige que les deux plantes, la nourrice et celle d'où provient le nourrisson, soient de la même espèce ou du moins appartiennent à des espèces bien voisines, car la similitude de goûts ne peut résulter que de la similitude d'organisation. On perdrait son temps à vouloir greffer le Lilas sur le Rosier, le Rosier sur l'Oranger. Il n'y a rien de commun entre ces trois espèces végétales, ni dans les feuilles, ni dans les fleurs, ni dans les fruits. De cette différence de structure, on peut hardiment conclure à la différence de régime. Le bourgeon de Rosier périrait affamé sur une branche de Lilas; le bourgeon de Lilas en ferait autant sur une branche de Rosier. Mais on peut très bien greffer Lilas sur Lilas, Rosier sur Rosier, Oranger sur Oranger. Il est possible d'aller plus loin. On peut faire nourrir un bourgeon d'Oranger par un Citronnier, un bourgeon de Pêcher par un Abricotier, un bourgeon de Cerisier par un Prunier et réciproquement; car il y a entre ces végétaux, pris deux à deux, une étroite parenté.

Alors, à quoi bon la greffe? Puisqu'on ne peut greffer qu'un Rosier sur un Rosier, un Tilleul sur un Tilleul, un Poirier sur un Poirier, autant vaut laisser l'arbre et l'arbuste tels qu'ils sont. Ce serait remplacer le semblable par le semblable.

Avant de condamner la greffe, écoutez. On vous a dit comment l'homme, par les soins les plus assidus, prolongés pendant des siècles, s'était créé ses arbres fruitiers avec quelques végétaux revêches, d'aussi peu de valeur à leur début que le buisson de la haie. Rappelons-nous l'histoire du Poirier. Qu'est-il à l'état sauvage? Un affreux arbuste, hérissé de longs piquants, et dont les petites poires, âpres, pétries de grains de gravier, sont bien le fruit le plus détestable. L'industrie humaine a fini par civiliser ce sauvageon ; elle lui a changé le caractère au point de lui faire produire de grosses poires à chair beurrée. Mais Dieu sait ce qu'il a fallu de patience et de labeur.

Aujourd'hui toutefois, le Poirier n'est pas tellement rallié à l'homme qu'un sourd regret ne lui reste de sa vie de buisson. Au sein du verger, il médite des projets subversifs ; il veut revenir à ses méchantes petites poires. Rarement l'occasion s'en présente, parce que l'homme le surveille de près. Que fait le Poirier? Il dissimule; et, ne pouvant s'affranchir lui-même, il élève sa graine, ses pepins, dans l'horreur de l'homme, dans le mépris des poires beurrées. Voyez en effet. Des pepins sont semés, pris dans une excellente poire, bien grosse, bien juteuse. Eh bien, les poiriers issus de ces graines ne donnent, pour la plupart, que des poires médiocres, mauvaises, très mauvaises même. Quelques-uns seulement reproduisent la poire mère. Un autre semis est fait avec les pepins de seconde génération. Les poires dégénèrent encore. Si l'on continue ainsi les semis en prenant toujours les graines dans la génération précédente, le fruit, de plus en plus petit, âpre et dur, revient enfin à la méchante poire du buisson. L'aïeul est vengé de son long servage. Les arrière-petits-fils ont repris la tige noueuse, les robustes piquants, la feuille coriace, la poire immangeable.

Un exemple encore. Quelle fleur mettre en parallèle avec la Rose, si noble de port, si odorante, d'un pourpre si vif? On sème les graines de la superbe fleur. Oh! oh! qu'est ceci? Les descendants de la Rose sont de misérables buissons! Rien d'étonnant : la noble fleur avait pour père un Gratte-cul; par le revirement du semis, elle reprend les caractères de sa famille.

De ces deux exemples, qu'il serait si facile de multiplier, il résulte que nos arbres fruitiers, nos plantes ornementales, retournent plus ou moins rapidement, par le semis, au type sauvage. Comment faire alors pour les propager sans crainte de les voir dégénérer? — Il faut recourir à la greffe, inappréciable ressource qui nous permet de stabiliser dans le végétal la perfection obtenue par de longues années de travail, et de profiter des améliorations déjà obtenues par nos devanciers, au lieu de recommencer nous-mêmes une éducation à laquelle la vie humaine ne suffirait pas. Par la greffe, nous adjoignons à notre travail individuel le travail accumulé de nos prédécesseurs, car le rameau transplanté sur un sauvageon n'emprunte à celui-ci que la nourriture et la vigueur, et reproduit fidèlement tous les caractères de l'arbre sur lequel on l'a pris.

Examinons en quoi consiste la précieuse opération. Un mauvais Poirier est dans votre jardin, venu de semis ou apporté de son bois natal. Vous voulez lui faire produire de bonnes poires. On tranche net la tête du sauvageon et dans le tronçon en terre on fait une profonde entaille. Puis on prend sur un Poirier d'excellente qualité un rameau muni de quelques bourgeons. On taille son extrémité inférieure en biseau et l'on implante la greffe dans la fente, bien exactement écorce contre écorce, bois contre bois. Enfin on lie le tout et l'on recouvre les plaies de mastic ou d'argile maintenue en place par quelques linges. Bientôt les plaies se cicatrisent, le rameau soude son écorce et son bois à l'écorce et au bois de la tige amputée; les bourgeons de la greffe, alimentés par le sujet, se développent en ramifications, et, au bout de quelques années, la tête du Poirier sauvage est remplacée par une tête de Poirier domestique, produisant de bonnes poires comme l'arbre qui a fourni la greffe. N'oublions pas que l'écorce de la greffe doit être, de toute nécessité, en contact avec l'écorce du sujet. Et, en effet, l'activité vitale du végétal réside avant tout dans les tissus jeunes qui se forment entre le bois et l'écorce. C'est là que la sève circule; c'est là que s'élaborent les nouveaux tissus, pour former d'un côté une couche d'écorce et de l'autre une couche de bois. C'est donc là encore et seulement là que la soudure est possible entre la greffe et le sujet.

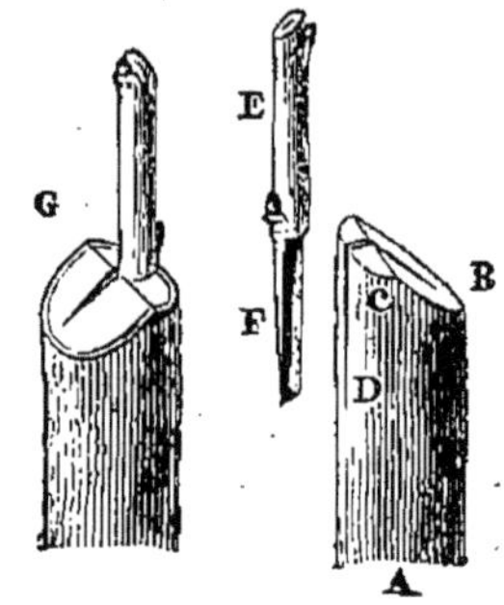

Fig. 6. — Greffe en fente.

J.-H. Fabre.

V

La Carotte sauvage et la Carotte cultivée.

La plupart de nos plantes potagères nous ont été transmises par nos prédécesseurs, asservies à la culture et toutes façonnées. Leur origine remonte à des temps si reculés, que le souvenir s'en est perdu. Pour quelques-unes, comme le Froment, les types sauvages n'existent plus, ou du moins n'ont pas été retrouvés jusqu'ici; pour d'autres, comme le Chou, la Carotte, la Betterave, le Navet, les types sauvages nous sont connus. La Betterave primitive, par exemple, végète dans les sables au bord de la mer, et la Carotte sauvage est très fréquente dans tous les champs abandonnés. Ni l'une ni l'autre ne possèdent, à l'état de nature, la puissante racine charnue que vous savez. Leur racine est un maigre pivot de la grosseur d'une plume, assez long, il est vrai, mais dépourvu de chair et de matière sucrée. Rien, absolument rien ne peut faire soupçonner à des yeux non exercés la parenté qu'il y a entre ces misérables queues de rat et les racines dodues de la Carotte et de la Betterave cultivées.

Comment donc s'y est pris l'homme pour transformer, dans la Betterave sauvage, un cordon de filasse aride en une énorme racine juteuse toute confite de sucre, et pour engager la Carotte inculte à remplacer sa queue de rat par une superbe racine dorée de la grosseur du poignet? Que je vous le raconte pour la Carotte, d'après les remarquables essais d'un savant agronome, M. Vilmorin. Il n'est question ici que de l'histoire d'une Carotte; cependant, ne le perdez pas de vue, le sujet est d'un intérêt capital, car enfin s'agit-il de retrouver la méthode par laquelle l'homme a créé les espèces alimentaires avec quelques sauvageons sans valeur.

La Carotte sauvage est une plante annuelle. Elle plonge en terre une racine pivotante de la grosseur au plus d'une plume d'oie; elle pousse une tige élevée et fluette, se hâte de fleurir, de fructifier, de disséminer ses graines, et tout est fini, la plante meurt. En mars 1832, M. Vilmorin fit un premier semis de Carottes sauvages. La terre était douce, profonde, largement fertilisée avec des engrais. Jamais la pauvre plante ne s'était trouvée à pareille table. Je vous laisse à penser si elle s'en donna. Les graines germèrent que c'était une bénédiction ; et le champ se couvrit de magnifiques tiges, bien vertes, bien fleuries. Quant aux racines, pas une ne prit du ventre ; elles restèrent toutes de grêles queues de rat. L'essai avait complètement échoué ; la Carotte sauvage n'avait rien voulu modifier à ses habitudes.

Cela devait être. La racine est faite pour puiser des sucs dans le sol et non pour devenir inutilement obèse. Je dis inutilement, car je parle au point de vue de la Carotte et non au point de vue de nos propres intérêts. Or ce qui nous est avantageux est inutile, souvent même nuisible à la plante. Pourquoi voulez-vous alors que la racine plongée dans un sol substantiel prenne une corpulence qui la gênerait dans ses véritables fonctions? Parce que vous lui offrez une nourriture abondante, pensez-vous que, dans un accès de goinfrerie, elle va se gorger et prendre du ventre? Erreur. La tempérance est chère à la Carotte : la prospérité de la plante en dépend. Une terre choisie ne lui fait pas oublier son devoir, qui est d'alimenter la tige. Pour le bien accomplir, elle se conserve l'estomac libre ; et, reconnaissons-le, elle a parfaitement raison. Ainsi, à moins de motifs graves intéressant la plante, la racine jamais ne prendra d'embonpoint. Une nourriture abondante et des soins de culture ne suffisent pas pour changer le caractère d'un sauvageon. Il faut certainement autre chose ; il faut, par exemple, que la plante elle-même ait intérêt au changement que nous méditons.

Le rôle d'une racine tubéreuse est d'économiser des vivres, pour nourrir l'année suivante les bourgeons qui survivent à la mort de la tige. La Carotte est annuelle ; elle ne laisse après elle aucun bourgeon. Alors sa racine n'a pas à se préoccuper de l'avenir, et tous nos efforts pour la rendre tubéreuse échoueront ; car ce serait sottise que de croire que, en vue de l'homme uniquement, elle se décidera à faire des économies. Mais si, par quelque moyen, nous parvenions à conserver des bourgeons sur la plante à la fin de l'année, alors peut-être, pour les nourrir l'année suivante, la racine se décidera à grossir, et la maigre queue de rat deviendra un riche magasin de vivres. L'amour maternel est capable de tous les miracles.

Deux moyens se présentent de conserver des bourgeons à la Carotte, quand arrivent les froids qui mettent fin aux végétaux annuels. Le premier, c'est de semer les graines assez tard pour que la plante n'ait pas le temps de se développer en entier avant l'arrivée de la mauvaise saison, qui suspend le travail de la végétation. Le second consiste à retrancher les pousses à mesure qu'elles se montrent, car, tant qu'elle n'a pas fleuri et fructifié, but suprême de sa vie, la plante produit de nouveaux bourgeons, jusqu'à épuisement. Les deux moyens furent employés à la fois par le savant expérimentateur dont je vous raconte les essais.

M. Vilmorin fit, l'année suivante, à une époque plus tardive, un second semis de Carottes sauvages. Dans une partie des plantes, les tiges furent retranchées à mesure qu'elles se montraient; les feuilles inférieures seules étaient respectées. Ces plantes ne purent ainsi développer ni tiges ni rameaux florifères; et cependant les racines ne gagnèrent rien à cette suppression; elles étaient aussi dures, aussi maigres que celles de la Carotte sauvage. La destruction des pousses est ici sans valeur : la plante s'épuise en rejetons nouveaux avant que la racine ait pris garde à ce qui se passe et se soit mise en mesure de faire passer l'hiver aux derniers bourgeons. Les plantes qui ne furent pas soumises à ces mutilations ne se comportèrent pas mieux, car elles trouvèrent encore le temps de fleurir et de fructifier. Leurs racines étaient peut-être plus mauvaises que celles de la Carotte sauvage.

Ce n'est pas chose facile, vous le voyez, que de changer le cours des idées d'une Carotte. Deux années de judicieuses tentatives n'amènent aucun résultat. Voyons, cherchons encore, semons les Carottes plus tard. Un troisième semis est fait vers la fin de juin, à cette époque où la végétation est dans toute sa vigueur. Les Carottes n'ont ainsi devant elles que quatre mois au plus pour germer, se développer et fleurir, au lieu de huit qu'elles en auraient eu à l'état sauvage. L'année végétale est pour elles diminuée de moitié. C'est égal, l'immense majorité accomplit son évolution à la hâte et trouve encore le temps de pousser de hautes tiges et de mener les semences à bien. Pour celles-là, le résultat est prévu : les racines ne doivent rien valoir et ne valent rien en effet.

Mais, sur le nombre, cinq ou six, pour des motifs inconnus, s'attardèrent, de telle sorte que leur tige ne put monter. Eh bien, ces plantes tardives, qui se voyaient forcées de renvoyer à l'année suivante leur développement interrompu par l'hiver, se trouvèrent précisément en règle pour sauvegarder leurs bourgeons. Elles avaient amassé des vivres, elles possédaient des racines tubéreuses d'un demi-pouce de diamètre et pareilles à de fort médiocres Carottes de jardin. Incompréhensible puissance de l'organisation ! Une plante annuelle est mise dans l'impossibilité d'achever son développement dans une première saison ; et aussitôt, comme avertie par un instinct secret, elle change ses habitudes et s'amasse des forces et des vivres pour durer une seconde année et poursuivre jusqu'au bout son évolution interrompue. Elle ne devait vivre qu'un an ; mais, ne voulant pas mourir avant d'avoir fructifié, elle trouve le moyen de vivre le double.

Le pas le plus difficile est fait. Une fois que la Carotte a pris goût à la racine charnue, il est probable qu'elle transmettra sa nouvelle manière de faire à la plupart de ses descendants. Les cinq ou six racines tubéreuses du semis qui précède sont mises en sûreté pendant l'hiver et replantées le printemps suivant. Les tiges poussent en liberté et produisent des graines qui, semées l'année d'après, donnent en abondance des plantes à racine tubéreuse. Les filles ont, pour une bonne part, fidèlement hérité des aptitudes des mères. Un cinquième environ de la récolte se compose d'assez bonnes carottes.

Les plus belles sont conservées pour être replantées en 1836 et servir de porte-graines. La génération de 1837 est encore meilleure. Les Carottes sont maintenant fort grosses et très charnues. Quelques-unes dépassent le poids d'un kilogramme. L'habitude de ne pas fructifier la première année, condition indispensable pour produire de bonnes racines, est même si bien acquise, que le dixième au plus des plantes a monté pour fleurir. Le pli est pris; la Carotte est familiarisée avec une existence de deux ans. Enfin la quatrième génération, obtenue en 1839, toujours avec des sujets de choix, ne comprend guère que des racines excellentes pour le volume et pour la qualité. La proportion des plantes qui gardent encore les vieux usages et fleurissent la première année est à peu près nulle. La métamorphose est opérée, la Carotte sauvage est devenue Carotte potagère. Une direction savante, des soins raisonnés et minutieux, ont, en sept années consécutives, amené ce merveilleux résultat.

Et maintenant songez, enfants, à nos diverses plantes cultivées, bien autrement rebelles que la Carotte; songez à tout ce qu'il a fallu d'heureuses inspirations pour choisir dans le monde végétal les espèces aptes à modifier en bien leurs habitudes, de tentatives patientes pour les assujettir à notre service, de fatigues pour les améliorer d'une année à l'autre, de soins pour les empêcher de dégénérer et pour nous les transmettre dans leur état de perfection; mettez-vous dans l'esprit toutes ces choses et vous conviendrez avec moi que, dans une simple tranche de Navet, dans une feuille de Chou étalée sur la soupe, il y a plus que le travail du jardinier qui nous a fourni ces légumes. Il y a le travail accumulé de cent générations peut-être, nécessaires pour créer la plante potagère avec un mauvais sauvageon. Nous vivons des légumes créés par nos prédécesseurs; nous vivons du travail, des forces, des idées du passé. Que l'avenir à son tour puisse vivre de nos forces, de celles des bras comme de celles de la pensée, et nous aurons dignement rempli notre mission.

J.-H. Fabre.

VI

Exemples de longévité végétale.

Les auteurs parlent d'un Châtaignier de Sancerre, dont le tronc présentait 4 m. 22 de tour. D'après les évaluations les plus modérées, son âge devait être de trois à quatre siècles.

On connaît des Châtaigniers beaucoup plus gros, par exemple celui de Neuve-Celle, sur les bords du lac de Genève, et celui d'Esaü, dans le voisinage de Montélimart. Le premier a 13 mètres de circonférence à la base. Dès l'an 1408, il abritait un ermitage, l'histoire en fait foi. Depuis, quatre siècles sont venus s'ajouter à son âge, la foudre l'a frappé à diverses reprises ; n'importe, il est toujours vigoureux et richement feuillé. Le second est une majestueuse ruine ; ses hautes branches sont ravagées ; son tronc, de 11 mètres de tour, est labouré de profondes crevasses, rides de la vieillesse. Dire l'âge des deux colosses n'est guère possible. Peut-être faut-il ici compter par mille ans, et pourtant les deux vieillards fructifient encore.

Le plus gros arbre du monde est un Châtaignier qui se trouve sur les flancs de l'Etna, en Sicile. On l'appelle le Châtaignier aux cent chevaux, parce que Jeanne, reine d'Aragon, visitant un jour le volcan et surprise par un orage, vint s'y réfugier avec son escorte de cent cavaliers. Sous sa forêt de feuillage, gens et montures trouvèrent largement un abri. Pour entourer le géant, trente personnes tendant les bras et se donnant la main ne suffiraient pas ; la circonférence du tronc mesure plus de cinquante mètres. Sous le rapport du volume, c'est moins une tige d'arbre qu'une forteresse, une tour. Une ouverture assez large pour permettre à deux voitures d'y passer de front traverse de part en part le Châtaignier et donne accès dans la cavité du tronc, disposée en habitation à l'usage de ceux qui viennent faire la cueillette des châtaignes, car le vieux colosse a toujours la sève jeune, et rarement il manque de fructifier. Il est impossible d'évaluer l'âge du géant, car on soupçonne qu'un tronc aussi monstrueux provient de la soudure de plusieurs Châtaigniers rapprochés, primitivement distincts.

Neustadt, dans le Wurtemberg, possède un Tilleul dont les branches, surchargées par les ans, sont soutenues au moyen d'une centaine de piliers en maçonnerie. L'une de ces branches atteint une longueur d'une quarantaine de mètres. La ramée entière couvre une étendue de 130 mètres de circuit. En 1229, cet arbre était déjà vieux, car les documents de l'époque l'appellent le Gros Tilleul. Son âge probable est aujourd'hui de sept cents à huit cents ans.

Le vétéran de Neustadt avait un aîné en France au commencement de ce siècle. En 1804 se voyait au château de Chaillé, près de Melle, dans les Deux-Sèvres, un Tilleul de 15 mètres de tour. Il portait six branches principales étayées de nombreux piliers. S'il existe encore, il n'a pas moins de onze siècles.

On montrait dans le temps, à Saint-Nicolas de Lorraine, une table d'un seul morceau de Noyer qui avait plus de 8 mètres de largeur sur une longueur proportionnée. Suivant la tradition, l'empereur Frédéric III aurait donné, en 1472, un somptueux repas sur cette table. D'après la croissance ordinaire des Noyers, on estime que l'arbre dont le tronc avait fourni ce meuble devait avoir neuf siècles.

Dans le voisinage de Balaklava, en Crimée, on cite un Noyer énorme, qui produit par année cent mille noix. Cinq familles le possèdent en commun. Son âge est estimé à deux milliers d'années.

Le cimetière d'Allouville, en Normandie, est ombragé par un des doyens des Chênes de la France. La poussière des morts où plongent ses racines semble lui avoir communiqué une exceptionnelle vigueur. Son tronc mesure 10 mètres de circuit au niveau du sol. Une chambre d'anachorète, que surmonte un petit clocher, s'élève au milieu de l'énorme branchage. Le bas du tronc, en partie creux, est, depuis 1696, disposé en chapelle dédiée à Notre-Dame de la Paix. Les plus grands personnages ont tenu à honneur d'aller prier dans le rustique sanctuaire et de méditer un instant sous l'ombrage de l'arbre millénaire, qui a vu tant de sépultures s'ouvrir et se fermer. D'après ses dimensions, on donne à ce Chêne neuf cents ans d'âge environ. Le gland qui l'a produit a donc germé vers l'an 1000. Aujourd'hui, le vieux Chêne porte sans effort ses monstrueuses branches; chaque printemps, il se couvre d'un feuillage vigoureux. Glorifié par les hommes et ravagé par la foudre, il poursuit impassible le cours des âges, ayant devant lui peut-être un avenir égal à son passé.

On connaît, en effet, des Chênes bien plus vieux. En 1824, un bûcheron des Ardennes abattit un Chêne gigantesque dans le tronc duquel furent trouvés des débris de vases à sacrifice et des médailles antiques. D'après le calcul des botanistes les plus experts, ce géant remontait à l'époque de l'invasion des barbares; il avait pour le moins de quinze à seize siècles d'existence.

Après le Chêne du cimetière d'Allouville, mentionnons encore quelques compagnons des morts, car c'est surtout dans les champs de repos, où la sainteté des lieux les protège contre les injures de l'homme, que les arbres parviennent à un âge avancé. Deux Ifs, situés dans le cimetière de la Haie-de-Routot, département de l'Eure, méritent entre tous l'attention. En 1832, ils ombrageaient de leur sombre verdure tout le champ des morts et une partie de l'église sans avoir encore éprouvé de dommages sérieux, lorsqu'un coup de vent d'une violence extrême jeta à terre une partie de leurs branches. Malgré cette mutilation, les deux Ifs sont toujours de majestueux vieillards. Leurs troncs, entièrement creux, mesurent, l'un et l'autre, 9 mètres de circonférence. Leur âge est estimé à quatorze cents ans.

Ce n'est pourtant encore que la moitié de l'âge où d'autres arbres de la même espèce sont parvenus. Un If du cimetière de Forheingal, en Écosse, mesurait 20 mètres de tour. Son âge probable était de deux mille cinq cents ans. Un autre, situé dans le cimetière de Braburn, dans le comté de Kent, avait, en 1660, une taille si prodigieuse, que toute la contrée en parlait. On lui attribuait alors deux mille huit cent quatre-vingts ans. S'il est encore debout, plus de trente siècles pèsent aujourd'hui sur ce patriarche des arbres de l'Europe.

J.-H. Fabre.

Le Chêne qu'on voit près de Saintes, dans le département de la Charente-Inférieure, sur la route de Cozes, est probablement le plus puissant parmi les troncs de Chêne connus en Europe et le plus exactement mesuré. Cet arbre a 20 mètres de haut et une épaisseur de 9 mètres près du sol. A la naissance des principales branches, le diamètre du tronc est de 2 mètres à peu près. Dans la partie desséchée du tronc, on a pratiqué une petite chambre de 4 mètres de large sur 2 mètres de haut, avec un banc demi-circulaire taillé dans le bois vert. L'intérieur est éclairé par une fenêtre. Les parois de la petite chambre, fermée par une porte, sont agréablement tapissées de fougères et de lichens. D'après la grosseur d'un morceau de bois coupé au-dessus de la porte et dans lequel on compte deux cents couches ligneuses, l'âge du Chêne de Saintes devrait être estimé à deux mille ans environ.

Humboldt.

VII

L'Olivier.

Près de Nice, Berthelot a mesuré, en 1832, un Olivier séculaire qui lui a offert un tronc de 12 m. 42 de circonférence à la base, et de 6 m. 26 à un mètre et demi au-dessus du sol. La hauteur du tronc était de 2 m. 78. Cet arbre présentait un aspect imposant, malgré son état de décrépitude. On peut avancer qu'il est aujourd'hui, en Europe, le vétéran de son espèce. Cet Olivier a produit, en 1828, plus de 100 kilogrammes d'huile ; jadis il en fournissait jusqu'à 150. Cet arbre paraît âgé de plus de 1000 ans.

Le jardin des Olives, au voisinage de Jérusalem, renferme encore huit de ces arbres rendus célèbres par le christianisme. Ces Oliviers ont au moins 6 mètres de circonférence sur 9 à 10 de hauteur. Ils sont entretenus avec soin par les chrétiens, et, d'après la tradition, ils seraient les mêmes qui existaient du temps de Jésus-Christ. On connaît la lenteur de croissance de l'Olivier. Si l'on admet que l'épaisseur de chaque couche ligneuse soit d'un demi-millimètre, il ne serait pas déraisonnable de penser que les arbres dont il est question remontent au moins à 2000 ans, c'est-à-dire à la haute antiquité qui leur est attribuée.

MOQUIN-TANDON.

A la base du mont des Olives, un petit mur de pierres sans ciment entoure un champ que huit Oliviers, espacés de trente à quarante pas les uns des autres, couvrent presque tout entier de leur ombre. Ces Oliviers sont au nombre des plus gros arbres de cette espèce que j'aie jamais rencontrés : la tradition fait remonter leurs années jusqu'à la date mémorable de l'agonie de l'Homme-Dieu, qui les choisit pour cacher ses divines angoisses. Leur aspect confirmerait au besoin la tradition qui les vénère. Leurs immenses racines ont soulevé la terre et les pierres qui les recouvraient, et, s'élevant de plusieurs pieds au dessus du niveau du sol, présentent au pèlerin des sièges naturels, où il peut s'agenouiller ou s'asseoir pour recueillir les saintes pensées qui descendent de leurs cimes silencieuses. Un tronc noueux, cannelé, creusé par la vieillesse comme par des rides profondes, s'élève en large colonne sur ces groupes de racines, et, comme accablé et penché par le poids des jours, s'incline à droite ou à gauche, et laisse pendre ses vastes rameaux entrelacés, que la hache a cent fois retranchés pour les rajeunir. Ces rameaux vieux et lourds, qui s'inclinent sur le tronc, en portent d'autres plus jeunes qui s'élèvent un peu vers le ciel, et d'où s'échappent quelques tiges d'une ou deux années, couronnées de quelques touffes de feuilles, et noircies de quelques petites Olives qui tombent, comme des reliques célestes, sur les pieds du voyageur chrétien.

LAMARTINE.

VIII

Les Oliviers de Gethsémani.

Il reste, non loin de la grotte de Gethsémani, un petit coin de terre ombragé encore par sept Oliviers, que les traditions populaires assignent comme les mêmes arbres sous lesquels Jésus se coucha et pleura. Ces Oliviers, en effet, portent réellement sur leurs troncs et sur leurs immenses racines la date des dix-huit siècles qui se sont écoulés depuis cette grande nuit. Ces troncs sont énormes et formés, comme tous ceux des vieux Oliviers, d'un grand nombre de tiges qui semblent s'être incorporées à l'arbre sous la même écorce, et forment comme un faisceau de colonnes accouplées. Leurs rameaux sont presque desséchés, mais portent cependant encore quelques olives.

Rien ne prouve que ce ne soient pas identiquement les mêmes arbres sous lesquels Jésus pria lui-même pour la dernière fois sur la terre. J'ai parcouru toutes les parties du monde où croît l'Olivier; cet arbre vit des siècles, et nulle part je n'en ai trouvé de plus gros, quoique plantés dans un sol rocailleux et aride. J'ai bien vu, sur le sommet du Liban, des Cèdres que les traditions arabes reportent aux années de Salomon. Il n'y a rien là d'impossible : la nature a donné à certains végétaux plus de durée qu'aux empires; certains Chênes ont vu passer bien des dynasties, et le gland que nous foulons aux pieds, le noyau d'olive que je roule dans mes doigts, la pomme de Cèdre que le vent balaye, se reproduiront, fleuriront et couvriront encore la terre de leur ombre, quand les centaines de générations qui nous suivent auront rendu à la terre cette poignée de poussière qu'elles lui empruntent tour à tour.

Ce n'est pas là une marque de mépris de la Création pour nous. L'importance relative des êtres ne se mesure pas à la durée, mais à l'intensité de leur existence. Il y a plus de vie dans une heure de pensée que dans une existence tout entière d'homme purement physique. Il y a plus de vie dans une pensée qui parcourt le monde et monte au ciel dans un espace de temps inappréciable, dans un millionième de seconde, que dans les dix-huit siècles de végétation des Oliviers de Gethsémani, ou dans les deux mille cinq cents ans des Cèdres de Salomon.

LAMARTINE.

IX

Les Liliacées.

Prenez un Lis. Avant qu'il s'ouvre, vous voyez à l'extrémité de la tige un bouton oblong, verdâtre, qui blanchit à mesure qu'il est près de s'épanouir ; et, quand il est tout à fait ouvert, vous voyez son enveloppe blanche

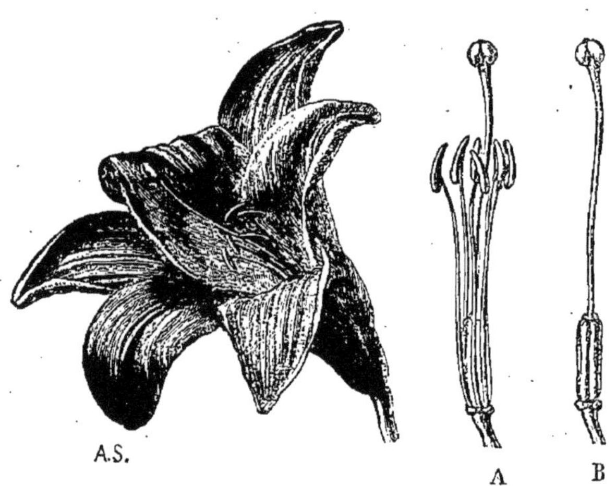

Fig. 7. — Lis blanc.
A, étamines et pistil. — B, pistil seul.

prendre la forme d'un vase divisé en plusieurs parties. Cette partie enveloppante et colorée qui est blanche dans le Lis s'appelle la *corolle* et non pas la fleur, comme dit le vulgaire, parce que la fleur est un composé de plusieurs parties dont la corolle est seulement celle qui frappe le plus les regards.

La corolle du Lis n'est pas d'une seule pièce, comme il est facile à voir. Quand elle se fane et tombe, elle tombe en six pièces bien séparées, qui s'appellent des *pétales*. Toute corolle de fleur qui est ainsi de plusieurs pièces s'appelle *corolle polypétale*. Si la corolle n'était que d'une seule pièce, comme par exemple dans le Liseron, appelé Clochette des champs, elle s'appellerait *corolle monopétale*. Revenons à notre Lis.

Dans la corolle vous trouverez, précisément au milieu, une espèce de petite colonne attachée tout au fond et qui pointe directement vers le haut. Cette colonne, prise dans son entier, s'appelle le *pistil*. Prise dans ses parties, elle se divise en trois : 1° sa base renflée en cylindre avec trois côtés arrondis, cette base s'appelle l'*ovaire*; 2° un filet posé sur l'ovaire, ce filet s'appelle *style*; 3° le style est couronné par une espèce de chapiteau à trois échancrures, ce chapiteau s'appelle le *stigmate*. Voilà en quoi consistent le pistil et ses trois parties.

Entre le pistil et la corolle vous trouvez six autres corps bien distincts, qui s'appellent les *étamines*. Chaque étamine est composée de deux parties, savoir : une plus mince et allongée par laquelle l'étamine tient au fond de la corolle, et qui s'appelle le *filet*; une plus grosse qui tient à l'extrémité supérieure du filet, et qui s'appelle l'*anthère*. Chaque anthère est une boîte qui s'ouvre quand elle est mûre et verse une poussière jaune appelée *pollen*.

Voilà l'analyse grossière des parties de la fleur. A mesure que la corolle se fane et tombe, l'ovaire grossit et devient une *capsule* triangulaire allongée, dont l'intérieur contient des semences plates réparties en trois compartiments distincts ou *loges*.

Les parties que je viens de vous nommer se trouvent également dans les fleurs des autres plantes, mais à divers degrés de proportion, de situation et de nombre. C'est par l'analogie de ces parties et par leurs diverses combinaisons que se déterminent les familles du règne végétal ;

et ces analogies des parties de la fleur se lient avec d'autres analogies des parties de la plante qui semblent n'avoir aucun rapport avec les premières. Par exemple, ce nombre de six étamines, de six pétales ou divisions de la corolle, et cette forme triangulaire de l'ovaire à trois loges, déterminent toute la famille des Liliacées. Dans toute cette même famille, qui est très nombreuse, la tige se termine en terre par un oignon ou *bulbe* plus ou moins marqué et varié quant à sa figure et à sa composition. L'oignon du Lis est composé d'écailles en recouvrement; ceux de la Jacinthe et de l'Oignon vulgaire sont composés d'enveloppes charnues superposées; celui de l'Ail est formé de l'agglomération de nombreux petits bulbes ou *bulbilles* dont chacun est apte à donner une nouvelle plante.

Fig. 8. — Jacinthe.

Le Lis, que j'ai chosi à cause de la grandeur de sa fleur et de ses parties, manque cependant d'une des parties constitutives d'une fleur parfaite, savoir le *calice*. On nomme ainsi la partie verte qui soutient et embrasse par le bas la corolle et qui l'enveloppe tout entière avant son épanouissement, comme vous avez pu le remarquer dans la Rose. Le calice, qui accompagne presque toutes les autres fleurs, manque aux Liliacées, comme la Tulipe, la Jacinthe, l'Oignon, le Poireau, l'Ail, le Lis. Vous verrez encore que, dans toute cette même famille, les tiges sont simples ou peu rameuses, les feuilles allongées et jamais découpées. Si vous suivez ces détails avec quelque attention, et que vous vous les rendiez familiers par quelques observations, vous voilà déjà en état de déterminer par l'inspection attentive d'une plante, si elle est ou non de la famille des Liliacées, et cela sans savoir le nom de la plante. Vous voyez que ce n'est plus ici un simple travail de la mémoire, mais une étude d'observation et de faits bien dignes de vous occuper.

J.-J. Rousseau.

A la famille des Liliacées appartiennent le Lis, qui donne son nom à la famille, la Tulipe, la Jacinthe, la Tubéreuse, l'Asphodèle, l'Ail, l'Oignon, le Poireau, l'Asperge, l'Aloès, et l'énorme Dragonnier du chapitre ci-après.

X

Le Dragonnier d'Orotava.

Le fameux Dragonnier d'Orotava, dans l'île de Ténériffe, est sûrement un des plus anciens monuments du globe. Vers la fin du dernier siècle, on lui a trouvé 20 mètres de hauteur, 13 mètres de circonférence au milieu du tronc et 15 mètres à la base. Lorsque l'île de Ténériffe fut découverte en 1402, la tradition rapporte qu'il était dejà aussi gros et aussi creux qu'à présent, et qu'il était, dès cette époque, un objet de vénération pour les peuples de l'île.

Cette tradition et ce que l'on sait de l'extrême lenteur de la végétation des Dragonniers peut faire présumer la haute antiquité d'un arbre que quatre siècles ont à peine modifié. De temps en temps, une partie de ses branches est détruite par le vent, ce qui explique cette espèce d'état stationnaire. Berthelot remarque que, comparant les jeunes Dragonniers avec le vétéran d'Orotava, il est arrivé, dans ses calculs sur l'âge de ce dernier, à des conséquences qui ont confondu son imagination. On peut donc, sans exagération, accorder à ce Dragonnier un âge d'au moins 6000 ans.

De Candole.

Ce gigantesque Dragonnier se voit dans le jardin de M. Franqui, dans la petite ville d'Orotava, l'un des endroits les plus délicieux du monde. En juin 1799, à l'époque de notre ascension du pic de Ténériffe, nous trouvâmes à ce Dragonnier une circonférence de 15 mètres à quelques pieds au dessus du sol. Selon la tradition, cet arbre colosse était vénéré par les Guanches; et à la première expédition des Béthencourt, en 1402, il était déjà aussi épais et aussi creux qu'il l'est maintenant. Quand on se rappelle que les Dragonniers croissent d'une manière extrêmement lente, on comprend le grand âge de l'arbre d'Orotava. Berthelot, dans sa *Description de Ténériffe*, s'exprime ainsi : « En comparant les jeunes Dragonniers voisins de l'arbre gigantesque, les calculs qu'on fait sur l'âge de ce dernier effrayent l'imagination. »

On rapporte qu'au quinzième siècle, aux premiers temps de la conquête normande et espagnole, on disait la messe sur un petit autel élevé dans le tronc creux de cet arbre. Dans l'ouragan du 21 juin 1819, le Dragonnier d'Orotava perdit malheureusement un côté de sa couronne.

HUMBOLDT.

Le vieux Dragonnier s'élevait en face de mon logement, arbre étrange de forme, gigantesque de port, que la tempête avait frappé sans pouvoir l'abattre. Dix hommes se tenant par la main ne suffiraient pas pour embrasser son tronc. Ce cippe prodigieux offrait à l'intérieur une cavité profonde que les siècles avaient creusée; une porte rustique donnait accès dans cette grotte, dont la voûte supportait un énorme branchage. De longues feuilles aiguës comme des épées couronnaient l'extrémité des rameaux; et de blanches panicules, épanouies en automne, jetaient un manteau de fleurs sur ce dôme de verdure. Un jour, l'ouragan furieux ébranla la forêt aérienne; on entendit un épouvantable craquement, puis tout à coup le tiers de la masse rameuse s'abattit avec fracas et fit retentir la vallée.

Le colosse mutilé n'a rien perdu cependant de son imposant aspect. Inébranlable sur sa base et le front dans les nues, il poursuit le cours de sa longévité. Souvent j'allais m'asseoir au pied de l'arbre patriarche, dont l'origine se perd dans la nuit des siècles. Que de générations ont passé sous son ombre!

BARKER-WEBB et BERTHELOT.

XI

Les plus grandes des fleurs connues.

De toutes les Nymphéacées, famille si remarquable par l'ampleur de ses fleurs, la plus grande, la plus riche, la plus belle est cette merveilleuse plante que l'on a dédiée à la reine d'Angleterre et qui porte le nom de *Victoria regia*. Elle habite les eaux tranquilles des lacs peu profonds, formés par l'élargissement des grands fleuves de l'Amérique méridionale. Ses feuilles sont circulaires et mesurent de cinq à six mètres de circonférence. Leur surface est plane, mais les bords se relèvent d'environ un décimètre au-dessus du niveau de l'eau. La face supérieure est d'un vert foncé brillant; l'inférieure est d'un rouge cramoisi, et munie de grosses nervures saillantes, celluleuses, pleines d'air, hérissées, ainsi que le pétiole, d'aiguillons élastiques. Ces nervures forment un réseau élégant et régulier, circonscrivant des aréoles quadrangulaires.

Les fleurs s'élèvent un peu au-dessus de l'eau. Quand leur épanouissement est complet, elles ont une circonférence de 1 mètre à 1 mètre et un tiers. Le calice est composé de quatre sépales charnus, d'un brun foncé; à la gorge du calice s'arrondit un bourrelet annulaire qui porte une centaine de pétales et autant d'étamines. Les pétales s'épanouissent le soir; leur couleur, d'abord d'un blanc pur, passe, en vingt-quatre heures, par des nuances successives, d'un rose tendre à un rouge vif. Ils exhalent une odeur agréable pendant la première journée de l'épanouissement ; à la fin du troisième jour, la fleur se flétrit et replonge sous les eaux pour mûrir ses graines.

Le fruit, à sa maturité, offre le volume de la tête d'un enfant; les graines, riches en fécule, sont recueillies par les habitants, qui les font rôtir et trouvent en elles un aliment agréable.

La description de cette magnifique plante explique les transports d'admiration qu'ont éprouvés les naturalistes en la voyant pour la première fois. Le célèbre Haenke voyageait en pirogue sur le Rio Mamoré, un des principaux affluents de l'Amazone, en compagnie du Père Lacueva, missionnaire espagnol, lorsqu'il découvrit, dans un marais du rivage, la gigantesque Nymphéacée. A cette vue, le botaniste se précipita à genoux et exprima son enthousiasme religieux et scientifique par des exclamations passionnées et des élans d'adoration vers le Créateur, *Te Deum* improvisé qui dut singulièrement édifier le pieux missionnaire.

En 1845, un voyageur anglais, Bridges, suivant à cheval les rives boisées du Yacouma, l'une des rivières tributaires du Mamoré, arriva devant un lac enclavé dans la forêt et y trouva une colonie de *Victoria*. Entraîné par son admiration, il allait se jeter à la nage pour en cueillir quelques fleurs, lorque les Indiens qui l'accompagnaient l'avertirent que ces eaux abondaient en alligators. Ce renseignement le rendit prudent, sans diminuer son ardeur ; il courut à la ville de Santa-Anna, dont le corrégidor lui donna des bœufs pour traîner un canot de la rivière jusqu'au lac qui renfermait les trésors, objet de son ambition. Les feuilles étaient si énormes, qu'il ne put en placer que deux dans le canot, et il fut obligé de faire plusieurs voyages pour compléter sa récolte. S'étant chargé de feuilles, de fleurs et de fruits mûrs, et voulant les emporter sans encombre, il les suspendit sur de longues perches, en soutenant les pétioles et les pédoncules avec de petites cordes ; puis il les fit enlever par ses Indiens, qui, posant sur leurs épaules chaque extrémité de la perche, les portèrent ainsi dans la ville.

Bridges arriva bientôt en Angleterre avec des graines qu'il avait semées dans une argile humide. Deux de ces graines purent germer dans l'*aquarium* de la serre de Kew; on en envoya une dans les grandes serres de Chatsworth; un bassin fut préparé pour la recevoir; on y mit de la terre, on le remplit d'eau, on éleva la température, et la plante fut mise en place. L'opération fut faite le 10 août 1849. A la fin de septembre, il fallut agrandir le bassin du double pour donner de l'espace aux feuilles, qui se développaient rapidement et formaient chacune sur l'eau un flotteur assez

Fig. 9. — Une Nymphéacée : le Nénuphar blanc.

solide pour soutenir le poids d'un enfant. Le premier bouton s'ouvrit au commencement de novembre. La fleur épanouie fut solennellement offerte à sa royale patronne.

Pour contempler l'énorme Nymphéacée dans toute sa splendeur, ce n'est pas dans le bassin d'une serre qu'il faut la voir, mais bien dans son humide palais naturel, encadré par un amphithéâtre de forêts primitives ; il faut la voir, au milieu des immenses nappes d'eau tiédies et illuminées par un soleil torride, étendre au loin ses feuilles lustrées, sur lesquelles les oiseaux échassiers marchent à grands pas, en s'appelant d'une voix aiguë, tandis qu'au-dessous les alligators circulent entre les tiges de la plante qui les abrite de son ombrage.

EMM. LE MAOUT.

Le *Rafflesia d'Arnold* est une des singularités les plus étranges du règne végétal. Cette plante vient à Sumatra et croît en parasite sur les souches des *Cissus*, végétaux que leur organisation rapproche de notre Vigne. Elle se compose uniquement d'une fleur monstrueuse, qui s'étale à la surface du sol, sans aucun accompagnement de ramifications et de feuilles. Cette fleur a près de trois mètres de circonférence ; la capacité de son godet central mesure de six à sept litres, et son poids atteint et dépasse sept kilogrammes. Elle se compose de cinq larges lobes couleur de chair et d'une couronne annulaire. Les étamines sont nombreuses, réunies en un seul corps, et portent des anthères à plusieurs loges concentriques, qui s'ouvrent au sommet par un pore commun. Le fruit est une baie, sèche et dure à l'extérieur, pulpeuse à l'intérieur. Avant son épanouissement, cette fleur ressemble à une grosse tête de chou pommé. Quand elle a étalé ses cinq lobes d'un rouge livide, elle répand une odeur cadavéreuse qui attire des nuées d'insectes friands de pourriture animale.

J.-H. Fabre.

XII

Les Crucifères.

Quand les premiers rayons du printemps auront éclairé vos progrès en vous montrant dans les jardins les Jacinthes, les Lis, les Tulipes et autres Liliacées dont l'analyse vous est déjà connue, d'autres fleurs arrêteront bientôt vos regards et vous demanderont un nouvel examen. Tels seront les Giroflées ou Violiers. Tant que vous les trouverez doubles, ne vous attachez pas à l'examen de ces fleurs. La culture les a défigurées. Si la partie la plus brillante, savoir la corolle, s'y multiplie, c'est aux dépens des parties plus essentielles, qui disparaissent sous cet éclat.

Prenez donc une Giroflée simple et procédez à l'analyse de sa fleur. Vous y trouverez d'abord une partie extérieure et verte qui manque dans les Liliacées, savoir le *calice*. Ce calice est de quatre pièces, que l'on nomme *sépales*. Ces quatre pièces sont inégales ; deux, opposées l'une à l'autre, sont un peu plus grandes et bossues à la base ; deux, également opposées, sont un peu moindres.

Fig. 10. — Une Crucifère : le Colza.

Dans ce calice, vous trouverez une corolle composée de quatre pétales, dont je laisse à part la couleur, parce qu'elle ne fait point caractère. Chacun de ces pétales est attaché au *réceptacle* ou extrémité de la tige florale par une partie étroite et pâle qu'on appelle *l'onglet*, et déborde le calice par une partie plus large et plus colorée qu'on appelle la *lame*.

Au centre de la corolle est un pistil allongé, cylindrique ou à peu près, terminé par un style très court, lequel est terminé lui-même par un stigmate oblong, *bifide*, c'est-à-dire partagé en deux parties qui se réfléchissent de part et d'autre.

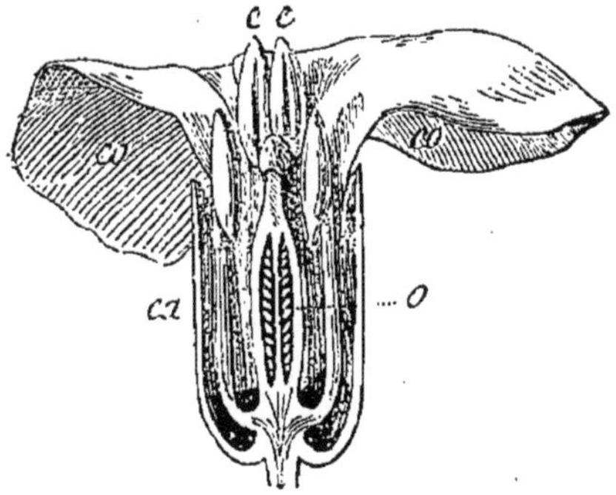

Fig. 11. — Coupe de la fleur de la Giroflée.

Si vous examinez avec soin la position respective du calice et de la corolle, vous verrez que chaque pétale, au lieu de correspondre exactement à chaque sépale du calice, est posé au contraire entre deux sépales, de sorte qu'il répond à l'ouverture qui les sépare. C'est ce que l'on désigne en disant que les pétales *alternent* avec les sépales. Cette disposition alternative a lieu dans toutes les fleurs qui ont un nombre égal de pétales à la corolle et de sépales au calice.

Il nous reste à parler des étamines. Il y en a six, comme dans les Liliacées, mais non égales entre elles et différemment disposées. Quatre sont plus longues et disposées à côté l'une de l'autre deux par deux ; les deux autres sont plus courtes et intercalées une à une entre les couples des premières.

Pour achever l'histoire de notre Giroflée, il ne faut pas l'abandonner après avoir analysé sa fleur, mais il faut attendre que la corolle se flétrisse et tombe, ce qu'elle fait assez promptement, et regarder ce que devient le pistil. L'ovaire s'allonge beaucoup et s'élargit un peu en mûrissant. Quand il est mûr, cet ovaire ou ce fruit devient une espèce de gousse plate appelée *silique*.

Cette silique est composée de deux lames ou *valves* posées l'une sur l'autre et séparées par une *cloison* médiane. Quand la semence est tout à fait mûre, les valves s'ouvrent, se détachent de bas en haut pour lui donner passage, et restent attachées au stigmate par leur partie supérieure. Alors on voit des graines plates et circulaires posées sur les deux faces de la cloison médiane ; et, si l'on regarde avec soin comment elles y tiennent, on trouve que c'est par un court filament qui les attache alternativement à droite et à gauche aux *sutures* de la cloison, c'est-à-dire à ses deux bords, par lesquels la cloison était comme soudée avec les valves avant leur séparation.

Tels sont les principaux caractères de la famille des *Crucifères* ou Porte-croix, c'est-à-dire des plantes ainsi nommées parce que leurs quatre pétales opposés deux à deux sont arrangés en manière de croix.

Le grand nombre d'espèces qui composent la famille des Crucifères a déterminé les botanistes à la diviser en deux sections qui, quant à la fleur, sont parfaitement semblables, mais diffèrent un peu quant au fruit.

La première section comprend les Crucifères *à silique,*

comme la Giroflée, le Cresson des fontaines, le Chou, le Navet, le Colza.

La seconde section comprend les Crucifères *à silicule*, c'est-à-dire dont la silique en diminutif est extrêmement courte, presque aussi large que longue. A cette section appartiennent le Cresson alénois, dit *Nasitort* ou *Nastous*, le Thlaspi, appelé *Taraspi* par les jardiniers, la Bourse-à-pasteur, si commune parmi les mauvaises herbes des jardins.

J.-J. ROUSSEAU.

XIII

La Pomme de terre.

La Pomme de terre est cultivée très abondamment et depuis une haute antiquité dans les parties un peu élevées de la Colombie, au Pérou, où elle porte le nom de *Papas ;* elle forme l'aliment principal des habitants de cette contrée. Il paraît même démontré qu'elle est originaire du Pérou, quoique la détermination du lieu précis où elle se trouve à l'état sauvage soit entourée de difficultés, de même que pour les autres végétaux alimentaires les plus importants.

Son introduction en Europe remonte à près de trois siècles ; mais c'est seulement à une époque bien plus rapprochée de nous qu'elle a commencé à se répandre partout et que son tubercule est devenu une matière alimentaire de la plus haute importance. D'après les documents les plus probables, ce serait le capitaine John Hawkins qui, le premier, aurait essayé d'introduire en Europe la culture de cette plante. En 1565, il en rapporta en Irlande, de Santa-Fé-de-Bogota, quelques tubercules qui furent entièrement négligés. Le célèbre navigateur Franz Drake, qui avait d'abord navigué sur les vaisseaux de Hawkins, reconnut toute l'étendue des services que pourrait rendre à l'Europe la culture de ce précieux végétal. A son retour d'une expedition dans les mers du Sud, il en porta des tubercules en Virginie, où ils furent cultivés avec succès. Ce fut en Virginie qu'il prit ceux qu'il porta en Angleterre en 1586 et qu'il remit à son propre jardinier, en lui enjoignant de donner tous ses soins aux plantes qui en sortiraient. Drake donna également quelques tubercules au botaniste anglais

Fig. 12. — La Pomme de terre.

Gérard, qui les planta dans son jardin à Londres et qui, à son tour, en envoya à quelques-uns de ses amis et particulièrement à Clusius ; aussi ce dernier botaniste est-il le premier qui ait fait mention de la Pomme de terre dans ses ouvrages.

Tout porte à croire que, vers la même époque, il arriva

des Pommes de terre dans le midi de l'Europe, par l'intermédiaire des Espagnols. Toutefois on n'apprécia pas plus en Espagne et en Italie qu'en Angleterre l'importance de la nouvelle acquisition, qui resta dans la catégorie des raretés et fut même bientôt oubliée.

Au commencement du XVIIe siècle, l'amiral Walter Raleigh rapporta de nouveaux tubercules de Virginie en Irlande. Cette fois, l'acquisition fut définitive, et les cultivateurs de la Grande-Bretagne commencèrent à faire de la précieuse plante l'objet de tous leurs soins ; aussi cette nouvelle culture ne tarda-t-elle pas à prendre de l'importance dans les Iles-Britanniques ; mais son introduction et ses progrès sur le continent furent beaucoup plus tardifs. En 1616, il est vrai, des Pommes de terre furent servies en France sur la table du roi ; mais ce fait même montre que c'était alors dans notre pays une rareté de haut prix.

Enfin, dans les dernières années du XVIIIe siècle, un homme dont le nom est devenu célèbre, Parmentier, employa plusieurs années de sa vie en efforts dont une énergie de volonté peu commune et une conviction profonde pouvaient seules le rendre capable, pour propager parmi nous une plante qu'il savait être appelée à rendre les plus grands services. Cependant ses efforts et ses écrits n'auraient peut-être amené que partiellement les résultats qu'il désirait, sans la disette qui suivit les premières guerres de la Révolution et fit sentir toutes les ressources qu'offrait la plante préconisée par Parmentier. La Pomme de terre se répandit alors rapidement sur toute l'étendue de la France, et, lorsque ses immenses avantages furent universellement constatés, la reconnaissance publique la nomma *Parmentière*, pour rappeler le nom de l'homme de bien dont les généreux efforts avaient tant contribué à des résultats d'une si grande importance.

P. DUCHARTRE.

C'est aux savants travaux et au zèle infatigable du chimiste Parmentier que nous devons la culture et l'emploi de la Pomme de terre. Ce philanthrope sut, le premier, apprécier dans toute leur étendue les services que le tubercule américain pouvait rendre à l'espèce humaine ; il fit part de ses idées au roi Louis XVI, qui les partagea bientôt avec ardeur ; mais il fallait rendre ces idées populaires, et surtout intéresser à leur succès la mode, cette reine despotique dont l'autorité domine celle des rois.

Sur le conseil de Parmentier, Louis XVI se montra dans une fête publique, tenant à la main un bouquet composé de fleurs de Pommes de terre. Ces belles corolles blanches à anthères jaunes, disposées en corymbe et accompagnées de feuilles élégamment découpées, excitèrent la curiosité. On en parla à la cour et à la ville ; on les imita pour les faire entrer dans les bouquets artificiels ; elles furent rangées par les fleuristes au nombre des plantes d'agrément ; les seigneurs, pour faire la cour au roi, en envoyèrent à leurs fermiers, avec ordre de les cultiver.

Néanmoins, cette première tentative resta stérile ; les grands propriétaires avaient, il est vrai, suivi l'impulsion donnée par le bon Louis XVI ; ils avaient permis à la Pomme de terre de végéter dans quelques coins de leurs domaines ; mais les paysans ne les cultivaient qu'avec répugnance, ils refusaient d'en manger et l'abandonnaient à leurs bestiaux ; il y en avait même qui ne la jugeaient pas digne de servir d'aliment à ces derniers.

Convaincu que, si la Pomme de terre finissait par entrer dans les usages et par suppléer le Froment, toute famine devenait à jamais impossible, Parmentier n'hésita pas à consacrer sa fortune, son talent, sa vie entière à cette œuvre immense de charité. Ce n'était pas assez d'encourager la culture par des écrits, des discours, des récompenses, en un mot par tous les moyens d'influence que lui donnait sa haute position : il acheta ou prit à ferme une grande quantité de terrains en friche, dans le voisinage de Paris, et y fit planter des Pommes de terre. La première année, il les vendit à bas prix aux paysans des environs ; peu de gens en achetaient. La seconde année, il les distribua pour rien : personne n'en voulut.

A la fin, son zèle devint du génie. Il supprima les distributions gratuites et fit publier à son de trompe, dans tous les villages, une défense expresse qui menaçait de toute la rigueur des lois quiconque se permettrait de toucher aux Pommes de terre, dont ses champs regorgeaient. Les gardes champêtres eurent ordre d'exercer, pendant le jour, une surveillance active, et de rester chez eux pendant la nuit. Dès lors chaque carré de Pommes de terre devint, pour les paysans, un jardin des Hespérides, dont le dragon était endormi. La maraude nocturne s'organisa régulièrement, et le bon Parmentier reçut de tous côtés des rapports sur la dévastation de ses champs, rapports qui le faisaient pleurer de joie. La Pomme de terre avait acquis la saveur du fruit défendu, et sa culture s'étendit rapidement sur tous les points du royaume.

EMM. LE MAOUT.

Convaincu qu'il est du devoir d'un véritable citoyen de diriger la science qu'il cultive vers le bonheur de la société, j'ai toujours pensé que l'art des subsistances devait faire l'occupation la plus sérieuse de l'homme, puisque son existence et celle des compagnons de ses travaux tiennent aux moyens de se nourrir. Mais ce n'est pas assez de multiplier les ressources alimentaires, il faut encore que ces ressources exigent peu d'embarras et de dépense dans leur préparation ; qu'elles ne préjudicient ni à la qualité du sol qui les donne, ni à la santé des individus pour lesquels elles sont destinées. Or quelle plante remplit mieux toutes ces conditions que la Pomme de terre, le plus utile présent, sans contredit, que le nouveau monde ait fait à l'ancien ?

Quand on réfléchit que la plus grande fertilité du sol et l'industrie des hommes ne sauraient mettre le meilleur pays à l'abri de la disette ; que les années les moins riches en blé sont extrêmement abondantes en Pommes de terre ; que ces tubercules, se développant avec sûreté dans l'intérieur du sol, peuvent suppléer le grain ravagé par les intempéries, et donnent, sans aucun apprêt, une nourriture aussi commode que salutaire, on est en droit d'être étonné, affligé même de l'indifférence qui règne encore dans certains cantons au sujet de la précieuse plante.

Combien de landes ou de bruyères autour desquelles végètent tristement plusieurs familles seraient en état de leur procurer la subsistance, ainsi qu'à beaucoup de nos concitoyens, toujours aux prises avec la nécessité ! Ah ! s'il était possible de pénétrer de ces vérités les habitants des campagnes et de leur persuader que la Pomme de terre peut servir à la fois dans la cuisine et dans la basse-cour, sans doute on les verrait bientôt bêcher le coin d'un jardin ou d'un verger, rapportant au plus un boisseau de pois ou de haricots, pour y planter ces précieux tubercules, qui fourniraient une subsistance assurée pendant la saison la plus morte de l'année. On verrait les cultivateurs intelligents et laborieux obtenir, d'une petite étendue du terrain le plus médiocre, de quoi faire vivre leur famille jusqu'au retour de l'abondance ; on verrait les vignerons, dont le sort est presque toujours digne de compassion, au lieu de se nourrir d'un pain grossier, composé d'orge, de sarrasin et de criblures où l'ivraie domine (heureux encore quand ils en ont suffisamment), on verrait, dis-je, les vignerons mettre au pied de leurs vignes des Pommes de terre, et se ménager ainsi un genre d'aliment qui supplée à tous les autres et peut les remplacer dans les temps de disette.

Sans doute il faut bien des années pour convaincre nos villageois des avantages qu'on leur propose, pour les faire renoncer à leurs anciens préjugés et les déterminer à changer, en faveur d'une nouvelle méthode, la routine qu'ils ont héritée de leurs pères et qu'ils transmettent à leurs enfants ; mais on ne doit pas, à cause de ces obstacles, abandonner le dessein de les instruire. Quand on veut être essentiellement utile à ses semblables, il ne suffit pas de leur dire une seule fois ce qu'on a vu, ce qu'on a fait et ce qu'il est nécessaire de faire ; il convient de ne jamais se lasser de le leur répéter sous toutes les formes.

Persuadé qu'aux leçons de l'exemple il fallait encore ajouter les conseils, les exhortations même, je n'ai cesse de recommander, aux seigneurs et curés qui me consultaient sur la manière de répandre dans leurs cantons la culture et les usages des Pommes de terre, d'employer quelques-uns des moyens que voici : Ces tubercules, leur disais-je, peuvent soulager le pauvre pendant l'hiver et lui procurer à peu de frais une nourriture substantielle et salutaire. Accoutumez-y vos vassaux et vos paroissiens par toutes sortes de voies, excepté par l'autorité; consacrez à leur culture les terrains dont vous ne tiriez aucun parti; faites en sorte que ce soit les plus exposés à la vue; défendez-en expressément l'entrée ; donnez une espèce d'éclat à votre récolte, afin que chacun puisse être témoin de sa fécondité; ordonnez qu'on serve ces Pommes de terre sur vos tables; traitez-les comme un mets précieux pour la santé ; et, lorsque les indigents viendront solliciter à votre porte votre bienfaisance et votre humanité, distribuez à plusieurs d'entre eux, comme par prédilection, quelques Pommes de terre au lieu d'un morceau de pain.

C'est ainsi que, à l'aide de quelques pratiques variées, on parvient sans contrainte à inspirer à l'homme de la curiosité et le désir de faire ce qu'on a intention qu'il fasse pour son propre intérêt. Combien de fois ne m'est-il pas arrivé que, mes petites plantations arrivées à maturité, j'en abandonnais la récolte à la discrétion de ceux que j'en avais rendus témoins ; et que, retournant ensuite aux mêmes lieux, j'avais la douce satisfaction de voir des carrés de terrains, auparavant en friche, occupés par la nouvelle culture !

PARMENTIER.

Il y a des bourgeons appelés aux périls d'une existence indépendante et qui, avant de se séparer de la plante-mère, ne savent pas, les maladroits, s'amasser de quoi vivre. En vain les bulbilles et les bulbes, bourgeons éminemment précautionnés, leur montrent comment il faut s'y prendre en vue des mauvaises chances de l'émigration ; ils n'en tiennent nul compte, ils n'épaississent pas la moindre écaille. Les imprudents périraient si le rameau qui les porte ne prenait un généreux parti.

Ce rameau se sacrifie, c'est le mot, pour ses bourgeons. Dans le but de leur faire un avenir, il renonce lui-même aux douceurs de la vie; il se condamne à un labeur obscur, opiniâtre. Au lieu de venir à l'air, où il se couvrirait de feuillage et de fleurs, suprême joie de la plante, il reste sous terre, où rien ne le distrait de son travail. Là, sordidement vêtu de pauvres écailles brunes, derniers vestiges des feuilles auxquelles il a renoncé, sans relâche il amasse, il thésaurise tant et tant, qu'à la fin il devient difforme. Il est si laid que, n'osant plus l'appeler rameau, les botanistes le nomment *tubercule*. Une fois les provisions faites, le tubercule se détache de la plante mère, et désormais les

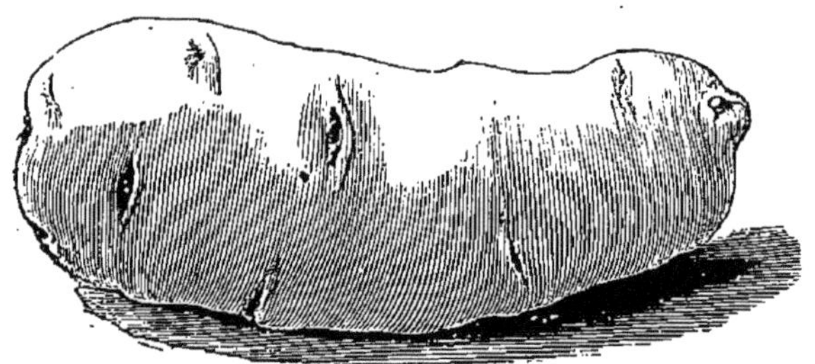

Fig. 13. — Pomme de terre avec ses yeux ou bourgeons.

bourgeons qu'il porte trouvent en lui, pour émigrer, des vivres abondants. Un tubercule est donc un rameau souterrain, gonflé de nourriture, ayant de minces écailles en guise de feuilles, et recouvert de bourgeons qu'il doit alimenter.

La Pomme de terre est un tubercule. Il faut lui appliquer la définition précédente : c'est un rameau souterrain, etc., etc. — Oui, un rameau et non une racine, comme vous vous l'étiez figuré jusqu'ici. Je vous le disais bien, que le rameau n'est plus reconnaissable lorsqu'il a pris du ventre pour devenir tubercule. Voilà que vous confondez avec une racine difforme ce qui véritablement est un rameau. Singulier vice des richesses, qui rendent les rameaux méconnaissables, les gens aussi quelquefois !

Démontrons que, malgré sa disgracieuse forme et son séjour dans le sol, la Pomme de terre est un rameau. — Une racine ne porte jamais de feuilles, ni rien qui en dérive, comme des écailles. Elle ne produit pas de bourgeons, si ce n'est dans des circonstances exceptionnelles, lorsque, par exemple, le salut de la plante est menacé ; et encore se fait-elle beaucoup prier : ce n'est pas son métier. Or, à la surface de la Pomme de terre, que voyons-nous? Certains enfoncements, des yeux, c'est-à-dire autant de bourgeons, car ces yeux se développent en rameaux si la Pomme de terre est placée dans des conditions favorables.

Sur les tubercules vieux, on les voit, dans l'arrière-saison, s'allonger en rejetons, ne demandant qu'un peu de lumière pour verdir et devenir des tiges. Le cultivateur est au courant de l'affaire : il partage le tubercule en quartiers, et chaque fragment mis en terre produit un nouveau pied, à la condition expresse qu'il ait au moins un œil ; s'il n'en a pas, il ne produit rien. De plus, avant l'arrachage, les yeux sont cachés à l'aisselle de petites écailles qui se détachent facilement plus tard et passent inaperçues, si l'on n'a pas soin de les observer sur des tubercules jeunes, extraits du sol avec ménagement. Ces écailles sont des feuilles, modifiées par une vie souterraine : des feuilles aux mêmes titres que les enveloppes coriaces d'un bourgeon écailleux. Puisqu'elle a feuilles et bourgeons, la Pomme de terre est un rameau. Si des doutes vous restaient sur cette conclusion, j'ajouterais qu'en *buttant* la plante, c'est-à-dire en amoncelant de la terre autour de son pied, on convertit en tubercules les jeunes rameaux enterrés ; j'ajouterais encore que, dans les années pluvieuses et sombres, on voit quelques-uns des rameaux ordinaires s'épaissir à l'air libre et prendre la forme de tubercules plus ou moins parfaits. La conclusion est forcée : la Pomme de terre est un rameau.

J.-H. FABRE.

XIV

La Fécule.

Un des grands soucis de la marine, en ses longs voyages, est la conservation des vivres, matières éminemment altérables. Des galettes particulières, des biscuits minces, affreusement durs, remplacent notre pain. Ne pas confondre les biscuits de la marine avec ceux des pâtissiers. Le robuste estomac des matelots ne se contenterait pas d'une friandise de serins. Les viandes sont salées ou fumées; les légumes sont desséchés, comprimés et cuits dans des boîtes de fer-blanc hermétiquement closes. Malgré toutes ces précautions, tôt ou tard les biscuits se moisissent, le lard rancit, les viandes se corrompent, les légumes s'altèrent, et, à la suite d'une alimentation malsaine, les maladies déciment l'équipage.

Le problème des conserves alimentaires s'est présenté pour la plante comme pour la marine, avec cette différence que la plante l'a résolu tout d'abord d'inspiration, tandis que la marine le cherche encore, sans espoir peut-être d'en venir à bout. Des bourgeons émigrent, ils entreprennent de longs voyages pour fonder des établissements nouveaux. Il leur faut des vivres pour suffire à leurs premiers besoins, alors que, dépourvus encore de racines, ils ne peuvent puiser la nourriture dans le sol; il leur faut des vivres emmagasinés dans les tubercules et les bulbes. Ces vivres doivent être inaltérables; ils doivent pouvoir supporter l'humidité et le sec, le chaud et le froid, sans rancir, sans moisir, sans attirer les vers. La science humaine, pour sa part, a reculé devant un tel programme; la science de la plante a surmonté admirablement la difficulté.

Pour éviter les vers, elle a imaginé un aliment qui, n'ayant ni odeur ni saveur, ne peut les attirer, et, pour plus de sûreté, elle l'assaisonne parfois de liquides acerbes et même de poison. Pour éviter le moisi, elle l'a doué d'une résistance incomparable à l'humidité; pour éviter le rance, elle l'a fait indifférent à l'action de l'air. Vous comprendrez mieux toutes les garanties de conservation présentées par cette substance alimentaire, si je vous dis qu'elle est de la même nature que la cellulose, que le papier. Elle se compose absolument des mêmes principes que la substance du papier; le mode de préparation seul diffère. Cet aliment est la fécule.

Vous connaissez l'amidon, cette belle matière blanche avec laquelle se fait l'empois, qui sert à donner de la consistance au linge. L'amidon est de la fécule pure, de la fécule extraite par l'industrie des grains des céréales. Mettez-en un peu sur la langue; il n'a aucune saveur. Laissez-en séjourner dans de l'eau froide; il s'y conserve intact. Abandonnez-le à l'air; aucune altération ne s'ensuivra. Le papier, je vous le répète, n'est pas plus résistant.

Ce doit être, à votre avis, une triste ressource alimentaire pour les bourgeons que cette poudre dépourvue de saveur. Autant vaudrait se nourrir de papier. — J'en conviens : en l'état où elle est, la fécule n'est pas alimentaire, mais elle a de curieux privilèges. Par un revirement incompréhensible, sans rien gagner, sans rien perdre, par un simple tour de main de cuisine, elle devient... devinez quoi? Elle devient du sucre, non le sucre en pain que vous connaissez, mais un autre ressemblant à celui du miel. Quand vous croquez une dragée, et j'ai la persuasion que vous l'estimez à sa valeur, quand vous croquez une dragée, savez-vous ce que vous mangez? Une pâte de fécule et de sucre de fécule. Je ne parle pas de l'amande centrale, étrangère à la question. Semblable friandise est la nourriture des bourgeons approvisionnés de fécule.

L'homme, le grand mangeur, qui exploite de toute façon la plante et l'animal, ne pouvait manquer de tirer parti de la merveilleuse métamorphose. Bouillie avec de l'eau, la fécule se change en empois, matière déjà susceptible de se dissoudre. Or si, pendant l'ébullition, on ajoute un peu d'un liquide infernal appelé huile de vitriol, l'empois devient sirop, devient sucre. C'est ainsi que se prépare le sucre de fécule des dragées. Il va sans dire que, une fois formé, on le débarrasse de l'huile de vitriol qui a servi à le faire.

Cette méthode n'est pas la seule qui transforme la fécule. Une pomme de terre crue est immangeable; c'est même chose malsaine, car, pour garantir ses provisions des ravages des vers, le tubercule a soin de les assaisonner de poison, comme on saupoudre de chaux les raisins trop près de la route pour empêcher les passants d'y toucher. Cuite, elle est excellente. Que s'est-il donc passé? La chaleur a détruit le peu de matière vénéneuse ; de plus, elle a converti en sucre une partie de la fécule. Maintenant, le tubercule est, comme la dragée, un mélange de farine et de sirop.

J'en dirai autant de la châtaigne. Crue, elle ne vaut pas grand'chose. A la rigueur, cependant, on peut la manger, car elle n'a pas l'égoïste précaution d'empoisonner sa fécule. Aussi les insectes la rongent volontiers, tandis qu'ils respectent la pomme de terre soupçonneuse. Crue, dis-je, à peine est-elle mangeable; cuite, on ne peut tarir en éloges sur son compte. Je m'en rapporte pleinement à votre appréciation. Encore transformation de la fécule en sucre par la chaleur.

Est-il nécessaire de vous dire que la plante n'emploie aucune de ces deux méthodes? Que voulez-vous qu'elle aille travailler sa fécule par le feu ou l'huile de vitriol? Le procédé est trop brutal. Elle a mieux que tout cela. — Mettez du blé dans une soucoupe et tenez-le humide. En quelques jours, le blé germera. Eh bien, lorsque la pointe verte des jeunes pousses commence à se montrer, si vous prenez un grain, vous le trouvez tout ramolli. Il s'écrase sous le doigt et laisse s'écouler une espèce de lait d'une saveur très douce. Pour allaiter la petite plante, la fécule est devenue sucre, tout doucement, sans feu, sans huile de vitriol. Comment cela? Je l'ignore. Ici, toute science de bon aloi dit modestement : Je ne sais pas. Il est entré dans les desseins de l'éternelle Sagesse qu'à un moment donné la fécule, matière aride, non nutritive, dépourvue de saveur, devînt un lait bien doux, fluide, nourrissant, pour sustenter la jeune plante ; et cela se fait. Quand vous serez grands, si vous trouvez une raison meilleure, obligez-moi de me l'apprendre. J'attends.

Partout où il y a un germe destiné à se développer seul, il y a de la fécule en réserve. Il y en a dans le grain, il y en a dans le bulbille, il y en a dans le bulbe, il y en a dans le tubercule. Toujours, au moment de l'éveil du germe, cette fécule se transforme en sucre qui, dissous dans de l'eau, pénètre dans la jeune plante et la nourrit.

Réparons un oubli que j'allais commettre. Les provisions de fécule, vous ai-je dit, sont quelquefois empoisonnées pour être à l'abri des ravages des insectes. Exemples : la Pomme de terre, les tubercules de l'Arum, les racines du Manioc. Vous avez peut-être entendu parler de cette dernière plante. Sa racine farineuse est pour l'homme un poison épouvantable, et cependant en Amérique on en fait un pain excellent. On exprime fortement les racines réduites en pulpe avec la râpe. Le jus qui s'écoule entraîne le poison. Reste alors une matière inoffensive, riche en fécule et propre à faire du pain.

Quant aux bourgeons, ils n'ont pas à se préoccuper du poison qui peut accompagner les vivres. Lorsque le moment est venu d'utiliser la fécule, la matière vénéneuse devient inoffensive, nutritive même, car d'un poison faire un aliment est un jeu pour la plante.

La fécule est amassée en nombreux petits grains dans les cellules. Proposons-nous d'extraire la fécule de la pomme de terre. Il suffit de déchirer les cellules pour mettre les grains en liberté, puis de faire le triage. A cet effet, le tubercule est réduit en pulpe avec une râpe. On dispose cette pulpe sur un linge au-dessus d'un grand verre, et l'on arrose avec un filet d'eau tout en remuant. Les grains sortis des cellules déchirées sont entraînés par l'eau à travers les mailles du linge ; la pulpe, trop grossière, reste sur le filtre. Vous avez maintenant un plein verre d'eau trouble. Mais regardez au grand jour. Une foule de petits points d'un blanc satiné descendent comme neige et se déposent au fond. Dans quelques instants, le dépôt est opéré. Vous pouvez alors jeter l'eau et il vous reste une matière pulvérulente d'un beau blanc. C'est la fécule.

Les grains de fécule sont d'une excessive finesse. Les plus volumineux sont ceux de la pomme de terre. Il en faudrait cent cinquante environ pour remplir un millimètre cube. Ceux du blé sont bien moindres : dix mille suffiraient à peine pour faire un millimètre cube. Cependant ces grains si menus sont très compliqués et se composent d'un grand nombre de feuillets emboîtés l'un dans l'autre. Dans une seule pomme de terre il y a des millions et des millions de cellules bourrées de grains, tout aussi compliqués. Quel incompréhensible travail pour organiser, feuillet par feuillet, ces légions de granules! L'imagination s'y perd, la raison s'y abîme! Le tout pour la pâtée d'un bourgeon.

J.-H. FABRE.

XV

Les Légumineuses.

Dans la fleur du Pois, vous trouverez d'abord un calice *monosépale*, c'est-à-dire dont les diverses parties, au nombre de cinq, sont soudées à la base en une seule pièce en forme de sac. Les bords de ce sac sont fendus en cinq pointes bien distinctes, dont deux un peu plus larges tout en haut, et les trois plus étroites en bas. Chacune de ces pointes appartient à un sépale, libre dans sa partie supérieure, soudé avec les autres dans sa partie inférieure. Ce calice est recourbé dans le bas, de même que la petite tige ou *pédicule* qui le soutient, lequel pédicule est très délié, très mobile; en sorte que la fleur suit aisément le courant de l'air et présente ordinairement son dos au vent et à la pluie.

Le calice examiné, on l'ôte, en le déchirant délicatement, de manière que le reste de la fleur demeure tout entier. On voit alors clairement que la corolle est à cinq pétales.

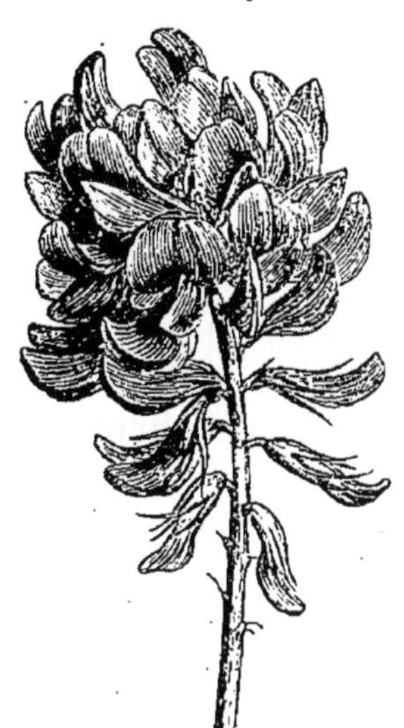

Fig. 14.— Une Légumineuse : le Sainfoin.

Sa première pièce est un grand et large pétale qui couvre les autres et occupe la partie supérieure de la corolle. On l'appelle *étendard*. Il faudrait se boucher les yeux et l'esprit pour ne pas voir que ce pétale est là comme un parapluie pour garantir le reste de la fleur des injures de l'air. En enlevant l'étendard, vous remarquerez qu'il est emboîté de chaque côté par une petite oreillette dans les pièces latérales, de manière que sa situation ne puisse être dérangée par le vent.

L'étendard ôté laisse à découvert ces deux pièces latérales auxquelles il adhérait par ses oreillettes; ces pièces latérales s'appellent les *ailes*; il y en a deux. Les ailes ne sont guère moins utiles pour garantir les côtés de la fleur que l'étendard pour la couvrir.

Fig. 15. — Fleur du Pois.

Les ailes ôtées vous laissent voir les deux derniers pétales, arrangés en une pièce qui couvre et défend le centre de la fleur. Cette pièce, nommée *carène*, à cause de sa ressemblance avec la carène d'une barque, est le coffre-fort dans lequel la nature a mis son trésor à l'abri des atteintes de l'air et de l'eau.

Forcez le coffre-fort, vous trouverez à l'intérieur une membrane cylindrique terminée par dix étamines et entourant l'ovaire. Ces dix étamines se réunissent par le bas autour de l'ovaire et se terminent par le haut en autant d'anthères à pollen jaune. Ainsi ces dix étamines forment encore autour de l'ovaire une dernière cuirasse pour le préserver des injures du dehors.

Si vous y regardez de bien près, vous trouverez que ces dix étamines ne forment pas une gaine continue autour de l'ovaire, mais une gaine fendue supérieurement. Dans la fente, une des dix étamines se trouve isolée et comble l'intervalle. Avec la pointe d'une aiguille, vous pouvez aisément soulever cette étamine isolée et reconnaître que les neuf autres font corps ensemble, mais laissent en dessus une fente. A mesure que la fleur se fane, l'ovaire grossissant peut, grâce à cette fente, entr'ouvrir et écarter de plus en plus la gaine des étamines, qui, sans cela, le comprimant et l'étranglant tout autour, l'empêcherait de grossir et de profiter.

L'ovaire est d'abord une petite lame plane et verte. En

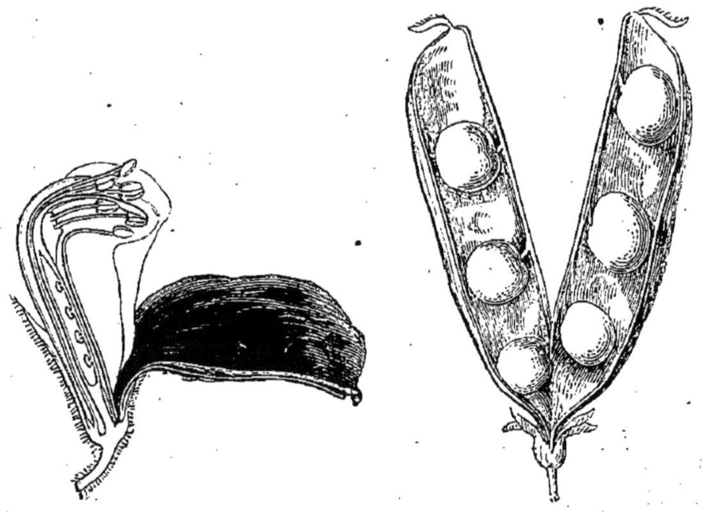

Fig. 16. — Fleur et gousse ouvertes du Pois.

mûrissant, il devient le fruit nommé *gousse*. Ce fruit, dont la Fève et le Pois nous fournissent des exemples familiers, est une sorte de sac allongé, qui s'ouvre, à la maturité, le long d'une suture. A l'intérieur de la gousse, toutes les graines s'attachent à cette suture, au lieu d'être suspendues alternativement à droite et à gauche, comme dans la silique des Crucifères.

Si je me suis bien fait comprendre, vous aurez remarqué les étonnantes précautions accumulées par la nature pour amener à maturité l'ovaire du Pois et le garantir surtout, au milieu des plus grandes pluies, de l'humidité qui lui serait funeste, sans cependant l'enfermer dans une coque dure qui en eût fait un tout autre fruit. Le Créateur, attentif à la conservation de tous les êtres, a mis de grands soins à garantir la fructification des plantes des atteintes qui pourraient lui nuire; mais il paraît avoir redoublé d'attention pour celles qui servent à la nourriture de l'homme et des animaux.

Toutes les plantes dont la fleur et le fruit ont la structure que nous venons d'observer dans le Pois forment la famille des Légumineuses, ainsi appelées à cause du nom de *Légume* que les botanistes donnent encore à la *gousse*. Les Légumineuses sont une des familles les plus nombreuses et les plus utiles. On y trouve les Fèves, les Haricots, les Lentilles, les Vesces, les Gesses, les Luzernes, les Sainfoins, les Genêts et jusqu'à de grands arbres, tels que l'Acacia.

J.-J. ROUSSEAU.

XVI

Les Labiées.

Parmi les plantes à fleurs monopétales, il y a deux familles dont la physionomie est si marquée qu'on en distingue aisément les membres à leur air. Leur corolle est fendue en deux lèvres ou babines qui lui donnent l'apparence d'une gueule béante. L'une des familles est celle des Labiées, l'autre celle des Personnées.

Parlons d'abord des Labiées. Je prends pour exemple le Basilic. Son calice est monopétale, il a la forme d'une clochette et se termine sur les bords par cinq pièces pointues, à peu près comme le calice du Pois. La corolle, en forme de tube dans sa partie inférieure, se divise supérieurement en deux lèvres bâillantes. Elle renferme quatre étamines divisées en deux paires, l'une plus longue, l'autre plus courte. Au milieu des quatre étamines est le style, de même couleur, mais qui s'en distingue en ce qu'il est simplement fourchu à son extrémité, au lieu d'y porter une anthère, comme le font les étamines.

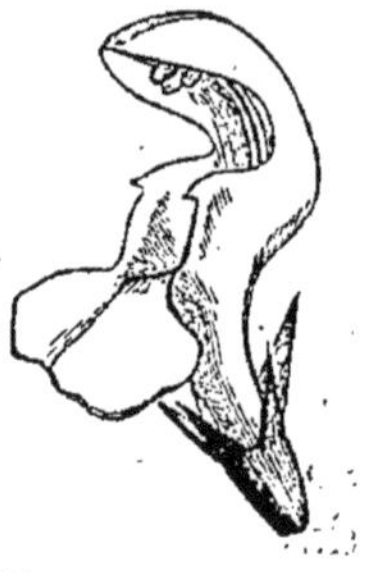

Fig. 17. — Fleur d'une Labiée.

La corolle du Basilic arrachée reste percée au fond d'une ouverture circulaire par laquelle s'élevait le pistil dans la corolle en place. A la base du pistil, tout au fond du calice, se montre l'ovaire, composé de quatre graines disposées en carré à côté l'une de l'autre. Ces graines, quand elles sont mûres, se détachent et tombent à terre séparément.

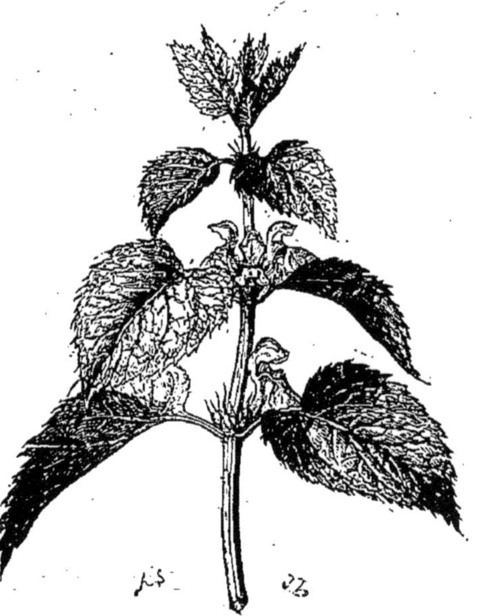

Fig. 18. — Une Labiée : le Lamier.

Voilà les caractères des fleurs des Labiées. J'ajoute que les Labiées sont en général des plantes odorantes et aromatiques, telles que le Thym, la Lavande, le Serpolet, la Menthe, la Marjolaine, la Mélisse, ou des plantes odorantes et puantes, telles que le Marrube ; quelques-unes seulement, telles que la Bugle, la Brunelle, n'ont pas d'odeur. En outre, la tige des Labiées est le plus ordinairement carrée, et leurs feuilles sont opposées l'une à l'autre et disposées par paires qui se croisent.

J.-J. ROUSSEAU.

XVII

Les Personnées.

Les Personnées sont ainsi appelées du mot latin *persona*, qui signifie masque, à cause de leur corolle ressemblant au mufle d'un animal. Cette corolle, comme celles des Labiées, est divisée en deux lèvres qui, au lieu d'être béantes, sont rapprochées et jointes, comme vous pouvez le voir dans la fleur du Muflier ou Gueule-de-Loup. Si vous la pressez latéralement entre les doigts, cette fleur ouvre ses babines, bâille, puis se referme quand la pression cesse. Son calice est monosépale, ses étamines sont au nombre de quatre, deux plus longues et deux plus courtes. Ces caractères appartiennent également aux Labiées. Mais un caractère qui leur appartient en propre est d'avoir pour fruit une capsule qui renferme les graines et s'ouvre à sa maturité pour les répandre. Les Personnées rarement sont odorantes, leur tige est ronde, et les feuilles y sont dispersées sans ordre. Je n'insisterai pas davantage sur cette famille peu importante.

Fig. 19. — Gueule-de-loup.

J.-J. Rousseau.

XVIII

Les Ombellifères.

Représentez-vous une longue tige assez droite, creuse, garnie de feuilles pour l'ordinaire découpées assez menu, lesquelles embrassent par leur base des branches qui sortent de leurs aisselles. De l'extrémité supérieure de cette tige partent, comme d'un centre, plusieurs pédicules ou rayons qui s'écartent circulairement et régulièrement comme les côtes d'un parasol. Quelquefois, ces rayons se terminent chacun par une fleur. D'autres fois ils sont couronnés d'autres rayons plus petits, précisément comme les premiers couronnent la tige, et ces rayons plus petits sont terminés par les fleurs. Si vous pouvez vous former l'idée de la figure que je viens de vous décrire, vous aurez celle de la disposition des fleurs dans la famille des Ombelli-

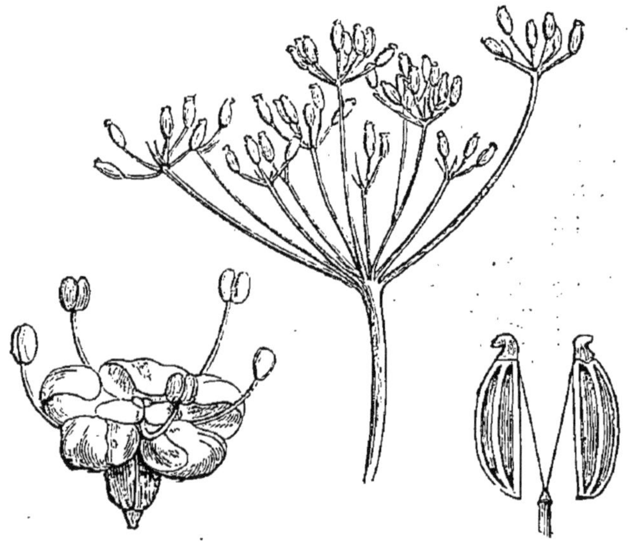

Fig. 20. — Fleur, ombelle et fruit du Fenouil

fères ou *porte-parasols*, car le mot latin *umbella* signifie un parasol.

Les fleurs des ombellifères sont assez petites. Leur calice n'est pas bien distinct, soudé qu'il est avec l'ovaire. La corolle a cinq pétales. Dans les fleurs qui bordent l'ombelle, les deux pétales tournés en dehors sont plus grands que les trois autres. Il y a cinq étamines, distribuées une à une entre les pétales. Enfin, du centre de la fleur s'élèvent deux styles.

La figure la plus commune du fruit est un ovale allongé,

qui dans sa maturité s'ouvre par la moitié et se partage en deux semences attachées au pédicule, lequel, par un art admirable, se divise en deux, ainsi que le fruit, et tient les graines séparément suspendues, jusqu'à leur chute.

Le point d'où partent les rayons tant de la grande ombelle que des petites est fréquemment, mais non toujours, entouré de petites feuilles ou *folioles*, comme d'une manchette. On donne à l'ensemble de ces folioles le nom d'*involucre* (enveloppe) pour la grande ombelle, et le nom d'*involucelle*, diminutif d'involucre, pour les petites ombelles.

La plupart des Ombellifères ont les fleurs blanches. Tels sont la Carotte, le Cerfeuil, le Persil, la Ciguë, l'Angélique, le Céleri. Quelques-unes, comme le Fenouil, le Panais, les ont jaunes.

Voilà, me direz-vous, une belle notion générale des Ombellifères; mais comment ce savoir me garantira-t-il de confondre la Ciguë avec le Cerfeuil et le Persil, que vous venez de nommer ensemble?

La petite Ciguë des jardins est une Ombellifère, ainsi que le Cerfeuil et le Persil. Elle a la fleur blanche comme l'un et l'autre, et leur ressemble assez par le feuillage. Mais voici les différences. La petite Ciguë a sous chaque *ombellule* ou petite ombelle un involucre composé de trois folioles pointues, assez longues, et toutes trois tournées en dehors ; au lieu que les folioles des ombellules du Cerfeuil enveloppent la tige tout autour et sont tournées également de tous les côtés. Quant au Persil, à peine a-t-il quelques courtes folioles, fines comme des cheveux et distribuées indifféremment, tant dans la grande ombelle que dans les petites, qui toutes sont claires et maigres.

A ce caractère s'en joint un autre, facile à saisir. Froissez légèrement et flairez le feuillage de la petite Ciguë; son odeur puante et vireuse ne vous la laissera pas confondre avec le Persil ni avec le Cerfeuil, qui, tous deux, ont des odeurs agréables.

J.-J. ROUSSEAU.

XIX

Les Composées.

Prenez une de ces petites fleurs qui tapissent les pâturages et qu'on appelle *Pâquerettes*, *Petites marguerites* ou *Marguerites* tout court. Regardez-la bien, car je suis sûr de vous surprendre en vous disant que cette fleur, si petite et si mignonne, est réellement composée de deux à trois cents autres fleurs toutes parfaites, c'est-à-dire ayant chacune sa corolle, son ovaire, son style, ses étamines, sa graine, en un mot une fleur aussi parfaite en son espèce que la fleur de la Jacinthe ou du Lis. Ces folioles, blanches en dessus, roses en dessous, qui forment comme une couronne autour de la Marguerite et qui ne vous paraissent tout au plus qu'autant de petits pétales, sont réellement autant de corolles véritables; et chacun de ces petits brins jaunes que vous voyez dans le centre est une fleur distincte.

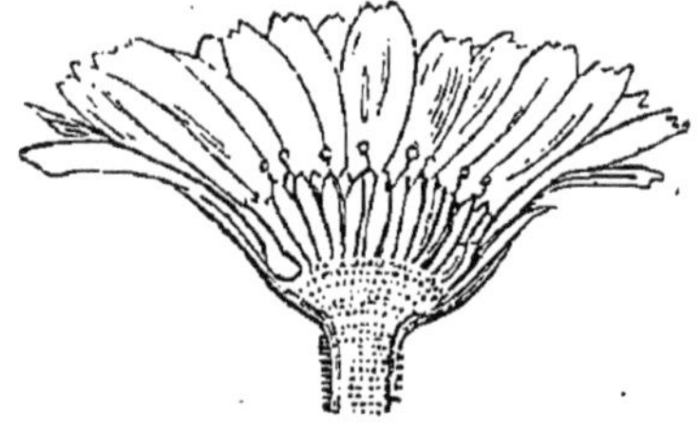

Fig. 21. — Fleur composée du Souci.

Arrachez une des folioles blanches de la couronne et regardez-la bien par le bout qui était attaché, vous verrez que ce bout n'est pas plat, mais rond et creux en forme de tube. De ce tube sort un petit filet à deux cornes : c'est le style fendu en deux stigmates.

Regardez maintenant les brins jaunes du centre. Si la Marguerite est assez avancée, vous en verrez plusieurs tout autour, lesquels sont ouverts et même découpés sur le bout en cinq dents régulières. Ce sont des corolles monopétales épanouies. Avec un peu d'attention, vous distinguerez encore le style, divisé en deux stigmates, et autour du style les étamines groupées en un délicat cylindre. Ordinairement, les brins jaunes qu'on voit au centre sont encore arrondis au bout et non ouverts ; ce sont des fleurs comme les autres, mais qui ne sont pas encore épanouies.

En considérant toute la Marguerite comme une seule fleur, ce sera donc lui donner un nom très convenable, que de l'appeler une *fleur composée*. Or il y a un très grand nombre de plantes dont les fleurs sont formées, comme la Marguerite, d'un assemblage d'autres fleurs plus petites et contenues dans un calice commun. Toutes ces plantes forment la famille des Composées.

Vous avez vu dans la Marguerite deux sortes de petites

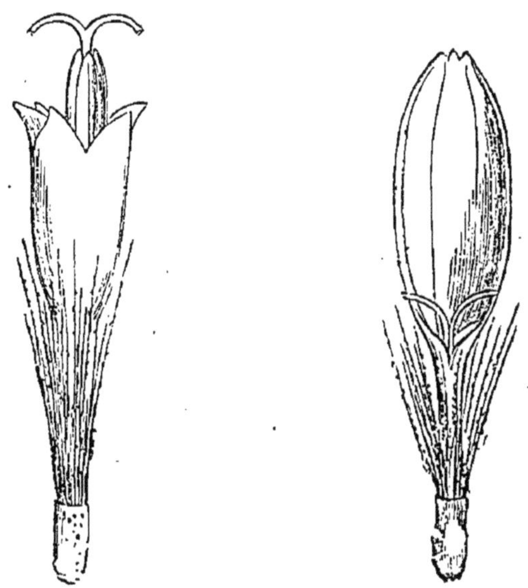

Fig. 22. — Fleuron et demi-fleuron du Séneçon.

fleurs, savoir celles de couleur jaune qui remplissent l'intérieur de la couronne, et les petites languettes blanches qui forment cette couronne. Les premières sont, dans leur petitesse, assez semblables de figure aux fleurs du Muguet ou de la Jacinthe, et les secondes ont quelque rapport avec les fleurs du Chèvrefeuille. Nous donnerons aux premières le nom de *fleurons* et aux secondes le nom de *demi-fleurons*. Ces dernières, en effet, ont assez l'air de corolles monopétales qu'on aurait rognées par un côté en n'y laissant qu'une languette qui ferait environ la moitié de la corolle.

Dans certaines composées, toutes les petites fleurs réunies en une tête commune sont des demi-fleurons. C'est ce qui se voit dans le Pissenlit, la Chicorée. Les plantes comprises dans cette catégorie s'appellent Chicoracées.

En d'autres, les petites fleurs du centre sont des fleurons et celles de la circonférence sont des demi-fleurons. Nous venons d'en voir un exemple dans la Marguerite. Nous en trouverions d'autres dans la Camomille, le Soleil ou Hélianthe, le Dahlia, quand la culture ne l'a pas défiguré en changeant en fleurons ses demi-fleurons. Les plantes qui présentent cet arrangement dans leurs fleurs composées se nomment Radiées.

Enfin, toutes les petites fleurs peuvent être des fleurons aussi bien à la circonférence qu'au centre. C'est ce que l'on observe dans l'Artichaut et les divers chardons. Les plantes à fleurs composées uniquement de fleurons se nomment Carduacées.

J.-J. ROUSSEAU.

XX

Les époques des plantes.

Sous la latitude moyenne, celle où se trouve le centre de l'Europe, vers le 45e degré, à distance égale du pôle et de l'équateur, le réveil de la végétation a lieu dès le commencement du printemps. Déjà, dès le mois de février, le Sureau noir et le Chèvrefeuille étrusque montrent leurs premières feuilles, et l'on voit verdir les bourgeons du Groseillier épineux. Plusieurs plantes bulbeuses laissent sortir de terre l'extrémité verdoyante de leur feuillage; le Perce-neige et l'Hellébore fétide commencent à s'épanouir. On reconnaît, pendant les belles journées du second mois de l'année, une tendance au mouvement, un appel à la vie. Cette excitation est déterminée par une moyenne de près de 4 degrés de chaleur sur la température du mois précédent.

Mars ne fait que soutenir la température de février, sans qu'il y ait d'accroissement bien sensible; mais l'impulsion est donnée, et beaucoup d'arbres, et surtout d'arbrisseaux, entr'ouvrent leurs bourgeons, qui pourtant restent longtemps stationnaires et attendent le mois suivant pour confier à l'atmosphère les organes délicats qu'ils sont chargés de soustraire aux rigueurs de l'hiver.

Fig. 23. — Perce-neige.

Avril, qui présente un accroissement de température de 5 degrés sur le mois précédent, une augmentation considérable dans la couche d'eau pluviale qui descend sur la terre, nous montre la nature dans sa première fraîcheur, étalant les primeurs de sa parure, laissant ouvrir presque toutes les fleurs vernales, couvrant les forêts de verdure, ramenant les chantres ailés de nos bosquets, ouvrant au papillon sa prison hivernale, et rendant aux reptiles engourdis le mouvement que le froid et l'hiver avaient momentanément suspendu. Déjà quelques fruits ont mûri, les premières fleurs des Pissenlits et des Seneçons abandonnent à l'air leurs semences plumeuses; le Mouron des oiseaux ouvre ses capsules; l'Orme est changé de samares verdâtres qui simulent un premier feuillage.

Le mois de mai arrive, augmentant encore de près de

4 degrés la température moyenne du mois d'avril. Alors la terre, imbibée d'eau et sollicitée par une douce chaleur, abandonne presque sans réserve ses plus riches trésors. Quelle vie et quel mouvement dans ces heureuses journées où l'hiver paraît avoir abandonné sans retour nos vastes forêts et nos campagnes fleuries! La sève, puisée dans le sol humecté, monte silencieusement dans des milliers de canaux invisibles à nos yeux; elle se divise et se partage dans les plus minces rameaux; les bourgeons sont ouverts, les arbres les plus attardés montrent leurs feuilles; les Chênes laissent flotter leurs chatons fleuris, le Bouleau déroule ses épis suspendus, l'Érable balance ses grappes allongées, et le Hêtre, à la cime majestueuse, laisse deviner, sous un feuillage translucide et plein de fraîcheur, le berceau de ses fruits et le coloris modeste de ses fleurs. Les prairies et les bois offrent les fleurs singulières et les gracieux épis des Orchidées; ailleurs s'épanouissent les corolles panachées de la Mélisse des bois et les larges spathes de l'Arum; la lisière des forêts se pare de Fusains, de Nerprums et de Viornes aux couronnes de neige et aux feuilles lobées. Les Pêchers, qui teignaient les coteaux de rose près des blancs Amandiers, ont perdu leur parure éphémère; mais l'Aubépine aux mille corolles, compagne des plus beaux jours de l'année, agite doucement ses guirlandes fleuries; les Genêts aux fleurs dorées égayent tous les coteaux; le Narcisse des poètes parfume les prairies, mélangé aux panicules tremblantes des Brizes et des Paturins.

Fig. 24. — Paturin.

Dès le commencement de juin, la végétation acquiert, sous notre climat, son plus beau développement. Les Bleuets et les Coquelicots ouvrent leurs fleurs dans les terres à blé; les Adonis étalent aux feux du jour leurs pétales écarlates et les ferment à l'astre des nuits et au serein du soir.

De nombreuses papillionacées fleurissent sur les berges des chemins et sur la lisière des sentiers. Les Liserons étalent leur corolle rose et blanche; le Miroir de Vénus ouvre ses fleurs violettes, qui le soir se ferment avec symétrie.

Pendant cette longue série de beaux jours, le mois de juillet continue l'évolution des plantes estivales. Les espèces alors fleuries sont innombrables; près d'un millier se montrent ensemble sur la scène, où elles viennent figurer en donnant à l'homme le majestueux spectacle des merveilles de la création. Beaucoup de synanthérées, d'ombellifères,

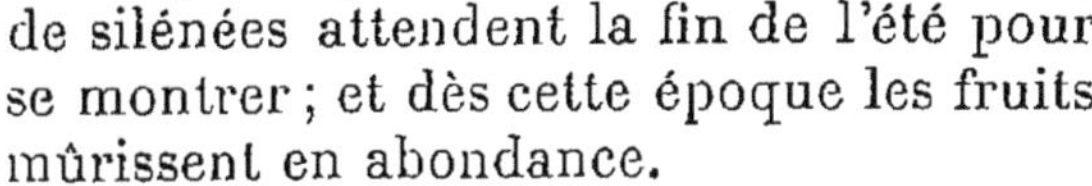

de silénées attendent la fin de l'été pour se montrer; et dès cette époque les fruits mûrissent en abondance.

Fig. 25. — Fleur du Liseron.

La chaleur reste stationnaire pendant la plus grande partie du mois d'août, et les fleurs et les fruits se succèdent avec rapidité. Mais, si déjà la campagne a perdu sa fraîcheur, elle conserve encore de splendides parterres et des fleurs nouvelles que la nature tenait en réserve pour orner ses derniers tableaux. Les prairies, d'un vert pur, ressemblent a d'immenses tapis de velours, sur lesquels on voit successivement apparaître de nouveaux décors. Les Centaurées y étalent leurs couronnes purpurines, la Scabieuse succise offre ses capitules azurés au papillon Vulcain, que distinguent des taches de feu placées sur le fond noir de ses ailes. Les Trèfles, aux corolles roses et blanches, fleurissent de nouveau et attirent les Argynnes nacrées dont la Violette a nourri les chenilles. L'Eupatoire cannabine borde les ruisseaux de ses tiges élancées, de ses corymbes légers et lilacés; l'Inule aunée montre ses grandes fleurs jaunes et enfonce ses racines odorantes dans le sol profond où la Bardane et la Patience puisent la nourriture de leur ample feuillage. Les chemins sont bordés des fleurs bleues de la Chicorée sauvage, qui ne s'ouvrent qu'au soleil du matin, des Armoises cotonneuses, des bouquets dorés de la brillante

Tanaisie et des gazons découpés de l'Achillée millefeuilles. La Verveine, dont le prestige a disparu depuis longtemps, y passe inaperçue, éclipsée par les fleurs plus apparentes de la Linaire commune, par les épis du Bouillon-blanc et par cette longue série de carduacées qui attendent la fin de l'été pour arriver à leur plus beau développement. Les forêts sont remplies de nombreuses Épervières, dont les fleurs, en épis ou en ombelles, offrent les plus belles nuances du jaune et de l'orangé. Des Œillets sauvages y mélangent leurs fleurs d'un coloris si pur aux parasols rosés des Ombellifères. Des verges d'or croissent près des jaunes Seneçons, et les jeunes taillis sont remplis de Galéopsis aux graines oléagineuses et de touffes verdoyantes de Canche flexueuse.

Fig. 26. — Bouillon blanc.

Les pelouses des montagnes ont encore leurs jardins à cette époque de l'année. Au milieu des tapis de graminées, on voit paraître les élégantes corolles blanches de la Parnassie; l'Euphraise officinale y multiplie à l'infini les stries noires et les macules jaunes et violettes dont ses fleurs sont ornées. Une petite gentiane, la Gentiane des champs, se transforme en buisson de fleurs violettes; une autre, la Gentiane pneumonanthe, entr'ouvre à peine une profonde corolle d'un bleu pur,

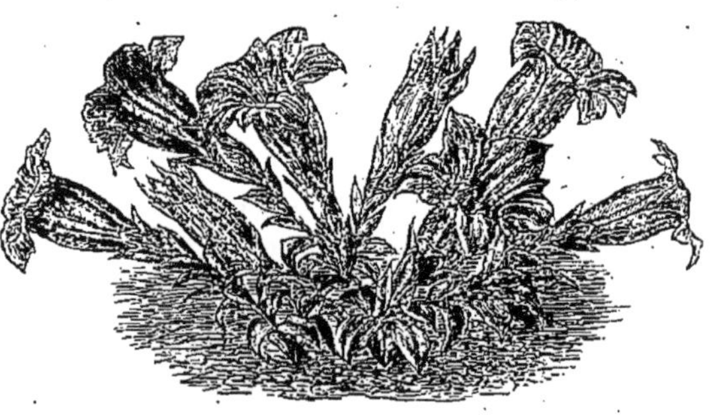

Fig. 27. — Gentiane.

annonce élégante des mauvais jours qui s'approchent. De vastes terrains sont teints d'un lilas violet par les mille corolles des Bruyères. Ces plantes se réunissent pour couvrir d'immenses étendues; elles nous offrent, dans leurs innombrables individus, toutes les nuances du rose, du bleu, du lilas, du violet.

L'arrivée du mois de septembre est marquée par un abaissement d'environ 4 degrés dans la température. Les pluies sont plus fréquentes, des brouillards commencent à humecter la campagne. Alors le sol des forêts surtout conserve une chaleur humide favorable au développement de nombreux champignons, qui viennent apporter à l'automne le tribut de leurs curieuses productions. Dans les lieux où fleurissaient les espèces brillantes du printemps, vous voyez naître, sur le terreau noir formé par la décomposition des feuilles, ces Agarics aux formes si curieuses, qui déroulent à nos yeux leurs étonnantes variétés. Au premier rang se trouve la délicieuse Oronge, dont le large chapeau orangé se distingue de si loin. Tantôt complètement épanouie, elle montre le jaune doré de ses feuillets; tantôt enfermée dans une membrane d'une blancheur éclatante, elle découvre seulement le sommet du dôme doré qui bientôt doit s'agrandir et faire l'ornement des forêts. Près d'elle se dresse en rivale la redoutable fausse Oronge, au port élégant, aux lames d'ivoire, dont le chapeau écarlate est relevé de nombreuses mouchetures blanches.

Ailleurs on trouve en abondance l'Agaric poivré, aux vastes parasols d'un blanc pur, et qui laisse couler de ses blessures un lait corrosif et brûlant. Non loin croissent les Agarics sanguin et émétique, qui offrent toutes les nuances du violet et du carmin. L'Agaric rosé est dispersé partout, et de grandes espèces, dont plusieurs sans doute sont inconnues, dessinent sur le sol des cercles étendus ou des lignes sinueuses.

Les Bolets sont encore plus répandus que les Agarics; ils atteignent d'énormes proportions et s'affaissent putréfiés et remplis de larves de staphylins. Chaque pas que l'on fait dans les forêts nous montre de nouvelles richesses de cette flore bizarre, dont un seul jour voit quelquefois naître et mourir les fugaces ornements. De grands espaces sont occupés par la Mérule corne d'abondance, qui tire son nom de ses tubes rembrunis, évasés par en haut. Elle s'aligne en longue série au milieu des mousses et contraste avec la Chanterelle orangée, si commune dans les mêmes localités. Les bois sont alors de vrais jardins fleuris : la Clavaire corail y prend les nuances les plus variées, depuis le gris et le fauve jusqu'au chamois et à l'orangé, depuis le blanc rosé jusqu'à la teinte presque pure du vermillon. Les Vesseloups, semblables à des bourses ovoïdes, remplies de poussière, forment de longues traînées sur la terre ou sur la souche des vieux arbres. Sur le sol des sentiers, on voit de loin la magnifique Pézize écarlate, dont les coupes enflammées répandent aux alentours des nuages de fines semences. Des Champignons charnus, fauves ou chamois, paraissent çà et là en groupes presque enterrés. Ce sont des Hydnes sinués, avec leurs chapeaux garnis en dessous de petites pointes fragiles, et dont la jolie nuance contraste avec le vert velouté des mousses.

Il ne reste plus dans cette saison qu'un petit nombre de fleurs, dont la terre sera bientôt dépouillée. L'Œillet superbe étale dans les bois les franges roses de ses pétales; l'Aster Amelle élève sur les coteaux ses boutons d'or, entourés de rayons bleus, près des corymbes orangés du Linosyris. Une fleur pâle, qui paraît souffrante, se montre partout dans les prairies : c'est le Colchique, dont les corolles lilas, évasées comme celles des Tulipes, naissent sans feuilles et sans abris. L'herbe seule les protège contre les vents d'automne, car la fleur appartient à un oignon profondément enfoui dans la terre et chaudement enveloppé de tuniques superposées.

Le mois d'octobre survient pendant ces derniers efforts de la végétation. Ce n'est plus la saison des fleurs ni de leurs brillantes corolles; c'est celle où la nature, prodigue de ses dons, livre à l'homme et aux animaux les semences et les fruits nombreux mûris par le soleil d'été. Les mécanismes les plus ingénieux, les ressorts les mieux cachés sont mis en œuvre pour assurer la conservation et la dispersion des graines. Les coffrets les plus élégamment disposés, les séparations artistement conçues, les plus admirables dispositions, tout existe dans ces organes qui naissent après les fleurs et sont le berceau des semences. Des fruits en forme de nacelle sont entraînés par l'eau, qui va porter les espèces loin des lieux où le Créateur les avait primitivement placées. D'autres, munis d'aigrettes, d'ailes ou de membranes, traversent les airs et volent au gré des vents vers de nouveaux parages. Armées de griffes ou de crochets, des semences s'attachent aux vêtements des hommes, aux fourrures des animaux, et voyagent au hasard, soumises aux capricieux détours de leurs moyens de transport. Des fruits s'ouvrent doucement et disséminent leurs graines, d'autres les répandent par des ouvertures symétriques. Il en est d'irritables qui séparent leurs valves avec fracas, et sèment eux-mêmes les graines qui mûrissaient sous leurs enveloppes protectrices, pendant que des espèces prévoyantes, courbant leurs pédoncules, ramènent leurs fruits dans la terre ou les plongent sous les eaux.

Pendant ce mouvement des organes qui se détendent et sèment partout les germes d'une végétation nouvelle, d'autres fruits restent attachés à leurs rameaux. Les Houx ont à l'extrémité de leurs branches d'admirables bouquets de graines écarlates; le Genévrier unit ses baies bleuâtres et parfumées à son feuillage toujours vert; les rameaux du Fusain sont garnis de fruits quadrangulaires, dont l'enveloppe de carmin se déchire et montre les graines orangées. La Viorne obier est chargée de fruits rouges; l'Aubépine s'est transformée en un arbre de corail, et de nombreux Eglantiers égayent les buissons par leurs calices charnus et couleur de feu. Des mûres bleuâtres se montrent près des grappes violacées du Sureau et de l'Yèble; le Chèvrefeuille, qui entoure les arbres de ses longues spirales, apporte son contingent de baies orangées. Le vent a déjà emporté les semences ailées des Érables, mais l'Alisier conserve encore des alises éclatantes, tandis que le Sorbier des oiseaux perd chaque jour, au profit des voyageurs aériens, les baies rouges et succulentes qui font pencher ses rameaux vers la terre. Dieu fait ainsi une large part aux êtres qu'il a créés, car dans les fruits se trouvent les saveurs, les parfums, les aliments; là se révèle cette bonté prévoyante qui fait régner partout l'abondance et qui prévoit les besoins de l'insecte imperceptible, comme elle satisfait aux désirs des animaux qui nous étonnent par leur volume.

Il est rare que le mois d'octobre se passe sans que des gelées légères viennent donner le signal de la chute des feuilles. La couleur du feuillage est d'abord changée, et des nuances diverses s'étendent sur la lisière des bois. Chaque arbre nous offre alors un coloris nouveau qui le distingue et le sépare des autres. Le jaune le plus pur colore les feuilles du Bouleau; les Hêtres sont chargés de feuilles mortes d'un brun rouge; les Cerisiers sauvages offrent toutes les teintes de l'orangé et du rouge vif; les Néfliers et les Sorbiers luttent de couleur avec eux; le Peuplier, comme le Bouleau, passe du jaune pâle au jaune intense; le Noyer noircit, ainsi que le Poirier sauvage, aux feuilles ternies et décolorées.

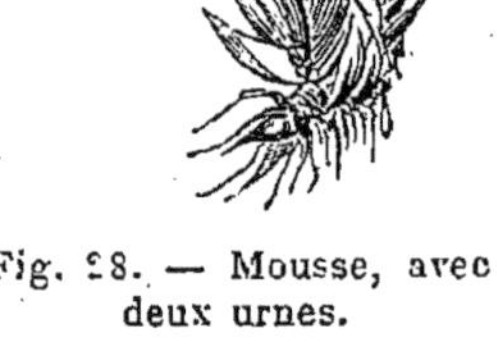

Fig. 28. — Mousse, avec deux urnes.

Enfin l'hiver arrive, l'hiver, époque de repos pour les plantes, de léthargie pour les graines et les bourgeons. De faibles plantes profitent, pour végéter, des belles journées d'hiver, pendant lesquelles l'air humide ne peut dessécher leurs tissus. Des Mousses d'espèces variées sont réunies en tapis ou en gazons, et de leurs élégantes rosettes s'élèvent des urnes remplies d'imperceptibles semences; des Lichens, semblables à des arbrisseaux délicats, et montrant en miniature les formes répétées de toutes les forêts de la terre, s'étalent en larges tapis et luttent contre l'hiver, qui, de temps en temps, leur accorde quelques journées de brouillard. Souvent leurs jolis gazons sont couronnés de chapiteaux de neige.

H. LECOQ.

XXI

Les fibres du Liber.

Dans quelques végétaux, la couche intérieure de l'écorce, ou le *liber*, est composée de fibres longues, fines, souples et tenaces. La réunion de ces qualités nous les rend précieuses pour notre usage personnel. Nous nous habillons avec les dépouilles de la plante, nous nous faisons beaux avec sa friperie. Il y a même des gens à qui la tête tourne, d'après le genre d'écorce à leur usage. Les tissus de luxe, batiste, tulle, gaze, dentelles, malines, sont empruntés à l'écorce du Lin; les tissus plus forts, jusqu'à la grossière toile à sacs, sont retirés de l'écorce du Chanvre. Il faut ici passer sous silence les tissus dont la matière première est le coton, parce que le Cotonnier, ce premier des filateurs, ne tient pas ses fibres textiles dans le liber, mais bien dans la coque de ses fruits.

Le Lin est une plante annuelle, fluette, à petites fleurs d'un bleu tendre. Il paraît originaire du plateau central de l'Asie. Aujourd'hui, sa culture est très développée dans le nord de la France, en Belgique, en Hollande. C'est la première plante que l'homme ait mise à contribution pour ses vêtements. Les momies d'Égypte, qui reposent dans leurs hypogées depuis trente et quarante siècles, sont emmaillottées de bandelettes de Lin. Ses fibres sont tellement fines, qu'une trentaine de grammes de filasse travaillés au rouet fournissent près de cinq mille mètres de fil. La toile d'araignée peut seule rivaliser de délicatesse avec certains tissus de Lin.

Le Chanvre paraît être originaire des Indes orientales. Depuis bien des siècles, il est naturalisé dans toute l'Europe. C'est une plante annuelle, d'une odeur vireuse, à petites fleurs vertes sans éclat, et dont la tige, menue comme une plume d'oie, s'élève à deux mètres environ. On le cultive, comme le Lin, à la fois pour son écorce et pour ses graines, appelées *chènevis*.

Lorsque le Chanvre et le Lin sont parvenus à maturité, on en fait la récolte, et par le battage on en sépare les graines. On procède alors à une opération appelée *rouissage*, qui a pour but de rendre les fibres du liber facilement séparables du bois. Ces fibres, en effet, sont collées à la tige et agglutinées entre elles par une matière gommeuse très résistante, qui les empêche de s'isoler tant qu'elle n'est pas détruite par la pourriture. On pratique quelquefois le rouissage en étendant les plantes sur le pré pendant une quarantaine de jours et en les retournant de temps à autre, jusqu'à ce que la filasse se détache de la partie ligneuse ou *chènevotte*. Mais le moyen le plus expéditif consiste à tenir plongés dans une mare le Lin et le Chanvre liés en bottes. Il s'établit bientôt une fermentation qui dégage des puanteurs intolérables; l'écorce se corrompt, et la fibre, douée d'une résistance exceptionnelle, est mise en liberté. On fait alors sécher les bottes; puis on les écrase entre les mâchoires d'un instrument appelé *broie*, pour casser les tiges en menus morceaux et les séparer de la filasse. Enfin, pour purger la filasse de tous débris ligneux et pour la diviser en filaments plus fins, on la passe entre les pointes d'une sorte de grand peigne en fer nommé *seran*. En cet état, la fibre est filée, soit à la main, soit à la mécanique. Le fil obtenu est soumis au tissage, et c'est fini : l'habit de la plante a changé de maître; l'écorce du Chanvre est devenue de la toile, l'écorce du Lin est devenue une dentelle princière de quelque cent francs le pan.

J.-H. FABRE.

XXII

Le Lin.

L'usage du Lin pour les vêtements est si ancien, qu'on ne sait pas précisément l'époque où il a commencé. Les

Égyptiens, qui sont un des peuples chez qui l'industrie et la civilisation remontent le plus loin, attribuaient la découverte de cette plante à une de ces divinités qui les avaient fait sortir de l'ignorance et avaient introduit chez eux la connaissance de l'agriculture et des arts. Ce fut Isis qui la trouva sur les bords du Nil, et enseigna aux hommes l'art de la préparer pour en faire des vêtements. Les momies d'Égypte sont presque toujours enveloppées de bandelettes de Lin, et cette contrée est encore aujourd'hui un des pays du monde où le Lin réussit le mieux. On le cultive dans la basse Égypte, principalement dans le Delta. La quantité de toiles qui se fabriquent en Égypte est immense; les habitants en font presque leur unique vêtement. Le Lin fournit tout le linge qui se consomme en Syrie, en Barbarie, en Abyssinie, dans le royaume d'Angora. Outre cela, on exporte une quantité prodigieuse de Lin brut, que les marchands de Constantinople fournissent aux besoins de l'Italie.

L'usage d'employer le Lin pour les vêtements passa de l'Egypte en Grèce, et plus tard en Italie. Dans les premiers temps de la république, le Lin était peu connu; les Romains portaient sous leur toge une tunique de laine, et le Lin ne fut employé généralement que sous les empereurs. On en fit alors des tissus d'une blancheur éblouissante et des voiles légers d'une finesse extrême.

L'art de préparer le Lin ne fut point introduit chez les Barbares du Nord par leur commerce avec les peuples du Midi. Il est reconnu que toutes les nations sorties des forêts de la Germanie ou de la Scandinavie étaient vêtues de toile de Lin au moment de leur migration.

Le Lin est une plante annuelle, à tige grêle, souvent simple, haute d'un pied et demi à deux pieds, garnie de feuilles éparses, étroites, d'un vert un peu glauque. Les fleurs sont d'un bleu tendre. On ne sait pas exactement quel est le pays natal de cette plante; Olivier dit l'avoir trouvée sauvage en Perse. Quoi qu'il en soit, le Lin est depuis un temps immémorial répandu dans une grande partie de l'Europe, de l'Asie et du Nord de l'Afrique. Le principal produit de sa culture est la filasse, qu'on prépare avec l'écorce de ses tiges.

La maturité du Lin a lieu en France depuis le mois de juin jusqu'en août. Elle s'annonce par la couleur jaune des tiges et la chute d'une partie des feuilles. On arrache alors les tiges à la main, et on les réunit en poignées, dont on fait de petites bottes liées par le sommet. On laisse ordinairement ces bottes debout sur le sol, en les écartant par le bas en trois parties, afin d'achever leur dessiccation. Quand la plante est suffisamment desséchée, on en sépare les graines, soit en battant avec précaution les sommités des tiges sur des draps étendus à terre, soit en les faisant passer entre les dents d'une espèce de peigne en fer fixé sur un banc ou sur une table. De quelque manière qu'on s'y prenne pour séparer les graines, il est important de ne pas déranger les tiges, de ne pas les entremêler, et d'avoir bien soin de les mettre égales par le bas.

Ainsi préparées, les tiges sont mises à rouir. Cette préparation préliminaire, que l'on fait également subir au Chanvre, est nécessaire pour détruire une sorte de matière glutineuse qui fait adhérer les fibres de l'écorce soit entre elles, soit à la tige. On rouit le Lin de trois manières. 1° Sur terre : les tiges de la plante sont couchées et étalées par rangées sur un pré, pendant environ un mois, lorsque l'opération se fait en septembre, et pendant six semaines lorsqu'elle se fait en hiver. — 2° En eau dormante : les plantes, réunies en grandes bottes, sont rangées les unes à côté des autres et par lits superposés, dans des fossés ou bassins remplis d'eau, et on les surcharge de pièces de bois et de pierres afin de les tenir suffisamment submergées. Le rouissage de cette manière ne dure que dix jours; mais la filasse qu'on obtient est toujours de qualité inférieure, et on ne peut jamais la filer fin. — 3° En eau courante : le Lin est arrangé par bottes, de même que pour le rouissage en eau dormante; mais l'opération dure de vingt-cinq à trente jours, et l'on a soin de retourner de temps en temps les bottes. Le rouissage en eau courante est celui qui produit les Lins de la meilleure et de la plus belle qualité.

Lorsque le Lin est resté le temps convenable au *routoir* (c'est ainsi qu'on nomme l'endroit où se fait le rouissage), on le retire, on le lave, et on le fait sécher le plus promptement qu'il est possible, en l'exposant à l'air libre, si la chaleur de la saison le permet, ou en employant la chaleur des étuves. Une fois sec, on peut le serrer au grenier jusqu'au moment d'en retirer la filasse.

Ce travail peut se faire de deux manières. Dans la première, l'ouvrier prend une poignée de Lin, la pose sur un banc en la tenant d'une main et la frappe de l'autre avec un battoir en bois. Lorsque les tiges sont suffisamment brisées, il prend la poignée des deux mains et la passe et repasse avec force sur l'angle du banc pour faire tomber les fragments de tiges qui tiennent encore aux fibres. Celles-ci restent finalement seules et constituent la filasse. Mais, d'habitude, on abrège cette opération en concassant les tiges du Lin entre les lames d'un instrument nommé *mâche*, *mâchoire*, *broie*.

Après avoir séparé la filasse des débris des tiges ou *chènevotte*, il ne reste plus qu'à la peigner pour la rendre plus douce et plus fine. Cela se fait en la passant à plusieurs reprises à travers une sorte de peigne en fer, à plusieurs rangées de dents, et nommé *seran*. On a de ces instruments à dents plus grosses et plus écartées, et d'autres à dents plus fines et plus serrées. On commence par faire passer la filasse par les plus gros et on finit par les plus fins, selon le degré de finesse qu'on veut lui donner et les usages auxquels elle est destinée.

Le Lin, ainsi façonné, est ensuite filé, et presque généralement à la main, par des femmes, qui se servent pour cela d'un instrument nommé *rouet*. D'un gramme de filasse de Lin, on peut retirer 165 mètres de fil, employé à la fabrication des dentelles, des batistes, des fines toiles et de divers tissus.

La graine du Lin, à cause de son mucilage, est d'un usage très fréquent, une fois réduite en farine, pour la préparation des cataplasmes destinés à combattre les inflammations externes. Elle fournit en outre de l'huile, principalement employée dans la peinture, à cause de sa propriété de sécher en se convertissant en une espèce de vernis.

LOISELEUR.

XXIII

Les Rosacées.

Considérez la Rose, non celle des jardins, que la culture a rendue méconnaissable en transformant en pétales ses organes de la fructification, mais celle de la haie, le vulgaire Eglantier. Son calice, soudé inférieurement avec l'ovaire, se divise en haut en cinq parties. Sa corolle est composée de cinq pétales égaux et régulièrement étalés en couronne. Les étamines sont très nombreuses et disposées sur les bords d'une cavité du fond de laquelle s'élèvent les pistils également nombreux.

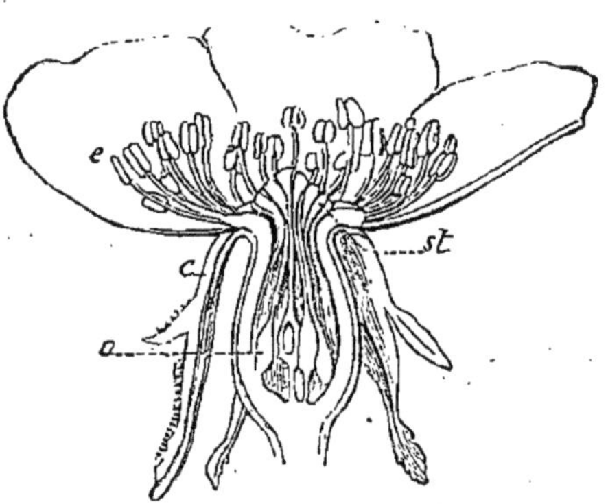

Fig. 29. — Fleur ouverte du Rosier Eglantier.

Pareille structure de la fleur se retrouve dans toute la famille des Rosacées, famille très importante et comprenant la plupart de nos arbres fruitiers : le Poirier, le Pommier, le Cerisier, le Prunier, l'Abricotier, le Pêcher, le Néflier, le Sorbier. Les haies lui doivent la Ronce, l'Aubépine, le Prunellier; les gazons lui doivent les jolies Potentilles à fleurs jaunes; et les jardins la reine des fleurs, la Rose.

Le fruit des Rosacées est très variable de forme et de structure. Celui de la Rose est d'un rouge vermillon, creusé en une sorte de vase à goulot étroit, et renferme dans sa cavité des graines dures hérissées de poils qui provoquent sur la peau de vives démangeaisons. Celui de l'Amandier est finalement une coque dure renfermant une graine comestible; celui du Pêcher, du Prunier, du Cerisier, de l'Abricotier, au centre d'une chair succulente et sucrée, renferme un noyau très dur; celui du Pommier, du Cognassier, du Poirier, est formé d'une chair divisée intérieurement par des cloisons coriaces en cinq petites loges renfermant les graines ou pepins; celui du Fraisier se compose d'une agglomération de petits mamelons contenant chacun une graine; celui de la Ronce ressemble à celui du Fraisier; celui du Nèflier contient cinq noyaux durs au centre de sa chair, d'abord âpre et immangeable tant qu'elle est fraîche, puis comestible quand elle commence à se décomposer.

J.-H. Fabre.

XXIV

Les Cucurbitacées.

Si vous examinez les diverses fleurs d'un pied de Citrouille, vous en trouverez de deux sortes : les unes ont au-dessous de la corolle un gros renflement vert, qui, grossissant et mûrissant, devient le fruit, l'énorme citrouille; les autres n'ont pas ce renflement, se fanent et tombent sans jamais donner de fruit. Ouvrez les premières, vous y trouverez un style gros et court terminé par un stigmate tortueux, mais pas d'étamines; ouvrez les secondes, vous y verrez cinq étamines dont les anthères sont flexueuses et adossées l'une à l'autre, mais pas de pistil. Les premières sont des fleurs à pistil seulement; les secondes, des fleurs à étamines seulement; et comme ces fleurs, qui mutuellement se complètent, les unes fournissant l'ovaire, les autres le pollen, comme ces fleurs, dis-je, se trouvent à la fois sur la même plante, on dit que la citrouille est *monoïque*. Cette expression signifie une *seule maison;* et en effet les fleurs pistillées et les fleurs staminées ont même habitation, même domicile, même maison, en ce sens qu'elles viennent les unes et les autres sur le même pied.

Vous verrez enfin que le calice, soudé en bas avec l'ovaire dans les fleurs à pistil, se divise en haut en cinq longues pointes, signe évident des cinq sépales qui le composent. Dans les fleurs à étamines, la même structure reparaît. Le calice inférieurement ne forme qu'une seule pièce, mais supérieurement il se subdivise en cinq. Dans

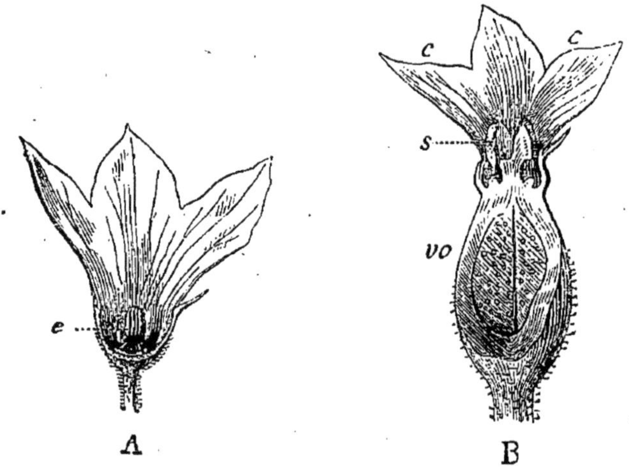

Fig. 30. — A, fleur à étamines de la Citrouille. B, fleur à pistil.

les deux genres de fleurs, la corolle comprend cinq pétales largement soudés entre eux à la base.

Remarquons enfin les *vrilles*, c'est-à-dire les filaments qui s'enroulent en spirale autour des objets voisins pour aider à soutenir la plante.

Toutes les Cucurbitacées ressemblent à la Citrouille pour la structure des fleurs, toutes aussi ont des vrilles. A cette famille appartiennent la Citrouille, la Pastèque, le Melon, le Concombre, la Bryone, qui escalade les haies à l'aide de ses vrilles et porte de petits fruits rouges semblables à ceux de la Douce-amère.

J.-H. Fabre.

XXV

Le Tabac.

Avant la découverte de l'Amérique, les Indiens considéraient principalement le Tabac comme plante médicinale; ils en faisaient aussi un usage analogue à celui qui est devenu si général parmi nous. Ainsi leurs prêtres en respiraient la fumée pour se procurer une espèce d'ivresse, pendant laquelle ils rendaient leurs oracles. Lorsque Christophe Colomb aborda à l'île de San-Salvador, les deux matelots qu'il envoya à la découverte trouvèrent en chemin un grand nombre de naturels qui se rendaient à leurs hameaux et qui tenaient à la main, tant les hommes que les femmes, un tison formé d'herbes, dont ils aspiraient la fumée. Las Cazas en parle en ces termes : « Ce tison est une espèce de mousqueton bourré d'une feuille sèche appelée *Tabagos* par les Indiens. Ils l'allument par un bout, tandis qu'ils hument par l'autre extrémité, en aspirant sa fumée avec leur haleine. »

En 1518, la graine du Tabac fut envoyée en Europe par Fernand Cortez; mais pendant assez longtemps la plante ne fut cultivée qu'en vue des propriétés médicinales qu'on lui attribuait. En 1560, Jean Nicot, ambassadeur de France au Portugal, crut reconnaître dans la nouvelle plante d'importantes vertus, et il en envoya à la reine Catherine de Médicis, qui la mit en grande faveur en France. De là sont venus les noms d'*Herbe à l'ambassadeur*, *Herbe à la reine*, *Herbe médicis*, sous lesquels on l'a désignée. Les botanistes modernes nomment le Tabac *Nicotiane*, en l'honneur de l'ambassadeur Nicot.

D'abord les Européens suivirent l'exemple des Indiens et *fumèrent* le Tabac; puis ils imaginèrent une nouvelle manière de s'en servir et se mirent à le *priser*. Ce nouvel usage devint même peu à peu le plus habituel et conduisit à une exagération telle, que, comme nous l'apprend Molière, les élégants seigneurs de la cour de Louis XIV ne se contentaient pas d'introduire la poudre de Tabac dans leur nez, mais qu'ils s'en montraient constamment barbouillés. Cependant, à mesure que le Tabac se popularisait en Europe, les gouvernements commençaient à s'effrayer des progrès que faisait son emploi et des fâcheux effets qu'il leur semblait devoir produire. En 1604, Jacques Ier, roi d'Angleterre, et, en 1624, le pape Urbain VIII en défendirent l'usage dans leurs États, sous quelque forme que ce fût ; la plupart des autres gouvernements suivirent cet exemple. Mais celui de France en ayant permis la vente, et ayant su trouver dans ce nouveau commerce une source de revenus considérables, l'intérêt triompha des scrupules, et peu à peu l'interdiction fut levée dans toute l'Europe. Dès ce moment, la mode du Tabac fit partout des progrès rapides.

Fig. 31. — Tabac.

P. DUCHARTRE.

En 1492, Christophe Colomb, après avoir débarqué à l'île San-Salvador, une des Lucayes, découvrit Cuba et Saint-Domingue. Craignant de se hasarder au milieu des sauvages, il envoya des éclaireurs dans l'île de Cuba. « Ces éclaireurs, dit l'historien du grand navigateur, rencontrèrent en chemin beaucoup d'Indiens, hommes et femmes, avec un petit tison allume, composé d'une sorte d'herbe dont ils aspiraient la fumée. » Les habitants de Cuba sont donc les premiers fumeurs dont il soit fait mention dans l'histoire.

Le vénérable apôtre des Indiens, Barthélemy de Las Cazas, contemporain de Christophe Colomb, fait aussi mention des fumeurs américains dans ses ouvrages. Il écrivait en 1527 :

« Les Indiens ont une herbe dont ils aspirent la fumée avec délices. Cette herbe est roulée dans une feuille sèche, comme dans un mousqueton pareil à ceux que font les enfants. Les Indiens l'allument par un bout et hument par l'autre extrémité, en aspirant la fumée avec leur haleine, ce qui produit un assoupissement dans tout le corps et dégénère en une espèce d'ivresse. Ils prétendent qu'alors on ne sent presque plus la fatigue. Ces mousquetons sont appelés *tabagos.* »

Les peuples de l'archipel indien, et surtout les Caraïbes, fumaient donc probablement plusieurs siècles avant l'arrivée des navigateurs européens. Qui leur apprit à faire usage du Tabac? Nous l'ignorons. Les prêtres indiens s'occupaient beaucoup de divination, et il y avait dans chaque île une espèce de collège ou réunion d'augures, qui faisaient profession de prédire l'avenir. Lorsqu'un de ces devins était mandé par une peuplade qui voulait le consulter sur l'issue d'une campagne projetée contre les voisins, il commençait par humer la fumée de plusieurs *tabagos*. Ses collègues se rangeaient autour de lui en demi-cercle, et des nuages de fumée cachaient bientôt l'augure, dont la tête se trouvait subitement exaltée par le Tabac. Il parlait alors un langage figuré, hyperbolique, extraordinaire, et le peuple étonné croyait entendre la voix de la divinité, qui avait choisi l'augure pour interprète.

Les mêmes Indiens se servaient aussi des *tabagos* pour la prospérité commune. Ainsi, dans les assemblées où l'on délibérait sur les intérêts de la peuplade, l'orateur ne prenait la parole qu'après avoir subi une abondante fumigation. Assis sur une pierre et muni d'un énorme *tabago* dont il aspirait précipitamment la fumée, il attendait sans sourciller les chefs de la nation qui s'approchaient de lui à tour de rôle, en lui recommandant de bien défendre les intérêts du pays, et en lui envoyant de copieuses bouffées de fumée au visage. La tête de l'orateur, ainsi environnée d'un nuage bleuâtre, s'exaltait graduellement; tout à coup le Démosthène caraïbe électrisait l'assemblée en lui parlant chaleureusement d'indépendance, d'honneur et de patrie. Un voyageur espagnol assure avoir vu plusieurs de ces orateurs, dont les discours paraissaient produire une grande impression sur les auditeurs, qui témoignaient leur enthousiasme par des cris et des battements de mains.

On ignore généralement si Christophe Colomb, en revenant d'Amérique, apporta des feuilles et des graines de Tabac en Europe. Tout porte à croire néanmoins que ses compagnons de voyage, qui avaient appris à fumer chez les Caraïbes, restèrent fidèles à cette puissante habitude et continuèrent à fumer en Espagne.

En 1518, le célèbre Fernand Cortez envoya des graines de Tabac à l'empereur Charles-Quint. On les sema dans un jardin du palais, et tous les plants réussirent parfaitement; mais les seigneurs n'osèrent pas fumer, parce que les médecins affirmaient que les feuilles américaines étaient un violent poison. Le Tabac fut donc cultivé pendant quelques années à Madrid, mais comme plante médicinale et objet de curiosité.

En 1521, Hernandez de Tolède envoya une grande quantité de graines en Espagne et en Portugal. Le Tabac avait déjà triomphé des premières hésitations; plusieurs personnes, voyant fumer les marins, se hasardèrent à les imiter, et le nombre des fumeurs s'accrut rapidement.

On imagina vers la même époque de réduire les feuilles en poudre; et, quelques années après, grandes dames, nobles seigneurs et bourgeois prisaient avec frénésie. On poussa l'amour du Tabac jusqu'au fanatisme.

L'Espagne et le Portugal comptaient déjà des milliers de fumeurs et de priseurs, et le Tabac était encore inconnu en France. Enfin, en 1560, Nicot, ambassadeur français auprès du roi de Portugal, envoya de Lisbonne à Catherine de Médicis des graines. Cette reine, qui reçut en même temps une petite boîte pleine de Tabac en poudre, y prit tant de plaisir, qu'elle contracta en peu de temps la passion de priser. Pour lui plaire, on cultiva le Tabac avec le plus grand soin, et cette plante se répandit en peu de temps dans toutes les provinces. Les courtisans de Catherine de Médicis prisèrent d'abord, parce que la reine avait mis le Tabac à la mode ; bientôt ils en contractèrent la passion, et le Tabac fut en très grande faveur.

Il fallait pourtant baptiser cette plante qui s'était si promptement introduite en France. Le duc de Guise tira tout le monde d'embarras en disant qu'il fallait appeler la nouvelle plante *Nicotiane*, du nom de Jean Nicot, qui l'avait envoyée du Portugal. Un puissant seigneur, grand adulateur de Catherine de Médicis, s'avisa de dire à la cour qu'il fallait appeler le Tabac *Herbe de la reine*, puisque Sa Majesté s'était déclarée protectrice de cette plante. La motion du courtisan fut adoptée à l'unanimité, et pendant quelque temps le Tabac ne fut connu que sous le nom d'*Herbe à la reine*. On dit que Catherine fit tout au monde pour qu'on l'appelât *Herbe Médicis*, de son nom de famille, les Médicis de Florence, et qu'elle ne put y réussir.

Les mémoires du temps rapportent que le grand prieur de France de la maison de Lorraine était un priseur infatigable et qu'il consommait trois onces de tabac par jour, avidité remarquable, surtout au seizième siècle, car l'usage du Tabac n'était pas encore très répandu. Les priseurs, dans leur enthousiasme, appelèrent le Tabac *Herbe du grand prieur*, et ce nom eut quelque temps les honneurs de la vogue. En Espagne, les priseurs et fumeurs fanatiques l'appelaient *Herbe sainte*, *Panacée antarctique*, *Herbe à tous les maux*. Les ennemis déclarés de la nouvelle plante lui donnaient le nom de *Jusquiame du Pérou*.

L'usage du Tabac ne se répandit pas paisiblement et sans contestation; il rencontra une foule d'adversaires dans les écrivains plus ou moins célèbres, et dans des gouvernements acharnés à le proscrire. Plusieurs rois se liguèrent contre lui et en défendirent l'usage sous les peines les plus sévères. A la tête des ennemis jurés du Tabac figura Jacques Ier, roi d'Angleterre. Ce prince, d'une humeur très pacifique, possédait, dit-on, une grande instruction et aimait beaucoup à discuter, ce qui lui fit donner par ses flatteurs le surnom de Salomon. Il employa ses loisirs royaux à composer une violente diatribe contre le Tabac, dont l'usage était devenu très commun en Angleterre, depuis l'exportation de cette plante par sir Walter Raleigh, sous le règne d'Elisabeth.

L'empereur des Turcs, Amurat IV, jeune débauché qui, au mépris des préceptes du Coran, permit l'usage du vin et fut lui-même un ivrogne renommé, frappa le Tabac de proscription. Il avait fait, dit-on, de vains efforts pour s'habituer à fumer; il ne voulut pas avoir un démenti en face de ses courtisans, et, pour sauver son amour-propre, il porta les peines les plus sévères contre les priseurs et les fumeurs. Les délinquants recevaient cinquante coups de bâton sur la plante des pieds comme premier avertissement; et en cas de récidive, on leur coupait le nez.

Le Shah de Perse alla plus loin. Tout homme surpris une pipe ou un cigare à la bouche avait la lèvre supérieure coupée, et tout nez convaincu d'avoir humé une prise de tabac tombait sous le couteau du bourreau.

En Russie, le nombre des fumeurs s'accrut si rapidement que l'autorité fut alarmée des envahissements du Tabac. Mais on n'osa d'abord le proscrire; on se contenta de classer les fumeurs dans la catégorie des suspects. Sous le règne de Michel Fédérowich, la passion de fumer était si grande, que les dames moscovites s'en mêlèrent et se mirent à fumer dans d'élégantes et longues pipes, ornées de tous les agréments et de tout le luxe de la coquetterie la plus recherchée. Cette passion fut poussée au point que les grands seigneurs et les bourgeois s'endormaient une pipe à la bouche. Cette imprudence porta un coup funeste au Tabac.

En effet, un fumeur ayant laissé tomber sa pipe en dormant, elle communiqua le feu à quelques meubles. La maison et le fumeur devinrent la proie des flammes; et l'incendie se propagea avec tant de rapidité, que plusieurs quartiers furent entièrement consumés. Irrité de ce désastre, l'empereur profita de cette occasion pour frapper le Tabac d'interdiction. Un ukase annonçait que tout homme convaincu d'avoir fumé recevrait soixante coups de bâton sur la plante des pieds, que tout priseur aurait le nez coupé.

Anonyme.

Du 1er juillet 1811, époque de son établissement, au 31 décembre 1868, la Régie des Tabacs a versé au Trésor une somme de 4 milliards 705 millions. Elle a réalisé ce bénéfice en vendant 1 milliard 43 millions de kilogrammes de Tabac, qui ont produit une recette brute de 6 milliards 637 millions.

J.-H. F.

XXVI

Le Paysage.

L'aspect des paysages est principalement modifié par les végétaux qui peuplent les eaux, et qui, dans tous les pays du monde, flottent à leur surface, décorent leurs rivages et les suivent de la fontaine jusqu'à la mer, dernier terme de leur cours.

Que de variétés dans ces gazons légers qui cachent la source à sa naissance, dans ces plantes élancées qui se penchent sur le cours du ruisseau, dans ces joncs et ces nombreux roseaux qui, le pied dans la fange, inclinent leurs panicules fleuries sur une eau transparente qui double leur image.

Les rochers ont aussi leurs guirlandes et leurs fleurs; une foule de végétaux, dont les racines sont enfoncées dans leurs fissures, les décorent au premier printemps. Les Giroflées de nos murailles, les Gueules-de-loup, cèdent leur place, dans les rochers élevés, à de fraîches Primulacées, à ces Myosotis nains dont la fleur céleste semble grandir à mesure qu'elle approche du ciel bleu des montagnes.

Il n'est pas jusqu'aux Mousses et aux Lichens et jusqu'à ces Champignons bizarres qui couvrent le terreau des bois, qui n'excitent, à notre insu peut-être, des impressions pittoresques ne s'effaçant jamais. Le sol humide des forêts nourrit des légions immenses de ces Agarics aux chapeaux de couleur vive et de forme massive, de ces Clavaires réunies en élégants faisceaux, de ces gigantesques Bolets qui donnent asile à de nombreux insectes, de ces Pezizes si fraîches et colorées comme les plus belles fleurs de nos jardins.

Les Mousses enlacées en moelleux tapis, ou réunies en pelotons verdoyants, cachent la nudité du terrain, donnent de la fraîcheur à l'hiver et tapissent de noirs rochers. On les voit suspendues au-dessus des abîmes, suivant le cours des cascades ou végétant sous les eaux. Elles couvrent les chaumières de leurs touffes veloutées et enveloppent d'une vivante fourrure les troncs décrépits des vieux arbres. Ce sont elles qui, dans les forêts du Nord, jettent un voile de verdure sur d'immenses et fangeux marais, elles encore qui vont orner les dernières pelouses de la terre, près des pôles où la vie vient expirer sur les rivages glacés du cap Nord et de la Sibérie.

Les Lichens s'y joignent avec leurs ports si différents, leurs formes terrestres ou arborescentes, leurs teintes grises ou leurs vives couleurs. Ils laissent sur le roc aride, sur la lave qui vient de s'éteindre, le premier germe de cette brillante végétation dont le Créateur a paré la terre.

H. Lecoq.

XXVII

Les Graminées.

Le blé, l'orge et l'avoine appartiennent à la famille des Graminées. Leur tige est fluette, élancée, non ramifiée, creuse à l'intérieur et fortifiée de distance en distance par des cloisons qui correspondent à des renflements appelés *nœuds*. Cette tige creuse et noueuse porte le nom de *chaume*. Les feuilles sont étroites, allongées en fine lame d'épée; leur base se contourne en une gaine qui enveloppe et fortifie la tige.

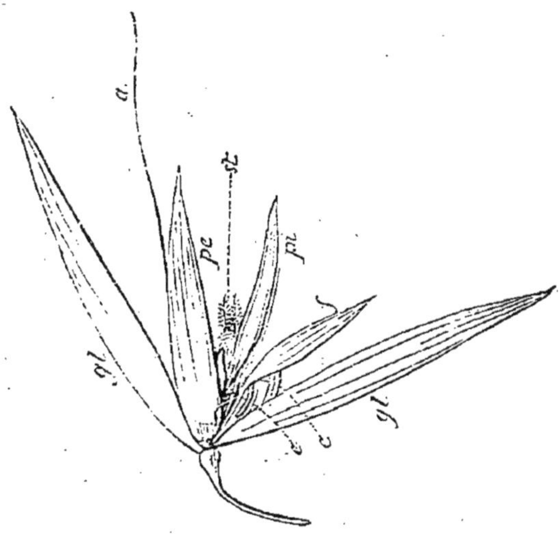

Fig. 32. — Fleur d'Avoine.

Si vous regardez comme caractère indispensable des fleurs la présence d'une corolle à couleurs vives, à formes élégantes, les Graminées vous paraîtront ne jamais fleurir. Mais la corolle, si somptueuse qu'elle soit, n'est qu'une partie très secondaire de la fleur; elle en est en quelque sorte la parure, ou tout au plus le vêtement. Les parties vraiment essentielles sont les organes de la fructification, l'ovaire, qui doit devenir le fruit, et l'anthère, dont le pollen communique à l'ovaire la puissance de vie qui le fait croître et mûrir. Partout où se trouve un ovaire, partout où se trouve une étamine, la fleur existe en réalité alors même que tout le reste manquerait, corolle et calice.

Les Graminées cependant ne sont pas tout à fait dépourvues de calice et de corolle; mais ces parties sont réduites au strict nécessaire, à l'absolu indispensable pour défendre des injures de l'air les organes délicats de la fructification. Ce sont de modestes écailles vertes ou blanchâtres, qui, d'abord accolées deux à deux l'une à l'autre, renfer-

Fig. 33. — Epi de Seigle. Fig. 34. — Panicule d'Avoine.

ment dans leur cavité les étamines et les pistils, puis s'ouvrent, s'écartent pour les laisser s'épanouir.

Les étamines sont au nombre de trois. Leur filet flexible et pendant porte à son extrémité une longue anthère placée en travers. Les stigmates sont deux élégantes aigrettes plumeuses ; le fruit est une graine dont le blé nous fournit une image familière.

Les fleurs sont tantôt étroitement serrées l'une contre l'autre autour de l'extrémité de la tige commune et forment ce qu'on appelle un *épi*, comme dans le froment, le seigle, l'orge ; tantôt elles sont portées par petits paquets à l'extrémité de longs pédicules menus et flexibles qu'agite le moindre vent et constituent alors ce qu'on nomme une *panicule*, comme dans l'avoine.

Les Graminées sont les plébéiens du règne végétal ; avec leurs modestes apparences, elles sont en réalité la richesse fondamentale du sol. Elles viennent partout en sociétés innombrables, elles couvrent tout de leurs verdoyants gazons. Elles nous fournissent les céréales, base de l'alimentation ; elles nous donnent indirectement la chair, le lait, la toison des troupeaux, nourris de l'herbe des pâturages et du foin des prairies.

J.-H. Fabre.

Les Gramens, plébéiens, campagnards, pauvres gens de chaume, communs, simples, vivaces, constituent la puissance du règne végétal et se multiplient d'autant plus qu'on les maltraite davantage et qu'on les foule aux pieds.

Linné.

XXVIII

Structure des tiges des Graminées.

Le Froment, cette plante bénie qui nous donne le pain, porte son lourd épi à l'extrémité d'une tige assez longue pour mettre la moisson à l'abri des souillures du sol, assez menue pour croître en touffes serrées sans gêner les voisines, assez rigide pour soutenir le poids du grain, assez élastique pour fléchir sous le vent sans crainte de rupture. De distance en distance, le chaume est garni de nœuds qui le fortifient ; de ces nœuds partent les feuilles, dont la base en forme de fourreau enveloppe la tige et en augmente encore la solidité. Toutes ces délicates précautions ne sont pas encore suffisantes : le chaume est incrusté de la matière minérale la plus dure, la plus incorruptible ; il est cimenté, pétri de silice, cette même substance qui forme les cailloux. Dans quelques Graminées tropicales, l'abondance de la silice est telle, que le chaume étincelle sous le briquet comme la pierre à fusil.

Il serait impossible d'imaginer une structure plus savante. Aussi voyez avec quelle aisance l'épi alourdi par le grain est porté par le chaume, si fluet que, sans une orga-

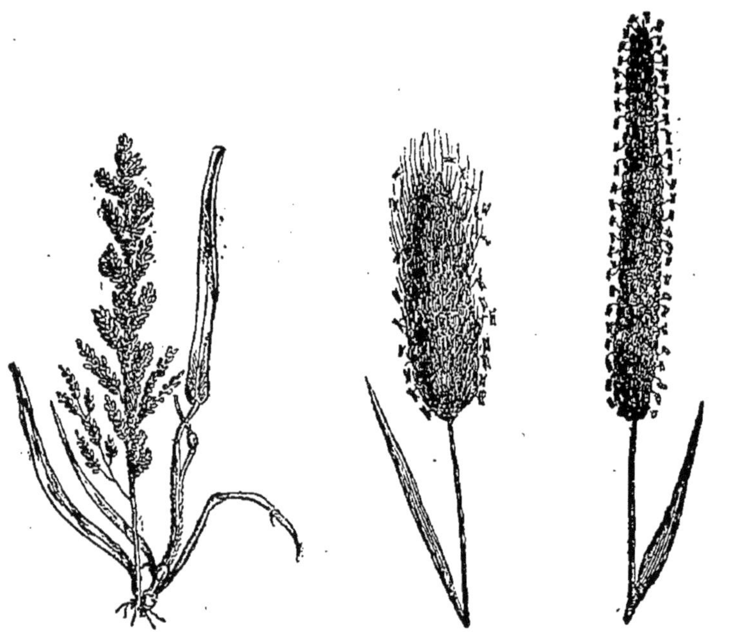

Fig. 35. — Houlque. Fig. 36. — Vulpin. Fig. 37. — Phléole.

nisation toute particulière, il fléchirait sous son propre poids. Voyez avec quelle gracieuse souplesse, quelle élasticité se courbent, quand le vent souffle, les tiges d'un blé mûr. Alors la blonde moisson se soulève et s'affaisse, ondule en imitant les vagues de la mer.

Cette réunion de qualités précieuses résulte surtout de la forme de la paille. Consultons à ce sujet la sévère science du calcul. Nous avons, je suppose, dix kilogrammes de fer, ni plus ni moins, à notre disposition ; et il s'agit de façonner ce fer en une tige longue d'un mètre et douée de la plus grande résistance possible dans le sens transversal. Quelle forme d'abord donnerons-nous à la tige métallique? La ferons-nous triangulaire, ronde, carrée? De savants calculs établissent que, pour lui donner le plus de solidité, il faut la faire ronde. — Ce point établi, la ferons-nous pleine ou creuse? Les mêmes calculs répondent qu'il faut la faire creuse, car alors seulement elle résistera le plus possible à la rupture par flexion. C'est donc avec la forme ronde et creuse qu'une quantité déterminée de matière résiste le mieux à la rupture. Cette belle loi mathématique est d'une fréquente application tant dans la nature que dans l'industrie.

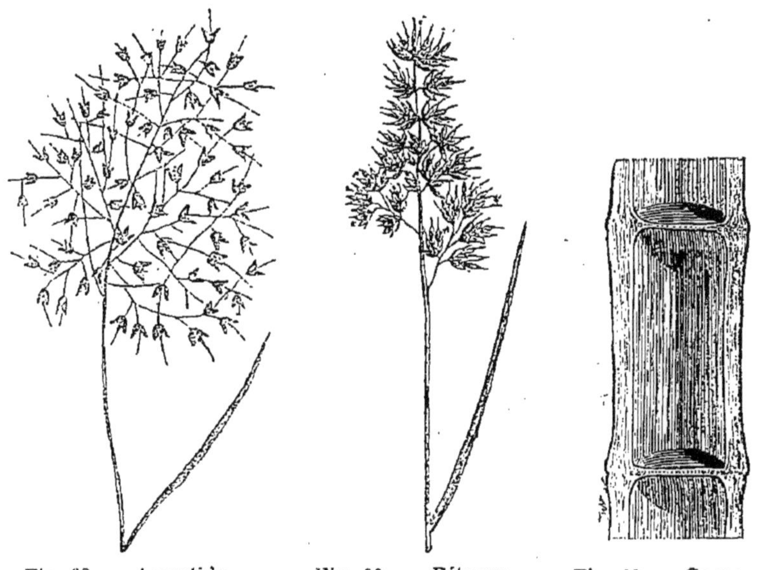

Fig. 38. — Agrostide. Fig. 39. — Fétuque. Fig. 40. — Coupe d'une tige de Graminée.

Les ailes de l'oiseau fouettent l'air dans le vol. Les plumes de ces rames aériennes doivent être d'une grande légèreté afin de ne pas entraver le vol par un excès de poids ; elles doivent être cependant très fermes, à leur insertion dans les chairs surtout, afin de suppléer par la vigueur du coup d'aile à la faible résistance de l'air. Que fait l'oiseau pour réunir ces deux qualités en apparence contradictoires? Il prend exemple sur la tige du Froment, il donne à la base de ses plumes la forme ronde et creuse.

Tous les os longs de la machine animale, os des pattes, des ailes, des jambes, os pour saisir, marcher, grimper, voler, courir, nager, sont encore construits sur le modèle du Froment. Pour être à la fois légers et résistants, de structure économique et cependant solide, ils affectent la forme ronde et creuse.

Les ponts tubulaires, savante création de l'industrie moderne, sont dus au génie de Stephenson, l'immortel inventeur de la locomotive. Ce sont des tubes rectangulaires, d'énormes poutres en tôle rivée, à l'intérieur desquelles, sur certains chemins de fer, les convois circulent pour traverser les fleuves. L'un d'eux, celui de Menay, sur les côtes occidentales de l'Angleterre, franchit un bras de mer de quatre cent soixante mètres. Deux poutres tubulaires, de cinq millions et demi de kilogrammes, le composent et forment à elles seules la double voie ferrée. Trois piles, distantes l'une de l'autre de cent quarante mètres, suffisent pour le soutenir entre les deux rives à une hauteur de trente mètres au-dessus du niveau des plus hautes marées. Or quelle est la puissance qui, sur le vide, équilibre ces monstrueuses poutres de fer, et, malgré des enjambées effrayantes de cent quarante mètres, les empêche de fléchir quand gronde dans leur canal le tonnerre des convois en marche? C'est encore la puissance de la forme tubulaire. La poutre creuse résiste comme résistent la tige creuse du Froment, la plume creuse de l'oiseau, l'os creux de l'animal. Pour la plus audacieuse de ses conceptions, Stephenson s'est inspiré de la structure de la paille!

J.-H. Fabre.

XXIX

Les Céréales.

Les Coquelicots et les Bluets se trouvent toujours dans les blés de l'Europe, quelques soins que les laboureurs prennent de les sarcler et de les vanner. Le rouge des premiers et l'azur des seconds se détachent admirablement sur la couleur fauve des moissons. On trouve encore dans les blés la Nielle, qui s'élève à la hauteur de leurs épis, avec de jolies fleurs purpurines en trompettes, et le Liseron à fleurs couleur de chair qui grimpe autour de leurs chalumeaux et les entoure de verdure comme des thyrses. Il y a plusieurs autres végétaux qui ont coutume d'y croître et d'y former d'agréables contrastes. Quand le vent les agite, vous diriez, à leurs ondulations, une mer de verdure et de fleurs. Joignez-y un certain frissonnement d'épis fort agréable, qui invite au sommeil par un doux murmure.

Ces aimables forêts ne sont pas sans habitants. On voit courir sous leurs ombrages le carabe doré ; des mouches, des papillons sont attirés par les fleurs. L'hirondelle voyageuse plane à leur surface ondoyante, comme sur un lac, tandis que l'alouette sédentaire s'élève à pic au-dessus d'elles en chantant à la vue de son nid. La perdrix domiciliée et la caille passagère y nourrissent également leurs petits. Souvent un lièvre place son gîte dans leur voisinage et y broute en paix les laiterons.

Le blé, qui sert à la subsistance générale du genre humain, n'est pas produit par des végétaux d'une grande taille, mais par de simples graminées. Le principal soutien de la vie humaine est porté par des herbes et exposé à la merci des moindres vents. Il y a apparence que, si nous avions été chargés de la sûreté de nos récoltes, nous n'eussions pas manqué de les placer sur de grands arbres ; mais en cela, comme dans tout le reste, il faut admirer la prévoyance divine et nous méfier de la nôtre.

Si nos moissons étaient portées par les forêts, lorsque celles-ci sont détruites par la guerre, ou incendiées par notre imprudence, ou renversées par les vents, ou ravagées par les inondations, il faudrait des siècles pour les voir renaître dans un pays. Telle calamité est impossible avec une plante qui germe, fleurit et fructifie dans un an. D'ailleurs, par la souplesse de leurs tiges fortifiées de nœuds de distance en distance, et par leurs feuilles menues, les Graminées échappent à la violence des vents. Leur faiblesse leur est plus utile que la force ne l'est aux grands arbres. Semblables aux petites fortunes, elles sont ressemées et multipliées par les mêmes tempêtes qui dévastent les grandes forêts. Ajoutez aux avantages généraux des Graminées une variété étonnante de caractères dans leur floraison et leurs attitudes, qui les rend plus propres que les végétaux de toute autre famille à croître dans toutes sortes de sites.

C'est dans cette famille cosmopolite que la nature a placé le principal aliment de l'homme ; car les blés, dont tous les peuples subsistent, ne sont que des espèces de Graminées. Il n'y a point de terre où il ne puisse croître quelque espèce de céréale. Homère, qui avait si bien étudié la nature, caractérise souvent chaque pays par le végétal qui lui est propre. Il vante une île pour ses raisins, une autre pour ses oliviers, une autre pour ses lauriers, une autre pour ses palmiers; mais il ne donne qu'à la terre l'épithète générale de *Zeidora*, ou *porte-blé*.

En effet, la nature en a formé pour croître dans tous les sites, depuis l'équateur jusqu'aux bords de la mer Glaciale. Il y en a pour les lieux humides des pays chauds, comme le riz, qui vient en abondance dans les vases du Gange. Il y en a pour les lieux marécageux des pays froids, comme une espèce d'avoine qui croit naturellement sur les bords des fleuves de l'Amérique septentrionale. D'autres réussissent à merveille sur les terres chaudes et sèches, comme le millet et le panic en Afrique, le maïs au Brésil. Dans nos climats, le froment se plaît dans les terres fortes, le seigle dans les sables, l'avoine dans les plaines humides, l'orge dans les rochers. L'orge réussit jusque dans le fond du Nord.

BERNARDIN DE SAINT-PIERRE.

C'est à la culture des Céréales que beaucoup d'écrivains anciens et modernes attribuent la civilisation ; et, en effet, les hommes n'ont pu se livrer aux travaux de l'agriculture, qui exigent des soins continuels, qu'en se formant en sociétés régulières, qu'en partageant les terres, et en assurant la propriété du sol à ceux qui le mettraient en valeur. Les Egyptiens mirent au rang des dieux Osiris, qui leur avait enseigné l'agriculture. Les Grecs attribuaient l'invention de l'art de cultiver la terre à Triptolème, et particulièrement à Cérès. Avant que cette déesse eût appris aux hommes à labourer les champs pour y semer le blé, ils se nourrissaient de glands.

Aujourd'hui, un petit nombre d'hommes vivent uniquement des fruits des arbres, comparativement à la quantité innombrable de ceux qui cultivent les céréales pour en retirer leur principale nourriture. Ce n'est guère que dans les climats extraordinairement favorisés de la nature, dans lesquels règnent un printemps et un été continuels qui font produire aux arbres des fruits en abondance et sans interruption, que quelques peuples sauvages ou à demi sauvages ont continué à se nourrir des fruits ou des substances tirées immédiatement des arbres. Ainsi le Cocotier, dans certaines parties des Indes, suffit aux besoins peu nombreux des hommes de ces contrées. Les naturels des îles de la mer du Sud se nourrissent presque uniquement des fruits de l'Arbre à pain ; les habitants des Moluques et des îles voisines, outre l'Arbre à pain, se nourrissent aussi de Sagou. Les dattes et les figues font encore une grande partie de la nourriture des Persans, des Egyptiens de la Barbarie, des habitants de l'Archipel grec ; dans quelques provinces méridionales de l'Espagne et du Portugal, on mange encore les glands doux de quelques espèces de Chênes, principalement du Chêne ballote; dans les Cévennes, le Limousin, la Corse, les Apennins, les châtaignes sont la nourriture presque exclusive des habitants des campagnes ; mais, dans tous ces pays, les classes aisées font usage du pain.

Les graines céréales ont donc remplacé les fruits des arbres pour l'alimentation, dans la plus grande partie du monde. Ces végétaux géants qui élèvent dans les airs leurs têtes superbes et qui, pendant des siècles, bravent les rigueurs des hivers et le soleil brûlant des étés, ont cédé à d'humbles plantes que la même année voit naître et périr. Aujourd'hui, le blé couvre de ses moissons dorées la plus grande partie de l'Europe, et les contrées tempérées de l'Asie, de l'Afrique et de l'Amérique du Nord.

Après le blé, les principales céréales cultivées pour la nourriture des hommes sont le Riz, que toutes les nations indiennes de l'Asie préfèrent au pain; le Maïs, que nous devons à l'Amérique méridionale; plusieurs Millets, qui font la nourriture presque unique de tous les peuples noirs de l'Afrique; le Seigle et l'Orge enfin, qui remplacent le Froment dans les parties de l'Europe où le blé ne peut réussir, soit à cause de la rigueur du climat, soit à cause de la qualité inférieure des terres.

Fig. 41. Epi de Froment.

Le grain de Froment, réduit en farine, donne le meilleur pain, celui qui est le plus usité dans les villes et le plus propre à l'alimentation des hommes. Il doit ces qualités à l'association de la fécule et du gluten, qui entrent dans la constitution de la farine de Froment. Les autres céréales, dont la farine est toute de fécule ou à peu près, ne peuvent former du pain à elles seules, ou n'en donnent que de très mauvaise qualité. Ainsi les pains de Riz, de Millet, de Maïs, ne valent rien; ce ne sont que des masses indigestes, des galettes compactes. Le Seigle et l'Orge sont, après le Froment, les céréales les plus propres à faire du pain ; et encore, comme ils contiennent beaucoup moins de gluten, leurs farines ne sont pas susceptibles de fermenter et de lever de même, et ne donnent qu'un pain lourd, compact et difficile à digérer pour les personnes habitués au Froment.

Ce n'est qu'avec le temps que l'art de faire le pain s'est perfectionné au point où nous le voyons aujourd'hui. Les premiers Romains ignoraient les procédés de sa fabrication; et, pendant plus de cinq cents ans, ils ne vécurent que d'une sorte de bouillie ou de galettes sans levain. Les soldats en campagne portaient dans un petit sac de la farine qu'ils délayaient dans de l'eau pour leurs repas. Il paraît qu'on faisait alors griller le blé avant de le moudre ou plutôt de le triturer dans un mortier en pierre. Cette torréfaction lui donnait un goût qui corrigeait sa saveur naturellement insipide. Ce ne fut que l'an 580 de la fondation de Rome qu'il y eut des boulangers dans cette ville, et qu'on y connut les procédés pour faire de bon pain.

Fig. 42. — Maïs.

La manière de fabriquer du pain en mêlant du levain à la pâte, dans le but d'obtenir une fermentation, a été connue plus anciennement dans l'Orient. Du temps de Moïse, les Égyptiens connaissaient déjà l'emploi du levain, puisque ce législateur des Hébreux dit que, lorsque les

Israélites quittèrent l'Égypte, ils furent forcés de partir si promptement, qu'ils n'eurent pas le temps de mettre le levain dans la pâte. De l'Egypte, l'art de faire le pain passa chez les Grecs, et de ceux-ci chez les Romains, après leur victoire sur Persée, roi de Macédoine.

LOISELEUR.

XXX

Le Riz.

Le Riz est une haute graminée à feuilles planes et dont les fleurs sont disposées en panicule rameuse rappelant celles du Sorgho. Cette plante importante, dont le grain nourrit plus de la moitié des habitants du globe, est regardée comme originaire de l'Inde. Peu à peu, sa culture s'est propagée non seulement dans toutes les contrées tropicales, mais encore dans un grand nombre de pays tempérés, jusqu'en Espagne, en Italie et même en France.

Fig. 43. — Le Riz.

Son chaume cylindrique s'élève à un mètre et plus de hauteur; ses feuilles sont allongées, planes, rudes au toucher; sa panicule est resserrée, à rameaux faibles et pendants. Le Riz se plaît dans les terrains humides ou marécageux; aussi la culture s'en fait-elle toujours dans des champs qu'on maintient recouverts d'une couche d'eau assez épaisse pour que la plante y soit plongée en partie, mais sans être jamais submergée. De là résulte généralement une grande insalubrité pour les pays de rizières; mais, en compensation de ce mal, la culture du Riz permet d'utiliser des terres marécageuses, qui, sans cela, resteraient entièrement perdues pour l'agriculture.

En Chine, où la culture de cette graminée se fait sur une très grande échelle, la terre qui doit être ensemencée est d'abord surabondamment arrosée, au point même d'être presque réduite à l'état de vase. Elle est ensuite retournée au moyen d'une charrue légère traînée par un buffle. Le semis se fait avec des grains qui ont commencé à germer dans l'eau, et seulement dans une portion du champ. Vingt-quatre heures suffisent pour que les jeunes plantes commencent à montrer le sommet de leur première feuille à la surface du sol. Quand elles sont assez fortes, on les repique, en quinconce, dans la portion du champ jusqu'à ce moment inoccupée. Aussitôt cette opération terminée, on ramène l'eau sur la terre, en ayant soin d'en élever graduellement le niveau à mesure que les plantes grandissent, sans que cependant elles soient submergées. Pour obtenir ce résultat, on a disposé préalablement des levées de terre, qui font de chaque champ ou de chaque portion de champ un véritable bassin. On conçoit aisément que cette culture ne peut avoir lieu que dans le voisinage des cours d'eau et des canaux. Lorsque le niveau des champs est inférieur à celui des canaux et des cours d'eau, il suffit d'avoir une vanne pour inonder la terre ; dans le cas contraire, les Chinois emploient des machines hydrauliques grossières, ou même de simples seaux qui rendent cette partie de la culture du Riz extrêmement fatigante. Pendant tout le temps que le Riz reste sur pied, on arrache avec soin les mauvaises herbes ; cette opération est très pénible pour les cultivateurs, obligés d'être constamment enfoncés dans l'eau et dans la vase jusqu'au-dessus du genou.

La récolte du Riz se fait à la faucille ; on en fait des gerbes qu'on transporte sous des hangars pour les battre au fléau. Une opération assez longue est celle qui consiste à débarrasser le grain des glumelles dans lesquelles il est étroitement enveloppé. Elle a lieu dans des moulins où un axe horizontal de bois, mis en mouvement par une roue hydraulique, soulève et laisse retomber tour à tour, dans une auge de pierre, une vingtaine de pilons creux.

La culture du Riz, dans l'Amérique septentrionale, quoique ne remontant qu'aux premières années du XVIIIe siècle, a pris une extension considérable, particulièrement dans la Caroline. Le mode de culture y est différent de celui des Chinois. Vers la mi-mars, on divise la terre en rigoles, au fond desquelles le grain est semé à la main. On couvre ensuite le champ de quelques centimètres d'eau qu'on fait écouler après cinq jours, de manière à laisser la terre découverte jusqu'à ce que les jeunes plantes aient environ un décimètre de hauteur, ce qui a lieu un mois après les semailles. Alors on inonde encore les champs dans le but de faire périr les mauvaises herbes et de favoriser en même temps la végétation du Riz. La terre reste ensuite découverte pendant deux mois. Enfin on ramène l'eau, qu'on laisse sur le champ jusqu'au moment de la récolte, c'est-à-dire de la fin d'août jusqu'en octobre. Ce mode de culture, laissant la terre alternativement inondée et à découvert, amène une insalubrité qui décime annuellement les nègres employés au travail des rizières.

En Espagne et dans le nord de l'Italie, où la culture du Riz a pris de grands développements, on est dans l'usage de laisser constamment l'eau dans les champs, jusqu'au moment de la récolte. Dans le royaume de Valence, la moisson se fait même dans l'eau, et les moissonneurs y sont constamment enfoncés jusqu'aux genoux.

Des essais de culture du Riz ont été faits avec succès en France, dans la Camargue ou delta du Rhône, et dans les terres marécageuses qui s'étendent sur une surface considérable le long de la Méditerranée.

Comme plante alimentaire, le Riz est d'une importance capitale. Dans l'immense étendue de pays où il est cultivé, il forme la base principale de l'alimentation ; quelquefois même, il nourrit à lui seul les classes inférieures de la société. Ainsi, dans l'Inde et en Chine, le peuple ne connaît guère d'autre aliment que le Riz cuit à l'eau et mêlé de quelques condiments. En Europe, le Riz joue un rôle important, mais beaucoup moins exclusif, car la culture du Froment fournit une matière alimentaire beaucoup plus avantageuse et surtout plus nutritive. L'analyse chimique a montré que, si le Riz est le grain le plus riche en fécule parmi tous ceux des céréales, il est en revanche presque entièrement dépourvu de gluten, principe par excellence du Froment. Aussi est-il impossible de faire du pain avec la farine du Riz.

DUCHARTRE.

XXXI

La Canne à sucre.

Cette belle graminée, déjà si intéressante par la liqueur délicieuse qui en découle et avec laquelle on fait le sucre, n'est pas moins agréable par son aspect, son élévation, sa belle panicule luisante, argentée et soyeuse, par ses longues et larges feuilles d'un vert glauque. Ses tiges, qui rappellent un peu celles de notre roseau, s'élèvent de deux à trois mètres ; elles sont très lisses, luisantes, remplies d'une moelle juteuse et sucrée. Les fleurs sont petites, très nombreuses et disposées en une panicule ample.

La canne à sucre, originaire des Indes, s'est naturalisée avec facilité dans tous les pays chauds de l'Afrique et de l'Amérique. Elle fut transportée à Saint-Domingue lors de la découverte du nouveau monde. Pour obtenir le sucre, on coupe les tiges lorsqu'elles sont mûres, c'est-à-dire lorsqu'elles ont environ dix-huit mois ; on les dépouille de leurs feuilles, on en fait des fagots, et on les transporte au moulin, où elles sont pressées entre des cylindres. Les cannes pressées répandent une liqueur douce et visqueuse appelée *miel de canne*. Cette liqueur est conduite dans des chaudières dans lesquelles on la fait cuire jusqu'à ce qu'elle ait acquis une consistance de sirop. Pendant la cuisson, on écume continuellement et l'on jette de temps en temps dans la liqueur de l'eau de chaux pour faciliter la clarification et faire monter l'écume.

La liqueur étant suffisamment cuite, on la verse toute chaude dans des moules de terre, qui ont la forme de cônes creux, ouverts par les deux bouts, et dont le petit trou, qui est à la pointe, est bouché avec un tampon de paille. On laisse ce trou bouché pendant vingt-quatre heures, temps qui suffit pour refroidir le sucre et pour le faire cristalliser. On tire ensuite le tampon qui est au bas du moule, afin de laisser égoutter la masse cristallisée. Le sucre qui résulte de cette manipulation est le *sucre brut*.

Pour purifier ce sucre, on couvre la face supérieure du moule d'une couche de terre argileuse, détrempée à un degré moyen et épaisse de deux ou trois doigts. L'eau qui découle peu à peu de cette couche de terre, et qui passe au travers de la masse du sucre, en lave les petits grains, les purifie de la liqueur mielleuse, grasse, tirant sur le brun, qu'elle entraîne avec elle par le petit trou du fond. On répète plusieurs fois cette opération; on fait ensuite sécher le sucre soit dans une étuve, soit au soleil, et finalement on le retire du moule. Le sucre est alors en morceaux ou miettes, grisâtre ou blanc, un peu gras et d'une odeur un peu mielleuse, qui approche de celle de la violette. On lui donne le nom de *cassonade*. Celle-ci, purifiée elle-même par les moyens décrits plus haut et par le noir animal, donne le sucre raffiné ou sucre fin.

Le *tafia* ou *rhum* est une eau-de-vie que l'on obtient en mélangeant avec de l'eau un quart de sirop ou miel de canne épaissi par la cuisson, et en laissant fermenter ce mélange, que l'on distille ensuite.

POIRET.

L'introduction de la culture de la Canne à sucre à Bourbon y a fait une grande révolution dans les mœurs. Doit-on s'en applaudir ou s'en affliger? Je ne sais : les industriels par excellence, les *industrialistes*, ceux qui font consister presque exclusivement le bonheur humain dans le travail et la richesse, la regarderont sans hésiter comme un immense progrès; mais ceux qui prêtent au bonheur de l'homme, surtout dans les classes élevées de la société, une forme moins matérielle, peuvent au moins en douter.

Rien ne ressemble moins à la vie opulente et patriarcale des anciens colons, que l'existence des colons actuels. C'est un enfer que la vie d'un riche sucrier; plus il est riche, plus il travaille, plus il me semble à moi qu'il est malheureux. La terre lui est si précieuse qu'il n'en garde pas pour lui-même de quoi semer quelques fleurs, de quoi planter quelques bosquets pour orner les alentours de son habitation. Les Cannes commencent à sa porte et s'étendent jusqu'aux limites cultivables de sa propriété. Il a sous lui de nombreux surveillants, mais qu'il doit surveiller lui-même sans cesse ; car il doit craindre leur mollesse, leur négligence à faire travailler ses esclaves. Leur trop grande sévérité, leur brutalité, lui seraient également préjudiciables : les noirs dépérissent, meurent, et se tuent quelquefois, quand ils sont surchargés sans pitié. Pour tenir sa bande au complet, pour l'augmenter s'il étend sa culture, il a besoin d'argent, car les esclaves ne se vendent qu'au comptant ; il emprunte donc, et, tantôt pour un objet, tantôt pour un autre, il contracte ainsi une foule d'obligations pécuniaires, auxquelles il ne peut satisfaire qu'en souscrivant de nouveaux engagements. Il a, en un mot, toute la surveillance d'un chef de grand atelier à exercer, et tous les soucis, toutes les dures préoccupations d'un négociant, d'un homme d'affaires.

Voilà à quelles tristes conditions il possède d'élégants carrosses, s'habille, lui et sa famille, des étoffes les plus chères, et rend sa maison incommode à habiter par le luxe qu'il y étale sans goût et sans discernement.

Son père, autrefois, qui ne vendait chaque année que quelques quintaux de Gérofle et quelques milliers de Café, menait une vie douce au sein d'une abondante médiocrité. Son habitation, parsemée de cultures variées, de Cafeteries ombragées par de magnifiques bois, de Géroflеries, de

Blé, de Maïs, de Manioc, n'était qu'un beau verger, non moins magnifique et plus agréable à l'œil que la monotone magnificence des Cannes.

Alors il y avait du loisir, des plaisirs, des passions, de la grâce et de l'esprit avec beaucoup d'ignorance, il est vrai, quelque grandeur dans les mœurs, et quelques traits de vraie magnificence seigneuriale avec une bonhomie bourgeoise, villageoise même, qui serait méprisée aujourd'hui comme basse. Les fortunes, toutes médiocres, en revenus pécuniaires du moins, avaient une stabilité qu'elles n'ont plus, parce qu'elles étaient véritablement territoriales, et qu'elles sont commerciales à présent. Il y avait autrefois plus de sécurité, plus de bonheur.

L'ambition furieuse de la richesse a eu, dans plusieurs États de l'Union américaine, dans ceux où l'esclavage des noirs forme le régime industriel, les mêmes tristes résultats. Les riches Virginiens qui brillèrent par leur patriotisme et leurs talents dans la révolution américaine, Washington et Jefferson, n'ont pas de successeurs. Ces hommes de 1776 étaient de riches propriétaires qui vivaient en princes et en patriarches à la fois sur leurs terres, où de nombreux esclaves travaillaient pour eux et faisaient de l'argent. Ils ne descendaient pas à la surveillance de ces travaux qui les rendaient riches; mais ils utilisaient noblement les longs loisirs de leur opulence par l'étude, par les travaux de l'intelligence. L'esprit mercantile qui a pénétré depuis la révolution toutes les classes de la société américaine a détrôné ces rois de l'intelligence. Les fils de ces hommes, qui avaient de si grandes existences, sont plus riches que n'étaient leurs pères ; mais ce ne sont plus que des négociants. La cupidité les a fait descendre dans le détail, dans le contrôle de toutes les ressources de leur richesse. Eux aussi sont devenus des chefs d'atelier. Ils passent la journée à cheval, à surveiller le travail de leurs esclaves dans leurs champs de Tabac et de Coton ; le soir, assis devant un triste bureau, ils font des chiffres et tiennent des écritures; ils spéculent. Il n'y a plus, dans leur vie, de loisir pour les hautes études ; le pays ne produit plus d'hommes grands par leur esprit [1].

V. JACQUEMONT.

XXXII

Les Amentacées.

Avez-vous jamais remarqué ces élégants petits cylindres écailleux qui, sur la fin de l'hiver, pendent des rameaux

Fig. 44. — Noyer.

du Noisetier encore dépourvu de feuilles? Habituellement, on les appelle des *chatons*. Ce sont des épis ne renfermant

1. Victor Jacquemont, le célèbre explorateur de l'Inde, écrivait ces lignes en 1828. Depuis lors, l'humanité a fait un pas immense : la traite des nègres est abolie; mais l'esprit mercantile n'a rien perdu de son âpreté.

que des fleurs à étamines. Pendant la durée des froids, leurs écailles sont étroitement serrées l'une contre l'autre et ne laissent rien voir de ce qu'elles recouvrent; puis, aux premiers beaux jours, lorsque la Violette commence à peine à se montrer parmi les feuilles mortes des haies, ces écailles s'écartent et laissent s'épanouir un bouquet d'étamines d'où s'épanche, en fine fumée, une poussière jaune. Une fois le pollen disséminé sur les fleurs à pistil du voisinage, les chatons se fanent et tombent à terre; leur rôle est fini.

Le nom latin du chaton est *amentum*. De cette expression, la botanique a fait le terme d'Amentacées pour désigner la famille des végétaux qui possèdent des épis de fleurs à étamines. Les fleurs à pistil, toujours séparées des premières, le plus souvent sur le même pied, quelquefois sur des pieds différents, ont des formes si variées qu'on ne peut rien dire de général à leur sujet.

Les arbres résineux exceptés, c'est aux Amentacées qu'appartiennent la plupart de nos grands arbres, tels que le Châtaignier, le Chêne, le Peuplier, le Saule, l'Aune, le Bouleau, le Hêtre, le Noyer. Dans tous, vous retrouverez des épis de fleurs à étamines, des chatons semblables à ceux du Noisetier.

J.-H. Fabre.

XXXIII

Les Conifères.

Le fruit du Pin s'appelle *cône*. Il est composé de fortes écailles disposées en recouvrement à la manière des tuiles d'un toit. Sous chaque écaille sont abritées deux graines, entourées d'une membrane, sorte d'aile qui leur permet d'être emportées au loin par le vent pour germer en des points encore inoccupés. Chacune des écailles du cône avec ses deux semences formait au début une fleur à pistil. L'élégante et délicate corolle des fleurs habituelles est donc ici remplacée par une grossière écaille semblable à un éclat de bois.

Les étamines sont séparées dans d'autres fleurs moins grossières, cependant très simples et groupées en chatons, qui rappellent ceux des Amentacées, mais sont dressés à l'extrémité des rameaux et non pendants.

Le fruit, le cône, donne son nom à la famille des Coni-

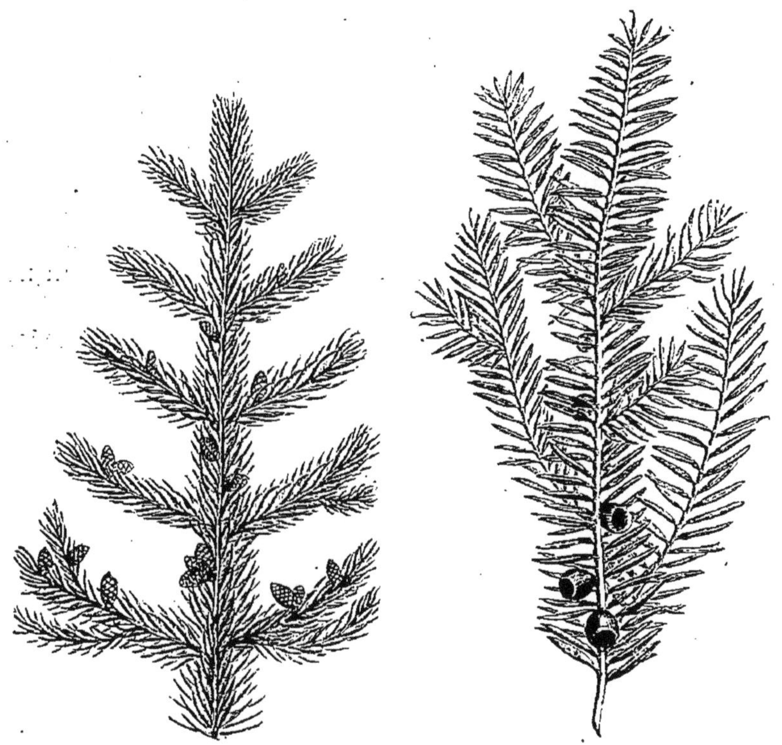

Fig. — 45. — Sapin. Fig. 46. — If.

fères ou *porte-cônes*. Dans cette famille se trouvent le Pin, le Sapin, le Cèdre, le Mélèze. Le fruit des Conifères n'a pas toujours la forme conique; il est globuleux dans le Cyprès, mais composé toujours de robustes écailles groupées à côté l'une de l'autre. Dans le Genévrier et l'If, il est globuleux et charnu. Si vous observez attentivement une baie du Genévrier, vous y reconnaîtrez cependant quelques rugosités, quelques fines arêtes, vestiges des écailles des Conifères, mais qui, devenues charnues, se sont soudées en un globule simple en apparence. Le fruit rond du Cyprès est intermédiaire entre la baie du Genévrier et le cône du Sapin. Qu'il s'allonge en conservant ses écailles distinctes, et il devient le cône du Sapin ; qu'il reste globuleux, mais devienne charnu et soude entre elles ses écailles, et le voilà semblable à la baie du Genévrier.

Le bois des Conifères est toujours imprégné de résine ; les feuilles sont menues, allongées en aiguilles, et se conservent sur l'arbre pendant l'hiver. Aussi désigne-t-on les Conifères sous le nom d'*arbres verts*, pour signifier qu'ils ne perdent jamais leur feuillage. Le Pin, le Sapin et les autres conservent-ils donc toujours les mêmes feuilles? Non, les feuilles du Pin tombent peu à peu comme celles de tous les autres arbres ; seulement, à mesure qu'elles vieillissent et meurent, d'autres plus jeunes les remplacent, de manière que l'arbre est également feuillé en toute saison.

J.-H. Fabre.

XXXIV

Le Châtaignier.

Le Châtaignier occupe un des premiers rangs parmi les arbres de nos forêts ; il a un port majestueux et parvient quelquefois à une grosseur prodigieuse. D'après les témoignages de plusieurs voyageurs, il existe un arbre de cette espèce sur le mont Etna, en Sicile, qui surpasse en grosseur tous les autres végétaux connus, même les Baobabs. Jean Houel, dans son voyage, fait en 1776, aux îles de Sicile, de Malte et de Lipari, a donné ainsi qu'il suit l'histoire de cet arbre merveilleux :

« Nous partîmes d'Aci-Reale pour aller voir le Châtaignier qu'on appelle des cent chevaux. Nous passâmes par

Saint-Alfio et Piraino, où l'on trouve de superbes futaies de Châtaigniers. Ces arbres viennent très bien dans cette partie de l'Etna, et on les y cultive avec soin. Avec leurs jeunes pousses, on fabrique des cercles de tonneaux, dont on fait un commerce assez considérable. Nous allâmes voir tout d'abord le fameux Châtaignier, objet de notre voyage. Sa grosseur est si fort au-dessus de celle des autres arbres, qu'on ne peut exprimer l'impression qu'on éprouve en le voyant. Je me fis raconter l'histoire de cet arbre par les savants du hameau. Ils me dirent que Jeanne d'Aragon, allant d'Espagne à Naples, s'arrêta en Sicile et vint visiter l'Etna, accompagnée de toute la noblesse de Catane; elle était à cheval, ainsi que toute sa suite. Un orage survint; elle se mit sous cet arbre, dont le vaste feuillage suffit pour mettre à couvert de la pluie la reine et tous ses cavaliers. C'est de cette mémorable aventure que l'arbre a pris le nom de Châtaignier aux cent chevaux.

Fig. 47. — Châtaignier.

« Le tronc a cent soixante pieds (52 mètres) de circonférence. Il est entièrement creux, car le Châtaignier est comme le Saule : il subsiste par son écorce; il perd en vieillissant ses parties intérieures et ne s'en couvre pas moins de verdure. La cavité de celui-ci est immense. Des gens du pays y ont construit une maison et un four pour faire sécher des châtaignes, des noisettes, des amandes et autres fruits que l'on veut conserver, comme il est d'usage en Sicile. Souvent, quand ils ont besoin de bois, ils prennent une hache et taillent des fagots aux dépens de l'arbre même qui entoure leur maison. Aussi ce Châtaignier est-il dans un grand état de destruction. »

Dans plusieurs parties de la France, comme le Limousin, le Périgord, les Cévennes et la Corse, les habitants des campagnes et la classe indigente font presque leur unique nourriture des châtaignes. Il en est de même dans les montagnes des Asturies en Espagne, dans quelques cantons de la Sicile, et dans les Apennins en Italie.

Dans les Cévennes, on fait dessécher les châtaignes pour les conserver toute l'année. On les expose, par centaines de quintaux, sur de grandes claies disposées à l'intérieur de bâtiments construits exprès. On allume sous ces claies un feu produisant beaucoup de fumée, qui, en traversant la couche de châtaignes, leur communique sa chaleur et en opère la dessiccation. Pendant les premiers jours, on entretient un feu doux ; on l'augmente ensuite par degrés jusqu'au neuvième ou dixième jour. On retourne alors les châtaignes avec une pelle. On continue ensuite à gouverner le feu de la même manière jusqu'à ce que les châtaignes soient bien sèches. Lorsqu'elles sont parvenues à l'état convenable, on les retire de dessus les claies, et on les bat pour les dépouiller de leurs enveloppes. C'est dans de grands sacs que se fait cette opération ; deux hommes, avec un bâton chacun, frappent sur le sac suffisamment de coups pour briser l'écorce extérieure et détacher en même temps la peau intérieure. Le battage terminé, on vanne les châtaignes pour en séparer les débris des enveloppes.

En Corse, les châtaignes desséchées sont réduites en farine au moulin. Cette farine, cuite à l'eau, constitue ce qu'on nomme la *Polenta*.

LOISELEUR.

XXXV

Les Cèdres de Salomon.

Dans une espèce de vallon semi-circulaire, formé par les dernières croupes du Liban, nous voyons une large tache noire sur la neige : ce sont les groupes fameux des Cèdres. Ils couronnent, comme un diadème, le front de la montagne. Nous mettons nos chevaux au galop dans la neige, pour approcher le plus près possible de la forêt; mais, arrivés à cinq ou six cents pas des arbres, nous enfonçons jusqu'aux épaules des chevaux et nous reconnaissons qu'il faut renoncer à toucher de la main ces reliques des siècles. Nous descendons de cheval, et nous nous asseyons sur un rocher pour les contempler.

Fig. 48. — Rameau de Cèdre.

Ces arbres sont les monuments naturels les plus célèbres de l'univers. La religion, la poésie et l'histoire les ont également consacrés. Ils sont une des images que les prophètes emploient de prédilection. Salomon voulut les consacrer à l'ornement du temple qu'il éleva le premier au Dieu unique, sans doute à cause de la renommée de magnificence et de sainteté que ces prodiges de végétation avaient dès cette époque. Ce sont bien ceux-là, car Ezéchiel parle des Cèdres d'Éden comme des plus beaux du Liban.

Les Arabes de toutes les sectes ont une vénération traditionnelle pour ces arbres. Ils leur attribuent non seulement une force végétative qui les fait vivre éternellement, mais encore une âme qui leur fait donner des signes de sagesse, de prévision, semblables à ceux de l'instinct chez les animaux, de l'intelligence chez les hommes. Ils connaissent d'avance les saisons, ils remuent leurs vastes rameaux comme des membres, ils élèvent vers le ciel ou inclinent vers la terre leurs branches, selon que la neige se prépare à tomber ou à fondre. Ce sont des êtres divins sous la forme d'arbres. Ils croissent dans ce seul site des croupes du Liban; ils prennent racine bien au-dessus de la région où toute grande végétation expire.

Hélas! ces arbres diminuent chaque siècle. Les voyageurs en comptèrent jadis trente à quarante; plus tard, dix-sept; plus tard encore, une douzaine. Il n'y en a plus maintenant que sept, que leur masse peut faire présumer contemporains des temps bibliques. Autour de ces vieux témoins des âges écoulés, qui savent l'histoire de la terre mieux que l'Histoire elle-même, qui nous raconteraient, s'ils pouvaient parler, tant d'empires, de religions, de races humaines évanouis, il reste encore une petite forêt de Cèdres plus jeunes qui me parurent former un groupe de quatre à cinq cents arbres ou arbustes. Chaque année, au mois de juin, les populations d'Éden et des vallées voisines montent aux Cèdres et font célébrer une messe à leur pied. Que de prières n'ont pas résonné sous ces rameaux; quel plus beau temple, quel autel plus voisin du ciel, quel dais plus respectueux et plus saint que le dernier plateau du Liban, le tronc des Cèdres, et le dôme de ces rameaux sacrés qui ont ombragé et ombragent encore tant de générations humaines, prononçant le nom de Dieu différemment, mais le reconnaissant partout dans ses œuvres, et l'adorant dans ses manifestations naturelles!

LAMARTINE.

XXXVI

Le Sequoia géant.

Les géants par excellence du règne végétal sont certains Conifères (*Sequoia géant*) analogues aux Cyprès et connus de la science depuis peu de temps. Ils habitent, au nombre de quatre-vingts à quatre-vingt-dix, un district d'environ un tiers de lieue de rayon sur les hautes pentes de la Sierra-Nevada, en Californie.

Aussi droits que des fûts de colonne, ils s'élancent à une élévation de cent mètres, d'où ils dominent les grands

Fig. 49. — Abatage d'un Sequoia géant.

arbres d'alentour comme nos peupliers dominent les haies voisines. Les plus petits mesurent dix mètres de tour à la base du tronc; les plus gros, trente. Le Baobab du Sénégal a la grosseur de ces derniers, mais il est bien loin d'avoir leur élévation. A leurs pieds, il ferait l'effet d'un grand fourré de broussailles.

Cette famille de géants n'a pas été respectée par les chercheurs d'or californiens; quelques-uns sont tombés sous la hache. Pour monter sur le tronc de l'un d'eux gisant à terre, il fallait une grande échelle, comme pour monter sur le toit d'une maison. La prodigieuse tige avait, en effet, neuf mètres d'épaisseur. L'écorce en fut enlevée d'une seule pièce sur une longueur de sept mètres et disposée en appartement avec tapis, piano et des sièges pour quarante personnes. Un jour, pour jouer à la main chaude, cent quarante enfants trouvèrent place dans le monstrueux étui d'écorce. Quel était l'âge du géant? La réponse ici ne laisse aucun doute. L'arbre, admirablement conservé jusque dans ses parties les plus centrales, montrait plus de trois mille couches de bois concentriques. Il avait donc trois mille ans pour le moins. Cela nous reporte jusqu'à l'époque où Samson lâchait dans les moissons des Philistins des bandes de renards traînant à la queue des torches incendiaires.

J.-H. Fabre.

XXXVII

Fixation des dunes.

En quelques localités, la mer rejette sur le rivage d'immenses quantités de sable, que le vent amoncelle en longues collines appelées *dunes*. Les côtes océaniques de la France présentent des dunes dans le Pas-de-Calais, à partir de Boulogne; en Bretagne, du côté de Nantes et des Sables-d'Olonne; dans les Landes, depuis Bordeaux jusqu'aux Pyrénées, sur une longueur de soixante lieues. Dans le seul département des Landes, les dunes occupent une superficie de 30 000 hectares.

C'est un vaste désert où se dressent d'innombrables collines de sable mouvant, sans un arbrisseau, sans un brin d'herbe.

Du haut de l'une de ces collines, où l'on ne parvient

qu'en s'enfonçant dans le sable jusqu'aux genoux, l'œil suit avec ravissement, jusqu'aux extrêmes limites de l'horizon jaunâtre, les molles ondulations du sol, la croupe arrondie et brillante des dunes; le regard s'égare dans ce chaos de buttes d'un blanc étincelant, dont la crête balayée par le vent se couvre d'un brouillard de sable et fume comme la vague fouettée par la tempête. C'est la monotone ondulation et l'infini d'une mer dont les flots se gonflent et se dégonflent au souffle du vent; seulement, ici les vagues sont de sable et immobiles. Rien ne trouble le silence de ces mornes solitudes, si ce n'est parfois le cri rauque d'un oiseau de mer qui passe, et par intervalles réguliers la grande clameur de l'Océan, voilé par les derniers mamelons de dunes.

Malheur à l'imprudent qui s'engagerait dans ces régions sauvages un jour de tempête ! Ce sont alors des nuages de sable lancés avec une force irrésistible, des trombes furieuses qui démantèlent les dunes et en font tourbillonner les débris dans les airs. Quand la bourrasque a cessé, la configuration du sol n'est plus la même : ce qui était colline est devenu vallée, ce qui était vallée est devenu colline.

A chaque tempête, les dunes progressent vers l'intérieur des terres. Le vent soufflant de la mer fait peu à peu ébouler une dune dans la vallée suivante, qui se comble et devient dune à son tour; et ainsi de suite jusqu'à la plus avancée, qui s'écroule sur les terres cultivées. En même temps, la mer entasse de nouveaux matériaux sur le rivage pour constituer une nouvelle colline de sable marchant à la file des autres. C'est de la sorte que les dunes envahissent lentement les terres cultivées et les recouvrent d'une énorme couche de sable stérile. Rien ne peut arrêter leur marche. Si une forêt se présente sur leur trajet, la forêt est ensevelie et les cimes des plus grands arbres dominent à peine, comme de maigres buissons, les terribles collines mouvantes. Des villages entiers sont engloutis; habitations, église, tout disparaît sous le sable. Que faire devant un pareil ennemi, qui s'avance irrésistible, avec une régularité impitoyable, gagnant chaque année près de vingt mètres sur les terres cultivées et ne respectant rien, ni moissons, ni édifices, ni forêts?

A l'aide d'un moyen bien simple, l'industrie de l'homme a fini par vaincre le redoutable fléau. Pour empêcher une terre en talus de s'ébouler, on l'engazonne, on la sème de plantes à racines profondes, qui emprisonnent le sol dans un réseau. C'est ce que l'on fait pour les talus des chemins de fer, c'est ce qu'on a pratiqué aussi pour les dunes. Quelques végétaux robustes peuvent prospérer dans les sables. De ce nombre sont le Pin maritime, le Genêt et une graminée connue des botanistes sous le nom de Psamma des sables (*Psamma arenaria*) et désignée dans les Landes par le nom vulgaire de *Gourbet*. Cette graminée est un maigre roseau, atteignant au plus un mètre de hauteur, à feuilles d'un vert pâle, étroites, raides, enroulées sur les bords et piquantes au sommet. Sa souche est dure, articulée et longuement rampante à une faible profondeur. Le Psamma est très fréquent dans tous les sables maritimes, tant de la Méditerranée que de l'Océan. Si mouvant qu'il soit au début, le sol sablonneux, retenu dans les mailles serrées du réseau des souches et des racines, ne cède plus désormais à l'action du vent et peut servir de support à la végétation plus vigoureuse des Genêts et surtout du Pin.

On sème donc sur les dunes de la graine de Pin maritime mélangée de graine de Genêt et de Gourbet, et on couvre le tout de branchages pour empêcher le vent d'emporter les semences. Toutes ces graines germent à la fois. Les Gourbets donnent au sol la première consistance ; les Genêts, d'une croissance plus rapide, abritent les Pins naissants; et dès ce moment la dune ne bouge plus, parce que le vent n'a plus de prise à travers la couverture végétale, et que les racines retiennent les sables dans leur réseau. C'est ainsi qu'on a mis fin aux ravages des dunes, et que, tout en sauvant un pays de la destruction, on a créé de vastes forêts d'un revenu considérable.

J.-H. Fabre.

Les sables que la mer rejette sur la plage, venant à se dessécher dans l'intervalle d'une marée à l'autre, sont poussés vers les terres par l'action des vents d'ouest, qui sont les vents dominants des Landes. Ces sables cheminent ainsi en nappe continue, jusqu'à ce qu'ils rencontrent un obstacle quelconque, un tronc d'arbre, par exemple. Ils s'accumulent peu à peu contre cet obstacle, puis le recouvrent, et il en résulte une protubérance qui grandit insensiblement et finit par devenir un monticule. Voilà une des causes de la formation des dunes ; mais dire comment se sont formés ces énormes amas, ces chaînes continues sur une longueur d'une soixantaine de lieues, c'est ce que je ne saurais faire, même avec le secours de la tradition, car l'existence des dunes se perd dans la nuit des temps. Il est constaté que, au huitième siècle et au retour de son expédition contre les Sarrasins d'Espagne, l'empereur Charlemagne, durant le séjour qu'il fit dans les Landes, employa beaucoup d'hommes et d'argent à protéger plusieurs villes de la côte contre l'invasion des sables de la mer. Les travaux entrepris par ce prince et par les habitants ont pu être ainsi pour beaucoup dans la formation de nouvelles dunes : car, avant la découverte des moyens souverains employés de nos jours, on ne pouvait opposer aux sables qu'une plante, le *Psamma arenaria*, qui ne peut suffire, et des palissades, que les sables ne tardent pas à recouvrir.

Il y a donc plus de onze cents ans qu'on luttait déjà contre l'invasion des dunes, mais les hommes furent vaincus dans cette lutte inégale contre la nature. Quand on songe que les dunes avancent chaque année de 10 à 20 mètres, quand on mesure la profondeur de la chaîne et la distance qui sépare de la mer le chaînon le plus avancé dans les terres, on comprend toute l'étendue des désastres que la progression des sables a dû causer, et l'on s'effraye de tous ceux qu'elle pourrait produire encore.

Le jour que nous étions dans les dunes, nous pûmes nous faire une juste idée du phénomène de la translation. Le vent soufflait assez vivement du nord-ouest, et la surface des dunes paraissait couverte d'une petite couche de brouillard : c'était un petit nuage de sable soulevé et entraîné par le vent, gravissant et descendant les pentes avec une grande rapidité. La main s'en remplissait promptement à dix centimètres du sol, et nous en étions couverts en un instant si nous nous couchions sur la dune. Mais ce dont nous étions témoins n'est rien en comparaison de ce qui se passe lorsque souffle l'ouragan. Ce sont alors des nuages, des tourbillons de sable, lancés avec une force prodigieuse et qui feraient reculer les plus intrépides. Dans ces moments, les contours des dunes se modifient, et, si la tempête dure longtemps, il s'opère des bouleversements même dans la direction de certaines vallées.

Dans les temps ordinaires, le sable, après avoir parcouru les diverses ondulations, s'éboule au fond des vallées ou *lettes* et les envahit d'un côté ; mais la dune du côté opposé, attaquée aussi, écrémée par le vent, cède du terrain et va se déverser dans la *lette* suivante. Quant au sable de la dernière chaîne, soumis à l'impulsion commune, il s'écoule ou dans les étangs, dont il refoule continuellement les eaux, au détriment des terres voisines, ou bien sur le sol qu'il recouvre peu à peu. C'est ainsi qu'a disparu l'antique cité de Mimizan, avec son port, son église et ses habitations ; ainsi que se sont éteintes probablement plusieurs localités dont nos chartes font mention et dont la position même n'est plus connue ; ainsi qu'ont péri des forêts dont nos contemporains ont vu les cimes dominer comme des buissons les dunes sous lesquelles elles sont ensevelies pour jamais.

L'homme ne devait pas demeurer éternellement impuissant et désarmé contre un ennemi aussi redoutable ; et les moyens dont il dispose pour le combattre victorieusement sont si simples et étaient depuis si longtemps à sa portée, qu'on doit s'étonner de leur tardive utilisation. Ils consistent tout simplement à semer sur les dunes de la graine de Pin mélangée de graine de Genêt et de Gourbet (*Psamma arenaria*). Ces moyens sont tellement efficaces qu'une dune, menaçant l'église actuelle de Mimizan et sur le point de l'ensevelir, a été fixée à deux mètres de cet édifice, et porte en ce moment une forêt de Pins, sauvegarde éternelle de ce bourg qui, sans cela, n'existerait plus en ce moment.

L'inventeur du procédé pour la fixation des dunes est Desbiey, de Bordeaux, qui, le 25 août 1774, rendit compte à l'Académie de cette ville de l'heureux essai qu'il en avait fait. Cependant Brémontier, inspecteur général des ponts et chaussées, passe en général pour le véritable inventeur, quoiqu'il n'ait opéré qu'après Desbiey, dont il connaissait certainement les travaux. Ce fut Brémontier, il est vrai, qui, grâce à sa position et à l'intervention du gouvernement, appliqua le procédé en grand et l'améliora. C'est à lui qu'est due notamment l'immense forêt de la Teste, qui fait la principale richesse de cette contrée.

ÉDOUARD PERRIS.

XXXVIII

Les Llanos ou Steppes de l'Amérique du Sud.

Depuis la découverte du nouveau continent, les Llanos sont devenus habitables à l'homme. On rencontre, à des journées de distance, quelques huttes en roseaux liés avec des courroies, et couvertes de peaux de bœuf. Des troupes innombrables de taureaux redevenus sauvages, de chevaux et de mulets errent dans la steppe. La multiplication prodigieuse de ces animaux de l'ancien monde est d'autant plus étonnante que les dangers qu'ils ont à combattre dans ces régions sont plus nombreux.

Quand par un soleil vertical, sous un ciel sans nuages, le tapis d'herbe se carbonise et se réduit en poussière, on voit le sol durci se crevasser comme sous la secousse de violents tremblements de terre. Si, dans ce moment, des courants d'air opposés viennent à s'entre-choquer et déterminer par leur lutte un mouvement giratoire, la plaine offre un spectacle étrange. Pareil à un nuage infundibuliforme dont la pointe touche le sol, le sable s'élève au milieu du tourbillon raréfié, chargé de fluide electrique ; on dirait une de ces trombes bruyantes que redoute le navigateur expérimenté. La voûte du ciel, qui paraît abaissée, ne reflète sur la plaine désolée qu'une lumière trouble et opaline. Tout à coup, l'horizon se rapproche et resserre

Fig. 50. — Un Cactus.

l'espace, comme l'âme du voyageur. Suspendue dans l'atmosphère nuageuse, la poussière embrasée augmente encore la chaleur suffocante de l'air. Au lieu de fraîcheur, le vent d'est, balayant un sol brûlant, apporte un surcroît de chaleur.

Peu à peu disparaissent les flaques d'eau qu'avait protégées contre l'évaporation le palmier à éventail jauni. De même que dans les glaces du Nord les animaux s'engourdissent, de même ici le crocodile et le boa dorment immobiles, ensevelis dans la glaise desséchée. Partout la sécheresse annonce la mort, et partout l'image trompeuse d'une nappe d'eau ondoyante poursuit le voyageur altéré ; le jeu de la lumière réfractée paraît séparer du sol, par une bande d'air étroite, les groupes de palmiers lointains : ils flottent, par l'effet du mirage, au contact des couches d'air de densités différentes et inégalement chauffées. Enveloppés d'épais nuages de poussière, tourmentés par la faim et une soif ardente, les chevaux et les bestiaux errent dans le désert. Ceux-ci font entendre de sourds mugissements ; ceux-là, le cou tendu, les narines au vent, cherchent à découvrir, par la moiteur du souffle, le voisinage d'une nappe d'eau non entièrement évaporée.

Mieux avisé et plus astucieux, le mulet cherche, par un autre moyen, à étancher sa soif. Une plante de forme arrondie et à côtes nombreuses, le Melocactus, contient, sous son enveloppe hérissée, une moelle très aqueuse. Avec ses pieds de devant, le mulet écarte les piquants, approche ses lèvres avec précaution et se hasarde à boire le suc rafraîchissant. Mais cette manière de se désaltérer à une source vive végétale n'est pas toujours sans péril : bien souvent, on voit de ces animaux dont le sabot a été estropié par les terribles armes du Cactus.

A la chaleur accablante du jour succède la fraîcheur de la nuit, toujours d'égale durée. Mais alors même les bestiaux et les chevaux ne peuvent jouir du repos. Pendant leur sommeil, des chauves-souris monstrueuses leur sucent le sang comme des vampires, ou se cramponnent sur le dos, où elles causent des plaies ulcéreuses, dans lesquelles viennent s'établir les moustiques, les hippobosques, et des colonies d'autres insectes à aiguillon. Telle est la vie misérable de ces animaux, lorsqu'un soleil ardent a fait disparaître l'eau de la surface de la terre.

La scène change soudain quand à une longue sécheresse succède enfin la bienfaisante saison des pluies. Le bleu foncé du ciel, jusqu'alors sans nuages, prend une teinte plus claire. A peine reconnaît-on, pendant la nuit, l'espace noir dans la constellation de la Croix du Sud. La douce lueur phosphorescente des Nuées de Magellan s'évanouit. Les étoiles zénithales de l'Aigle et du Serpentaire brillent d'une lumière tremblante. Pareils à des montagnes lointaines, quelques nuages isolés apparaissent au sud et s'élèvent verticalement au-dessus de l'horizon. Peu après, les vapeurs accumulées s'étendent comme un brouillard au zénith. Le tonnerre lointain annonce le retour de la pluie vivifiante.

A peine le sol est-il humecté, que la steppe vaporeuse se revêt d'une multitude de graminées aux panicules nombreuses. Réveillées par la lumière, les *Mimosas* herbacées déplissent leurs feuilles endormies, et, comme le chant matinal des oiseaux, elles saluent le soleil levant. Chevaux et bestiaux se réjouissent de la vie dans les pâturages. L'herbe devenue haute abrite le jaguar aux belles mouchetures. Guettant sa proie dans sa cachette assurée, comme le tigre d'Asie il s'élance d'un bond mesuré, pour saisir, à la manière des chats, l'animal qui passe.

Quelquefois, au récit des indigènes, on voit au bord des marais la glaise trempée se soulever lentement et par plaques. Avec un fracas pareil à l'explosion d'un petit volcan de boue, la terre soulevée est projetée dans l'air. Le spectateur s'enfuit devant l'apparition : c'est un gigantesque serpent d'eau ou un crocodile cuirassé qui sort de sa tombe, ressuscité de sa mort apparente par la première ondée.

Les rivières qui bornent la plaine au sud s'enflent peu à peu. Les mêmes animaux qui, dans la première moitié de l'année, languissaient de soif sur un sol desséché et poudreux, sont maintenant forcés à vivre comme des amphibies. La steppe présente en partie l'image d'un immense lac. Les juments se retirent avec leurs poulains sur les bancs qui s'élèvent comme des îles au-dessus de la nappe d'eau. De jour en jour, l'espace sec se rétrécit. Serrés les uns contre les autres, les animaux nagent des heures entières à la recherche de quelque pâturage, et trouvent çà et là une maigre nourriture dans les épis fleuris des graminées qui sortent d'une eau brunâtre, putrescible. Beaucoup de poulains se noient, beaucoup d'autres sont atteints par les crocodiles, qui les brisent avec leur queue crénelée et les dévorent. Bien souvent, on rencontre des chevaux et des bœufs qui, échappés à ces féroces reptiles, portent à la cuisse la marque de leurs dents pointues.

A ce spectacle, l'observateur grave est frappé de la flexibilité organique dont la nature prévoyante a doué certains animaux et certaines plantes. Les fruits farineux de Cérès, ainsi que le bœuf et le cheval, ont accompagné l'homme sur tout le globe, depuis le Gange jusqu'à la Plata, depuis la rive africaine jusqu'au plateau de l'Antisana, plus élevé que le pic de Ténériffe. Là, c'est le bouleau du nord, ici le dattier, qui protège le bœuf contre les rayons du soleil. Telle espèce animale qui, dans l'est de l'Europe, lutte contre l'ours et le loup, est, sous une autre zone, menacée des atteintes du tigre et du crocodile.

HUMBOLDT.

XXXIX

Le Cotonnier.

Les Cotonniers sont des plantes vivaces, le plus souvent des arbustes, à feuilles larges, divisées en trois ou cinq lobes, à grandes fleurs disposées comme celles de la Mauve. Le fruit est une capsule coriace, à cinq loges, renfermant des graines nombreuses au milieu d'un épais duvet qui porte le nom de *coton*.

A la maturité, les capsules s'ouvrent et laissent échapper le coton. La cueillette se fait en tirant avec les doigts les flocons des capsules; puis on étend la récolte au soleil pour la faire sécher. On procède ensuite au moulinage, dans le but d'enlever les graines et les fragments de capsules qui peuvent souiller le duvet. Si on l'épluchait à la main, un homme n'en saurait nettoyer plus d'une livre en un jour; on se sert donc d'une machine composée de deux rouleaux tournant en sens contraire, et mus avec une pédale ou mieux par le moyen de l'eau. On étend le coton sur une planche et on le présente aux rouleaux, qui, n'étant écartés que de la distance nécessaire pour laisser passer la bourre, en séparent les graines. Pour achever de rendre le coton parfaitement pur, on le bat avec des baguettes. Après cette dernière opération, on le met dans des balles en le foulant avec force; aux États-Unis, on se sert à cet effet d'une presse hydraulique.

Les balles sont de 200 à 300 kilogrammes, et, suivant le lieu de provenance, elles sont rondes ou carrées, de toile, de jonc, de cuir ou d'écorce.

Fig. 51. — Coque du Cotonnier.

Le Cotonnier paraît avoir été cultivé dans les Indes de toute antiquité. Au temps d'Hérodote, les Indiens portaient des vêtements de coton. « Ils possèdent, dit cet historien, une sorte de plante qui produit, au lieu de fruits, de la laine d'une qualité plus belle et plus fine que celle des moutons. » Environ 450 ans après Hérodote, le coton était cultivé à l'entrée du golfe Persique. Pline nous apprend que, de son temps, cette plante était connue dans l'Arabie et dans la haute Égypte, et que l'on fabriquait avec son duvet des vêtements pour les prêtres.

C'est à l'époque de l'ère chrétienne seulement que le commerce des étoffes de coton s'étendit de l'Orient dans la Grèce et dans l'empire romain.

Au XIIIe siècle, le Turkestan faisait avec la Crimée et la Russie un commerce actif de toile de coton, et il y avait en Arménie une manufacture de tissus de coton dont la matière première venait de la Perse.

L'introduction du Cotonnier en Chine rencontra une vive opposition de la part des ouvriers en laine et en soie, et ce ne fut que vers 1368, après la conquête de la Chine par les Tartares, qu'elle devint générale. Le peuple chinois, stationnaire comme toutes les nations de la race jaune, ne paraît pas, depuis cette époque, avoir perfectionné en quoi que ce soit la fabrication de ses toiles de coton non plus que ses nankins, malgré la réputation universelle dont ils ont joui.

On pense que c'est aux Musulmans qu'on doit la culture du Cotonnier en Afrique et la mise en œuvre de ses produits. On sait que, vers le XIIIe siècle, il y avait à Maroc et à Fez des manufactures très florissantes.

Il est certain que les étoffes de coton étaient connues des habitants de l'Amérique avant l'arrivée des Européens. On met au nombre des présents envoyés au roi d'Espagne des manteaux, des vestes, des mouchoirs et des tapis de coton. Colomb trouva des Cotonniers et des tissus de coton sur presque tous les points où il aborda.

L'introduction du Cotonnier en Europe remonte au IXe siècle et est due aux Arabes d'Espagne. C'est dans la plaine de Valence que furent plantés les premiers Cotonniers. Bientôt des manufactures furent établies à Cordoue, à Grenade, à Séville; et, au XIVe siècle, les étoffes fabriquées dans le royaume de Grenade étaient regardées comme supérieures en finesse et en beauté à celles de Syrie.

C'est encore aux Maures d'Espagne, qu'une politique barbare et inintelligente chassa du pays rendu florissant par leur industrie, qu'on doit la fabrication du papier de coton, dont leurs ancêtres avaient appris la fabrication à Samarcande. Le préjugé religieux fut cause du dédain que l'on professa longtemps en Europe pour une industrie importée par des mécréants. On n'était pas alors assez éclairés pour voir que, lorsqu'il s'agit d'intérêts généraux, toutes les répugnances fondées sur les préjugés de religion, de caste, de nation, sont une preuve de l'infériorité d'un peuple qui se laisse conduire par de si futiles raisons.

Diverses tentatives ont été faites pour introduire en

France la culture du Cotonnier. Jusqu'ici, les résultats n'ont pas été suffisants pour encourager dans cette voie.

En 1786, les États-Unis de l'Amérique du Nord plantèrent en Géorgie le Cotonnier, qui leur fut envoyé de Bahama. Le sol convenait si bien à cette plante, qu'elle y prospéra au delà de toute attente et fut multipliée avec assiduité pour satisfaire aux demandes de l'Angleterre. Depuis lors, cette culture s'est répandue dans la Caroline du Sud, la Louisiane, l'Alabama, et ces contrées sont devenues le centre de la plus active production cotonnière.

Au commencement du XIVe siècle, les Vénitiens et les Génois importèrent en Angleterre des cotons qui ne furent d'abord employés qu'à faire des mèches de chandelles. En 1430, des tisserands des comtés de Chester et de Lancastre fabriquèrent des toiles. Cet essai ayant réussi, des armateurs de Bristol et de Londres allèrent chercher du coton dans le Levant. Henri VIII et Edouard VI favorisèrent cette industrie; dans les petites paroisses furent établis des métiers à filer le coton, métiers qui occupaient les agriculteurs pendant la mauvaise saison. Sous le règne de Georges III, l'industrie cotonnière occupait déjà 40 000 personnes; elle en occupe aujourd'hui 2 000 000.

L'établissement de l'industrie cotonnière en France ne remonte pas au delà de la fin du XVIIe siècle. Amiens fut une des premières villes où l'on travailla le coton. Nous avons aujourd'hui d'importantes fabriques à Rouen, Lille, Saint-Quentin, Tarare, Mulhouse, Lyon, Paris, etc.

GÉRARD.

La production du coton brut, en 1860, ne s'élevait pas à moins de 2265 millions de kilogrammes, représentant une valeur de 1600 millions à 2 milliards de francs. Elle provenait de la récolte de 20 millions d'hectares correspondant, à cause de la rotation imposée par la culture de la plante, à 60 millions d'hectares occupés par les Cotonniers.

Quant à l'Europe, en 1861, elle a mis en œuvre, dans ses manufactures, 850 millions de kilogrammes, dont les huit dixièmes venaient des Etats-Unis d'Amérique, et les deux autres dixièmes des Indes, de l'Egypte et du Brésil.

Sur cette masse énorme, l'Angleterre avait absorbé à elle seule 630 millions de kilogrammes, occupant 2 millions d'hommes à leur élaboration (un quatorzième de la population totale). La France, dans la même année, a consommé 124 millions de kilogrammes de coton, dont les neuf dixièmes provenaient de l'Amérique du Nord.

BARRAL ET JEAN DOLFUS.

XL

Le Baobab.

Le Baobab est l'exemple le plus célèbre de l'extrême longévité qui ait été encore observé avec précision. Il porte dans son pays natal un nom qui correspond à celui de mille ans, et, contre l'ordinaire, ce nom est resté au-dessous de la vérité.

Adanson en a remarqué un aux îles du Cap-Vert, qui, trois siècles auparavant, avait été observé par deux voyageurs anglais. Il a retrouvé dans le tronc l'inscription qu'ils y avaient gravée, recouverte par 300 couches ligneuses, et a pu juger ainsi de la quantité dont cet énorme végétal avait crû en trois siècles. En partant de cette donnée et du diamètre de l'arbre, égal à 9 mètres 75 centimètres, Adanson a reconnu que ce Baobab devait être âgé d'environ 6000 ans.

Cette durée est d'autant plus singulière que le bois du Baobab n'est pas dur et que les écorchures qu'il reçoit y déterminent souvent la carie; mais, d'un autre côté, l'énorme diamètre de son tronc lui permet de résister au choc des vents. M. Perrottet dit qu'on trouve fréquemment en Sénégambie des Baobabs qui ont de 20 à 30 mètres de circonférence, et cependant leur écorce verte et luisante est encore si pleine de vie, qu'à la moindre blessure il en sort un liquide abondant; ce qui est loin d'annoncer un état de décrépitude.

DE CANDOLLE.

Dans la Sénégambie, au voisinage du cap Vert, se trouve un arbre étrange, nommé par les indigènes *Baobab* et par les naturalistes *Adansonie*. C'est une sorte de Mauve gigantesque. La tige atteint à peine quatre à cinq mètres d'élévation, mais elle mesure une trentaine de mètres de tour. Cette robuste base n'est pas de trop pour soutenir le couronnement du feuillage disposé en dôme de deux cents mètres de circuit et figurant à lui seul une forêt. Les feuilles sont grandes, laineuses, découpées à la manière de celles du Marronnier; les fleurs ressemblent à celles de la Mauve, mais sont beaucoup plus grandes et portées à l'extrémité de longs pédoncules pendants. Du centre de leurs cinq grands pétales, circulaires et réfléchis, s'élève une grosse colonne servant de base à près de sept cents étamines. Au sommet de cette colonne s'épanouit le pistil, divisé en quatorze stigmates. Les fruits ont l'aspect de potirons brunâtres divisés en quatorze tranches.

Les Nègres donnent à l'Adansonie un nom qui signifie l'*arbre millénaire*. Jamais dénomination n'a été plus justement appliquée. Il résulte, en effet, des recherches d'Adanson, que certains de ces vétérans sénégambiens sont âgés de six mille ans. On se refuserait à croire à une telle antiquité, si les déductions qui la proclament n'avaient l'évidence brutale d'une règle de trois. En 1749, Adanson observa aux îles de la Magdeleine, près du cap Vert, des Baobabs visités trois siècles auparavant par des voyageurs anglais. Ces voyageurs avaient gravé des inscriptions sur le tronc, et ces inscriptions furent retrouvées par le botaniste français recouvertes par trois cents couches ligneuses. Le Baobab produit donc, comme nos arbres, une couche de bois par an. De plus, de l'épaisseur totale des trois cents couches observées pouvait se déduire l'épaisseur moyenne d'une seule; et celle-ci une fois connue, il était facile, en la comparant à l'épaisseur entière du tronc, de remonter à l'âge de l'arbre. C'est ce que fit Adanson. La conséquence de ce calcul élémentaire fut que certains Baobabs ont six mille ans d'existence. La vie d'un seul arbre embrasse en durée l'histoire entière de l'humanité!

Ces patriarches, qui remontent à l'aurore du monde, s'affaissent-ils au moins rongés par la rouille des siècles? Nullement. Leur écorce est verte et lustrée; à la moindre blessure, il s'en échappe une sève abondante. Ils ont la vigueur du jeune âge; ils ont devant eux des siècles et des siècles d'avenir. Seul le centre du tronc est consumé par les ans et converti en un antre spacieux. Les nègres ont revêtu de sculptures l'entrée de la cavité, et ils tiennent leurs assemblées générales dans l'intérieur de l'arbre transformé en salle de conseil.

J.-H. Fabre.

Dans le village de Grand-Galargues, en Sénégambie, les Nègres ont orné l'entrée d'un Baobab creux de sculptures, taillées dans le bois encore vert. L'espace intérieur sert à des assemblées de communes qui y débattent leurs intérêts. Cette salle de réunion rappelle la caverne dans l'intérieur d'un Platane en Lycie, où le consul Lucinius Mutianus donna un repas à vingt et un convives.

Humboldt.

XLI

Le Quinquina.

Il est certain que ceux qui connurent les premiers la vertu et l'efficacité du Quinquina sont des Indiens du village de Malacatos, au Pérou. Ces pauvres gens, sujets à des fièvres intermittentes causées par la chaleur humide et l'inconstance de leur climat, avaient dû nécessairement chercher un remède contre cette fâcheuse maladie. Comme au temps des Incas, les Indiens étaient versés dans la connaissance de la propriété des végétaux, et des essais sur une foule de plantes finirent par leur apprendre que dans l'écorce du Quinquina se trouvait le spécifique souverain et presque unique des fièvres intermittentes. Ils désignaient cet arbre par le nom de *Cava-choucchou* : *cava* signifie écorce; *choucchou* exprime le frisson, le froid, l'horripilation de la fièvre. De fortune vint à passer dans le village un prêtre de la Compagnie de Jésus tourmenté par la fièvre. Le chef des Indiens ou cacique, informé de la maladie du Révérend Père : « Laisse-moi faire, dit-il, et je te guérirai. » L'Indien court à la montagne, apporte de l'écorce de Quinquina et en fait prendre une décoction au jésuite. Rendu à la santé, celui-ci s'informe du remède qu'on lui a administré. L'Indien lui fait connaître l'écorce. Le jésuite en fit recueillir une grande quantité, et, de retour dans sa patrie, s'assura par l'expérience qu'elle produisait le même effet qu'au Pérou. De là vient que l'écorce du Quinquina fut d'abord connu sous le nom de *Poudre des jésuites*.

JOSEPH DE JUSSIEU.

On donne le nom de *Cascarilleros* aux hommes qui coupent le Quinquina. Ce sont des hommes élevés à ce dur métier depuis leur enfance et accoutumés par instinct, pour ainsi dire, à se guider au milieu des forêts. Sans autre compas que cette intelligence particulière à l'homme de la nature, ils se dirigent aussi sûrement dans ces inextricables labyrinthes, que si l'horizon était ouvert pour eux. Mais combien de fois est-il arrivé à des gens moins expérimentés dans cet art de se perdre et de n'être plus revus.

Les coupeurs ne cherchent pas le Quinquina pour leur propre compte; le plus souvent, ils sont enrôlés au servicce de quelque commerçant ou d'une petite compagnie, et un homme de confiance est envoyé avec eux à la forêt. Le premier soin de celui qui entreprend une spéculation de cette nature dans une région encore inexplorée est de la faire reconnaître par des Cascarilleros exercés. Le devoir de ceux-ci est de pénétrer les forêts dans diverses directions et de reconnaître jusqu'à quel point il peut être profitable de les exploiter. Cette reconnaissance première est la partie la plus délicate de l'opération, et elle exige dans les hommes qui y sont employés une loyauté et une patience à toute épreuve. C'est sur leur rapport que se calculent les chances de réussite. Si elles sont favorables, on se met en devoir d'ouvrir un sentier jusqu'au point qui doit servir de centre d'opérations; dès ce moment, toute la partie de la forêt que commande le nouveau chemin devient provisoirement la propriété de son auteur, et aucun autre Cascarillero ne peut y travailler.

A peine le chef des coupeurs est-il arrivé dans le voisinage du point à exploiter, qu'il choisit un site favorable pour y établir son camp, autant que possible dans le voisinage d'une source ou d'une rivière. Il y fait construire un hangar ou une maison légère pour abriter les provisions et les produits de la coupe; et, s'il prévoit qu'il doive rester longtemps dans le même lieu, il n'hésite pas à faire des semis de maïs et de quelques légumes. L'expérience, en effet, a démontré qu'un des plus grands éléments de succès dans ce genre de travaux est l'abondance des vivres.

Les Cascarilleros, pendant ce temps, se sont répandus dans la forêt, un par un, ou par petites bandes, chacun portant, enveloppées dans son *poncho* ou espèce de manteau, et suspendues au dos, des provisions pour plusieurs jours et les couvertures qui constituent sa couche. C'est ici que ces pauvres gens ont besoin de mettre en pratique tout ce qu'ils ont de courage et de patience. Obligé d'avoir constamment à la main sa hache ou son couteau pour se débarrasser des innombrables obstacles qui arrêtent sa marche, le Cascarillero est exposé, par la nature du terrain, à une infinité d'accidents, qui, trop souvent, compromettent son existence même.

Les Quinquinas constituent rarement des bois à eux seuls; mais ils peuvent former des groupes plus ou moins serrés, épars çà et là au milieu de la forêt; les Péruviens leur donnent le nom de *taches*. D'autres fois, et c'est ce qui a lieu le plus ordinairement, ils se trouvent complètement isolés. Quoi qu'il en soit, c'est à les découvrir que le Cascarillero déploie toute son adresse. Si la position est favorable, c'est sur la cime des arbres qu'il promène les yeux. Alors, aux plus légers indices, il peut reconnaître la présence de ce qu'il cherche; un léger chatoiement propre aux feuilles, une coloration particulière de ces mêmes organes, l'aspect produit par une grande masse d'inflorescences, lui feront reconnaître la cime d'un Quinquina à une distance prodigieuse. Dans d'autres circonstances, il doit se borner à l'inspection des troncs, dont la couche externe de l'écorce présente des caractères remarquables. Souvent aussi, les feuilles sèches qu'il rencontre en regardant à terre suffisent pour lui signaler le voisinage de l'objet de ses recherches ; et, si c'est le vent qui les a amenées, il saura de quel côté elles sont venues. Un Indien est intéressant à considérer dans un moment semblable, allant et venant dans les étroites percées de la forêt, dardant la vue au travers du feuillage, ou semblant flairer le terrain sur lequel il marche, comme un animal qui poursuit une proie, se précipitant enfin tout à coup, lorsqu'il a cru reconnaître la forme qu'il guettait, pour ne s'arrêter qu'au pied du tronc dont il avait deviné, pour ainsi dire, la présence. Il s'en faut de beaucoup cependant que les recherches du Cascarillero soient toujours suivies d'un résultat favorable ; trop souvent, il revient au camp les mains vides et ses provisions épuisées ; et que de fois, lorsqu'il a découvert sur le flanc de la montagne l'arbre précieux, ne s'en trouve-t-il pas séparé par un torrent ou un abîme !

Pour dépouiller l'arbre de son écorce, on l'abat à coups de hache, un peu au-dessus de la racine. Il est rare, même lorsque la section du tronc est terminée, que l'arbre tombe immédiatement, étant soutenu soit par les lianes qui l'enlacent, soit par les arbres voisins. Ce sont autant de nouveaux obstacles que doit vaincre le Cascarillero. Je me souviens d'avoir une fois coupé un gros tronc de Quinquina, dans l'espérance de mettre ses fleurs à ma portée, et, après avoir abattu trois arbres voisins, de l'avoir vu rester encore debout, maintenu dans cette position par des lianes qui s'étaient attachées à sa cime et qui le soutenaient à la manière des haubans.

Lorsqu'enfin l'arbre est à bas, on fait tomber la couche extérieure de l'écorce en la frappant à petits coups soit avec un maillet de bois, soit avec le dos même de la hache.

La partie vive de l'écorce mise à nu est souvent encore nettoyée à l'aide d'une brosse ; puis, après avoir été divisée dans toute son épaisseur par des incisions uniformes qui circonscrivent les lanières ou planchettes que l'on veut arracher, elle est séparée du tronc au moyen d'un couteau. L'écorce des branches se sépare comme celle du tronc, à cela près qu'on lui conserve sa croûte extérieure.

Le travail du Cascarillero n'est pas, à beaucoup près, fini, lorsque l'arbre est dépouillé ; il faut encore qu'il apporte son butin au camp ; il faut enfin qu'avec un lourd fardeau sur les épaules il repasse par ces mêmes sentiers que, libre, il ne parcourait qu'avec difficulté. Cette phase de l'exploitation exige parfois un travail si pénible, qu'on ne peut vraiment pas s'en faire une idée. J'ai vu plus d'un district où le Quinquina devait être porté de la sorte pendant quinze à vingt jours, avant de sortir des bois qui l'avaient produit.

WEDDELL.

XLII

La Vanille.

Cette plante a des tiges sarmenteuses, qui grimpent et s'attachent par des vrilles aux arbres qu'elles rencontrent ; elles sont vertes, cylindriques, noueuses, de la grosseur du doigt, remplies d'un suc visqueux. Les racines sont rampantes, très longues, tendres, succulentes, d'un roux pâle ; les feuilles sont sessiles, alternes, distantes, ovales, lisses, molles, un peu épaisses. Les fleurs sont disposées en grappes vers le sommet des tiges. La corolle est grande, fort belle, blanche en dedans, d'un jaune verdâtre au dehors. Le fruit est une capsule pulpeuse, charnue, de la grosseur du doigt, presque cylindrique, arquée, remplie d'un grand nombre de petites semences noires. Cette plante croît dans les lieux humides et ombragés, sur le bord des sources et des ruisseaux, dans presque toutes les contrées chaudes de l'Amérique méridionale. Son fruit, si connu sous le nom de *vanille*, est remarquable par une odeur balsamique très suave et par une saveur chaude, piquante, fort agréable.

Avant de la répandre dans le commerce, les habitants de la Guyane font subir à la vanille le traitement que voici : Lorsqu'on a réuni une douzaine de fruits, on les enfile en manière de chapelets à la partie postérieure, le plus près

Fig. 52. — La Vanille.

possible du pédoncule; on fait bouillir de l'eau dans un vase, et, quand elle est bouillante, on y trempe les vanilles pour les blanchir, ce qui s'opère en un instant. Cela fait, l'on tend et l'on attache par les deux bouts les fils où sont enfilées les vanilles, de manière qu'elles se trouvent suspendues à un air libre, où le soleil frappe pendant quelques heures du jour. Le lendemain, avec la barbe d'une plume ou avec les doigts, on enduit les vanilles d'huile, pour qu'elles se dessèchent avec lenteur, afin qu'elles ne se raccourcissent pas et qu'elles se conservent toujours molles. On les entoure d'un fil de coton imbibé d'huile pour empêcher la séparation de leurs valves. Tandis qu'elles sont ainsi suspendues pour être desséchées, il en découle abondamment une liqueur visqueuse. Quand elles ont perdu toute leur viscosité, on les passe dans les mains ointes d'huile, et on les met dans un pot vernissé afin de les conserver fraîches.

En Amérique, et particulièrement sous la zone torride, la vanille est fort aisée à cultiver; mais elle est entièrement négligée. Les habitants se contentent de ramasser les fruits qu'ils trouvent sur des pieds venant sans culture. Ces vanilles ne se trouvent que sur les rives des criques et dans les lieux circonvoisins, sujets à être submergés par les grandes marées; elles préfèrent les lieux inhabités, incultes, couverts de grands arbres, toujours humides et souvent inondés. La plante fleurit en mai, la récolte des fruits se fait en automne.

POIRET.

XLIII

Le Caféier.

Le Caféier est un arbuste à feuilles ovales, à fleurs blanches et odorantes, composées d'un calice à quatre ou cinq dents, d'une corolle tubuleuse, presque en entonnoir, à quatre ou cinq divisions. Les étamines, au nombre de quatre ou cinq, sont saillantes; le fruit est une baie rouge, semblable à une cerise, et contenant deux semences aplaties d'un côté, convexes de l'autre.

Le Caféier est originaire de l'Abyssinie, d'où il est passé en Arabie; on le cultive surtout dans l'Yémen, vers les cantons d'Aden et de Moka. Les Hollandais transportèrent cet arbuste à Batavia, d'où il fut envoyé à Amsterdam.

Un pied venu de cette ville fut donné au Jardin des Plantes de Paris, où l'on eut soin de le multiplier. C'est dans ce précieux dépôt que Déclieux en prit un plant et des graines pour les transporter à la Martinique, d'où le Caféier s'est répandu dans toutes les Antilles au point d'en faire une des principales richesses. Dans une longue et pénible traversée, qui avait contraint le capitaine de mettre son équipage et les passagers à la ration d'eau, Déclieux n'hésita pas à partager la sienne, qui suffisait à peine pour ses premiers besoins, en faveur de son plant de Caféier, qu'il eut la satisfaction de conduire en bon état à la Martinique.

Fig. 53. — Caféier. Fleur et fruit.

Dans son pays natal et même à Batavia, le Caféier parvient jusqu'à la hauteur de dix à treize mètres; mais dans les colonies d'Amérique on a soin, pour la facilité de la récolte, d'arrêter son développement lorsqu'il est parvenu à un mètre ou deux d'élévation, ce qui lui donne la tête ronde d'un petit pommier. Les Caféiers fleurissent pendant presque toute l'année ; ou, pour parler plus exactement, ils fleurissent deux fois, au printemps et en automne; et le temps de chaque floraison dure souvent pendant six mois consécutifs, de manière néanmoins que, pour chaque floraison, il y a un mois ou deux plus abondants en fleurs que les autres. Les fleurs sont blanches, odorantes, restent deux ou trois jours dans toute leur beauté, et garnissent de guirlandes chaque nœud des branches de ce charmant arbrisseau. Elles sont bientôt remplacées par des fruits verts, tenant par une petite queue très courte au nœud de la branche, et souvent très serrés les uns contre les autres, tant il s'en trouve à chaque nœud. Trois mois après, les fruits commencent à blanchir, puis à jaunir, et bientôt ils sont rouges et ressemblent parfaitement aux cerises, tant pour la forme et la grosseur que pour la couleur. Dans la chair de ces fruits se trouvent deux grandes semences qu'on appelle en Europe *grains de café*. Dès lors la première cueillette commence : on parcourt les plantations, on détache délicatement les fruits mûrs, sans ébranler ceux qui les touchent et qui sont encore verts. A peine cette récolte est-elle faite, que d'autres fruits rougissent et vous appellent : ainsi de suite jusqu'à ce que tout soit fini. Alors de nouveaux boutons paraissent et annoncent les fleurs, espoir de la récolte suivante.

On emploie dans les colonies quatre manières de préparer ou de manufacturer la graine de café. La première, la moins pénible pour les cultivateurs, consiste à répandre les *cerises* (on appelle ainsi les fruits mûrs), à mesure que la récolte s'en fait, sur des glacis préparés à cet effet et exposés au soleil. On en forme une couche de huit à dix pouces d'épaisseur, et l'on remue trois ou quatre fois par jour pour empêcher la pulpe de fermenter et de pourrir, et afin que tous les grains puissent sécher également. Le café ainsi manufacturé est le meilleur marché dans le commerce, bien qu'il soit le meilleur pour l'usage lorsqu'il a été bien soigné. Les grains en sont roussâtres ; ils ne flattent pas l'œil autant que le café dit fin vert ; mais les graines séchées dans leur pulpe sont mieux nourries et gagnent en qualité. Les habitants des colonies emploient les autres manières, suivant leurs moyens, pour la partie de la récolte qu'ils veulent vendre ; mais, pour leur propre consommation, ils font sécher le café dans sa pulpe. Cette manière paraît être la seule employée jusqu'à présent à Moka.

La seconde manière consiste à jeter les *cerises* dans des cuves pleines d'eau et à les y laisser tremper de 24 à 48 heures suivant la température de l'atmosphère. Ensuite on les étend sur des glacis, où on les remue plusieurs fois par jour, jusqu'à ce qu'elles soient parfaitement sèches. Ce café, appelé café *trempé*, est celui de la troisième qualité. La graine acquiert une couleur de corne.

La troisième manière, qui forme la seconde qualité, consiste à écraser les *cerises*, sans en enlever la pulpe, avec une machine spéciale ; à les faire tremper peu de temps et à les exposer sur le glacis.

La quatrième manière, qui donne le café de la première qualité des colonies, consiste à faire passer à un moulin, appelé *grage*, les *cerises* fraîches, à en enlever toute la pulpe et à les étendre sur le glacis. On distingue ce café sous le nom de *café fin vert*, ou *café gragé*.

Lorsque le café a été ainsi séché pendant plusieurs semaines au soleil, on le réunit en tas tous les soirs, en le couvrant avec des feuilles de Bananier pour le garantir de la rosée. Enfin on le rentre dans les cases à café, d'où il ne sort plus que pour passer au moulin. Ce moulin, construit à peu près comme ceux dont on fait usage pour écraser les pommes à cidre, brise la pulpe sèche et met les grains en liberté. On vanne le tout, et finalement on effectue un triage pour enlever toutes les ordures et les grains défectueux.

P. Beauvois.

Le Caféier est originaire de l'Abyssinie, il croît dans les provinces d'Enarrea et surtout de Kaffa : cette dernière lui a même donné son nom. Il s'étend de là dans l'intérieur de l'Afrique jusqu'aux sources du Nil-Blanc. Les Gallas, peuplades errantes au centre de cette immense péninsule, emploient le café en poudre, comme substance alimentaire ; ils le roulent en boulettes avec du beurre et en portent des provisions dans leurs longues excursions. Ce n'est que dans le quinzième siècle que le Caféier a été transporté de l'Abyssinie dans l'Arabie Heureuse. Mais, si l'Arabie n'est point la première patrie du Caféier, elle est du moins sa patrie adoptive, son séjour de prédilection ; nulle part il ne prospère mieux, nulle part sa graine ne possède des qualités plus généreuses que dans le royaume d'Yémen, aux environs de Moka.

Ce sont les Orientaux qui ont introduit en Europe l'usage du café; mais à quelle époque connurent-ils eux-mêmes les propriétés de cette graine merveilleuse ? Nous n'avons sur cette question que des renseignements fort incertains. — Un auteur arabe du quinzième siècle, nommé Scheha-beddin, rapporte que c'est un muphti d'Aden qui, au neuvième siècle, a le premier fait usage du café. — Selon la tradition vulgaire, la découverte du café est due au mollah Chadelly, dont la mémoire est en vénération parmi les *vrais croyants*. Ce pieux musulman, désolé d'être interrompu par le sommeil dans ses méditations nocturnes, invoqua Mahomet. Le Prophète, touché de sa peine, lui fit rencontrer un pâtre qui le conduisit à un Caféier et lui raconta que ses chèvres, quand elles avaient brouté les baies de cet arbre, restaient éveillées, sautant et cabriolant toute la nuit. Le mollah voulut éprouver sur lui-même la vertu singulière de ces baies ; il en prit une forte infusion et passa la nuit suivante dans un état de délicieuse insomnie. Il fit part de sa découverte à ses derviches, ceux-ci l'imitèrent, et leur exemple fut suivi par les docteurs de la loi. Bientôt ceux même qui n'avaient pas besoin de se tenir éveillés adoptèrent le nouveau breuvage, qui se répandit rapidement dans tout l'Orient. — D'autres versions attribuent cette découverte au prieur d'un couvent de Maronites, qui, sur le rapport d'un gardien de chameaux, rapport semblable à celui du chevrier dont nous parlions tout à l'heure, expérimenta les propriétés de la graine de café et en fit boire à ses religieux pour les tenir éveillés pendant les offices de la nuit. Cette pratique fut adoptée par les cénobites chrétiens de la Thébaïde et de l'Ethiopie; et, selon toute probabilité, c'est d'eux que les derviches apprirent ce moyen de vaincre le sommeil.

Mais la fève d'Arabie eut bientôt de puissants ennemis. Les prêtres mahométans, qui en avaient profité les premiers, voyant la population déserter les mosquées pour aller encombrer les boutiques où l'on vendait le café, chargèrent d'anathème la boisson jadis si sainte et ceux qui s'en régalaient. Le café fut assimilé au vin et interdit, comme liqueur enivrante, dans tout l'empire ottoman.

« En l'an de l'hégire 945 (1538 de notre ère), dit un écrivain arabe, pendant que beaucoup de gens étaient assemblés, au mois de rhamadan, et qu'ils prenaient du café, le commandant du guet les surprit et les chassa des boutiques ignominieusement. Ils passèrent la nuit enfermés, et le lendemain ils ne furent relâchés qu'après avoir reçu chacun dix-sept coups de bâton. » Grâce à la persécution, le café devint de plus en plus populaire, et, dans la première moitié du dix-septième siècle, il y avait au Caire deux mille boutiques de cafetiers. Aujourd'hui, le café est dans l'Orient une des premières nécessités de la vie, et, quand un Turc se marie, il contracte officiellement l'obligation de ne jamais laisser sa femme manquer de café.

Avant le dix-septième siècle, on ne connaissait en France le café que de nom. Quelques voyageurs revenus d'Orient en avaient apporté des provisions et les employaient pour leur usage particulier. On cite Thévenot qui, en 1647, faisait boire le café aux amis qu'il invitait à sa table. Quatre ans auparavant, un Levantin avait établi, sous le petit Châtelet, une boutique de café ; mais son commerce n'avait pas réussi. Ce fut dans la haute société que commença, pour le café, une vogue qui devait s'étendre rapidement dans les classes les plus inférieures de la nation. L'ambassadeur de la Sublime Porte près de Louis XIV, Soliman Aga, offrait du café, selon la coutume de son pays, aux seigneurs qui venaient le visiter. Toutes les dames de la cour voulurent goûter de la séduisante liqueur : l'Aga les reçut avec une magnificence orientale, et le café fut bientôt à la mode. Mme de Sévigné s'efforça vainement de résister au torrent; elle affirmait que la faveur du café ne serait que passagère, et, dans son admiration exclusive pour le grand Corneille, elle prédisait que *Racine passerait comme le café*.

A peu près à la même époque, le café prenait faveur à Vienne. Les Turcs, chassés par Sobieski, avaient laissé leur camp au pouvoir du vainqueur, et dans ce camp se trouvait force café, avec des esclaves pour le préparer. Vingt ans auparavant, un commerçant anglais, venu de

Constantinople, l'avait introduit à Londres, et le faisait vendre par une jeune Grecque qu'il avait épousée. Les boutiques se multiplièrent, mais Cromwell les fit fermer, tout en respectant les tavernes : il craignait moins l'abrutissement causé par le brandy que l'excitation intellectuelle produite par le café.

Quelques années après le départ de l'ambassadeur turc, un Arménien, nommé Pascal, vint débiter du café à la foire de Saint-Germain et s'établit sur le quai de l'École, dans une petite boutique, où il vendait sa marchandise à deux sols six deniers la tasse. Un peu plus tard, Maliban, autre Arménien, ouvrit un café dans la rue de Buci ; il donnait à fumer et vendait au même prix que Pascal. Un petit boiteux, nommé le Candiot, allait par les rues de Paris, en criant du café, et ceux qui en voulaient prendre le faisaient monter chez eux, où il leur remplissait un gobelet pour deux sols, en fournissant aussi le sucre. Il était ceint d'une serviette fort propre et portait d'une main un réchaud sur lequel était une cafetière, de l'autre une espèce de fontaine remplie d'eau, et devant lui un éventaire où étaient ses divers ustensiles.

Voilà les premiers cafés établis à Paris. C'étaient de puantes tabagies, fréquentées par des fumeurs ou des voyageurs du Levant ; le café y était de mauvaise qualité et mal servi. Ce fut un Sicilien, nommé Procope, qui monta le premier établissement comparable à ceux que nous possédons aujourd'hui ; il ouvrit à la foire de Saint-Germain une élégante boutique, ornée de glaces et meublée de tables de marbre, où l'on servait au public, avec promptitude et propreté, du café d'excellente qualité. Son succès fut brillant. Après la foire, il alla s'établir dans la rue des Fossés-Saint-Germain, en face de la Comédie-Française, où le café subsiste encore.

EMM. LE MAOUT.

XLIV

Le Laurier commun.

Le Laurier commun ou Laurier d'Apollon est un arbre toujours vert, de port élégant, de grandeur moyenne, dont la tige s'élève à une dizaine de mètres. Ses branches sont droites, serrées contre le tronc; les feuilles sont alternes, dures, coriaces, un peu ondulées sur les bords; les fleurs sont petites, de couleur jaunâtre, disposées en petits paquets à l'aisselle des feuilles; les fruits sont des baies ovales, noirâtres. Cet arbre croît naturellement dans la Grèce, le Levant, sur les côtes de Barbarie; il est, depuis longtemps, naturalisé dans les contrées méridionales de la France.

Aucun arbre n'a joui, chez les anciens, d'une plus grande célébrité, aucun n'a été chanté plus souvent par les poètes. Il était particulièrement consacré au dieu des vers; on en ornait ses temples, ses hôtels et le trépied de la Pythie. On prétendait, sans doute à cause de son odeur pénétrante et aromatique, qu'il communique l'esprit de prophétie et l'enthousiasme poétique; de là vient que les poètes étaient couronnés de Laurier.

Virgile fait remonter jusqu'au siècle d'Enée la coutume de ceindre de Laurier le front des vainqueurs; du moins est-il certain que les Romains adoptèrent cet usage de bonne heure. Les généraux le portaient, dans les triomphes, non seulement autour de la tête, mais encore dans la main. Les faisceaux des premiers magistrats de Rome, des dictateurs et des consuls étaient entourés de Laurier, lorsque ces personnages s'en étaient rendus dignes par leurs exploits. On le plantait aux portes et autour des palais des empereurs et des pontifes, et de là vient que Pline appelle le Laurier le gardien des Césars.

C'était une croyance généralement répandue que le Laurier n'était jamais frappé de la foudre; et Pline rapporte que l'empereur Tibère se couronnait de Laurier dans les temps d'orage, pour se mettre à l'abri du tonnerre.

Les feuilles étaient regardées comme un instrument de divination. Si, jetées au feu, elles rendaient beaucoup de bruit, c'était un bon présage; si, au contraire, elles ne pétillaient point du tout, c'était un signe funeste. Voulait-on avoir des songes favorables, on plaçait des feuilles de Laurier au chevet du lit. Parmi les Grecs, ceux qui venaient de consulter l'oracle d'Apollon se couronnaient de Laurier, s'ils avaient reçu du dieu une réponse favorable; de même, chez les Romains, tous les messagers porteurs de réponses favorables ornaient de Laurier la pointe de leurs javelines. On entourait également de Laurier les lettres et les tablettes renfermant d'heureuses nouvelles, le récit de succès; on faisait la même chose pour les vaisseaux victorieux.

Dans le moyen âge, le Laurier a servi dans nos universités à couronner les poètes, les artistes et les savants distingués par de grands succès. La couronne qui ceignit longtemps, dans les écoles de médecine, la tête des jeunes docteurs, devait être faite avec des rameaux de Laurier garnis de leurs baies, ainsi que l'indiquent les titres de *bachelier*, *baccalauréat* (baie de laurier, *bacca laurea*).

POIRET.

XLV

Le Laurier cannellier.

Le Laurier cannellier nous fournit l'aromate si employé sous le nom de *cannelle*. C'est un bel arbre de six à sept mètres de hauteur, à feuilles coriaces, ovales, luisantes en dessus, de couleur terne en dessous, traversées par trois fortes nervures longitudinales. Les fleurs sont petites, jaunâtres, disposées en panicules terminales. Le fruit est un drupe ovale, long d'un demi-pouce, d'un brun bleuâtre, contenant une pulpe verte et onctueuse qui enveloppe un noyau.

Le Cannelier croît naturellement à l'île de Ceylan. Aujourd'hui on le cultive à l'île de-France, à Cayenne, aux Antilles. Il fleurit en mars et conserve sa verdure toute l'année. L'âge, l'exposition, la culture, modifient beaucoup la qualité de l'écorce qu'on en retire; celle que fournissent les grosses branches est moins estimée que celle des jeunes rameaux : aussi distingue-t-on la cannelle en fine, moyenne et grossière. La récolte s'en fait deux fois par an.

On coupe les branches de trois ans; on enlève l'écorce extérieure, en la roulant avec une serpette dont la courbure, la pointe et le dos sont tranchants. On fend alors avec la pointe l'écorce intérieure d'un bout à l'autre de la branche; et, avec le dos de la serpette, on la détache peu à peu. On ramasse toutes ces écorces, on met les plus petites dans les plus grandes, et on les expose au soleil, où elles se roulent sur elles-mêmes à mesure qu'elles se dessèchent.

POIRET.

XLVI

Le Gui.

Les Druides ou Mages des Gaulois n'ont rien de plus sacré que le Gui et l'arbre sur lequel il a pris naissance, si cet arbre est un Chêne. Du reste, ils choisissent pour bois sacrés les forêts de Chênes, et ils n'accomplissent aucune cérémonie religieuse sans le feuillage de cet arbre. Il est même probable que le nom de Druide a pour étymologie le mot grec *drus* (chêne). Le Gui est, à leurs yeux, une manifestation céleste, et le Chêne sur lequel croît cette plante est pour eux marqué du sceau de la divinité. Il est rare d'ailleurs de l'y rencontrer; et, lorsqu'on l'a trouvé, on va le recueillir avec une grande pompe religieuse. Avant tout, cette cérémonie doit avoir lieu le sixième jour de la lune, jour qui commence leurs mois, leurs années et leurs siècles, dont la durée est de trente ans. Le nom qu'ils donnent au Gui signifie, dans leur langue, remède universel. Les sacrifices et le repas étant préparés, selon les rites, sous le Chêne, ils amènent deux taureaux blancs dont les cornes sont liées pour la première fois. Le prêtre, vêtu de blanc, monte alors sur l'arbre et tranche le Gui avec une serpe d'or. On le reçoit sur un drap blanc. On immole ensuite les victimes, en priant la divinité de rendre son présent propice à tous ceux auxquels il sera distribué.

PLINE.

Caché parmi les rochers, j'attendis quelque temps sans voir rien paraître. Tout à coup, mon oreille est frappée des sons que le vent m'apporte du milieu du lac. J'écoute, et je distingue les accents d'une voix humaine; en même temps, je découvre un esquif suspendu au sommet d'une vague. Il redescend, disparaît entre deux flots, puis se montre encore sur la cime d'une lame élevée; il approche du rivage. Une femme le conduisait. Elle chantait en luttant contre la tempête et semblait se jouer dans les vents; on eût dit qu'ils étaient sous sa puissance, tant elle paraissait les braver. Je la voyais jeter tour à tour en sacrifice, dans le lac, des pièces de toile, des toisons de brebis, des pains de cire et de petites meules d'or et d'argent.

Bientôt elle touche à la rive, s'élance à terre, attache sa nacelle au tronc d'un saule et s'enfonce dans le bois en s'appuyant sur la rame de peuplier qu'elle tenait à la main. Elle passa tout près de moi sans me voir. Sa taille était haute; une tunique noire, courte et sans manches, servait à peine de voile à sa nudité. Elle portait une faucille d'or suspendue à une ceinture d'airain, et elle était couronnée d'une branche de chêne. La blancheur de ses bras et de son teint, ses yeux bleus, ses lèvres de rose, ses ongs cheveux blonds, qui flottaient épars, annonçaient la fille des Gaulois et contrastaient par leur douceur avec sa démarche fière et sauvage. Elle chantait d'une voix mélodieuse des paroles terribles.

Je la suivis à quelque distance. Elle traversa d'abord une châtaigneraie dont les arbres, vieux comme le temps, étaient presque tous desséchés par la cime. Nous marchâmes ensuite plus d'une heure sur une lande couverte de mousse et de fougère. Au bout de cette lande, nous trouvâmes un bois, et au milieu de ce bois une autre bruyère de plusieurs milles de tour. Jamais le sol n'en avait été défriché, et l'on y avait semé des pierres, pour qu'il restât inaccessible à la faux et à la charrue. A l'extrémité de cette arène s'élevait une de ces roches isolées que les Gaulois appellent dolmen et qui marquent le tombeau de quelque guerrier.

La nuit était descendue. La jeune fille s'arrêta non loin de la pierre, frappa trois fois des mains, en prononçant à haute voix ce mot mystérieux : Au Gui l'an neuf!

A l'instant, je vis briller dans la profondeur du bois mille lumières; chaque chêne enfanta pour ainsi dire un Gaulois; les barbares sortirent en foule de leurs retraites. Les uns étaient complètement armés; les autres portaient une branche de chêne dans la main droite et un flambeau dans la gauche. A la faveur de mon déguisement, je me mêle à leur troupe. Au premier désordre de l'assemblée succèdent bientôt l'ordre et le recueillement, et l'on commence une procession solennelle.

Des eubages marchaient à la tête, conduisant deux taureaux blancs qui devaient servir de victimes; les bardes suivaient, en chantant sur une espèce de guitare les louanges de Teutatès. Après eux venaient les disciples. Ils étaient accompagnés d'un héraut d'armes vêtu de blanc, couvert d'un chapeau surmonté de deux ailes, et tenant à sa main une branche de verveine entourée de deux serpents. Trois druides s'avançaient à la suite du héraut d'armes : l'un portait un pain, l'autre un vase plein d'eau, le troisième une main d'ivoire. Enfin la druidesse (je reconnus alors sa profession) venait la dernière. Elle tenait la place de l'archidruide, dont elle était descendue.

On s'avança vers le chêne de trente ans, où l'on avait découvert le Gui sacré. On dressa au pied de l'arbre un autel de gazon. Les druides y brûlèrent un peu de pain et y répandirent quelques gouttes d'un vin pur. Ensuite un eubage vêtu de blanc monta sur le chêne et coupa le Gui avec la faucille d'or de la druidesse. Une saye blanche étendue sous l'arbre reçut la plante bénite. Les autres eubages frappèrent les victimes; et le Gui, divisé en égales parties, fut distribué à l'assemblée.

Cette cérémonie achevée, on retourna à la pierre du tombeau; on planta une épée nue pour indiquer le centre du conseil. Au pied du dolmen étaient appuyées deux autres pierres, qui en soutenaient une troisième couchée horizontalement. La druidesse monte à cette tribune. Les Gaulois debout et armés l'environnent, tandis que les druides et les eubages élèvent des flambeaux. Les cœurs étaient secrètement attendris par cette scène, qui leur rappelait l'ancienne liberté. Quelques guerriers en cheveux blancs laissaient tomber de grosses larmes, qui roulaient sur leurs boucliers. Tous penchés en avant et appuyés sur leurs lances, ils semblaient déjà prêter l'oreille aux paroles de la druidesse.

CHATEAUBRIAND.

XLVII

Influence des forêts sur le climat.

Un effet ordinaire de la présence des forêts, c'est de produire un abaissement de température plus considérable que celui qui résulte du degré de latitude. Lorsque la Gaule et la Germanie étaient couvertes de bois, l'Europe était beaucoup plus froide qu'elle ne l'est aujourd'hui; les hivers de l'Italie se prolongeaient davantage; on ne pouvait cultiver la vigne au delà de Grenoble; la Seine gelait tous les ans. Les côtes de la Guyane, que les Européens ont défrichées, éprouvent en été des chaleurs dévorantes, et cependant, dans la même saison, l'intérieur des terres est rafraîchi à tel point par la présence des forêts, que souvent l'on ne saurait y passer la nuit sans abri ou sans feu.

Les causes de cet abaissement de température sont évidentes. Les forêts arrêtent et condensent les nuages ; elles répandent dans l'atmosphère des torrents de vapeurs aqueuses ; les vents ne pénètrent point dans leur enceinte ; le soleil ne réchauffe jamais la terre qu'elles ombragent. Cette terre, poreuse et recouverte d'un lit épais de feuilles mortes, de broussailles, de mousses, retient une perpétuelle humidité. Les lieux bas servent de réservoirs à des eaux froides et stagnantes ; les pentes donnent naissance à de nombreux ruisseaux ; aussi les contrées les plus boisées de la terre sont-elles arrosées par les plus grands fleuves.

A mesure que l'homme, qui se trouve à l'étroit dans les pays d'anciennes cultures, recule les limites de son domaine en dépouillant le sol de ses antiques forêts, les vents et le soleil dissipent l'humidité surabondante, les sources tarissent, les lacs se dessèchent, les inondations cessent ou se portent à de moindres distances, la masse d'eau que roulent les fleuves diminue, l'atmosphère se réchauffe et s'assainit. On ne saurait nier ces résultats, et, sans parler des nombreux exemples que nous offre l'histoire, il suffit de citer les États-Unis de l'Amérique. C'est un fait avéré que les défrichements que les Européens y ont commencés dans les deux derniers siècles et qu'ils y continuent sans relâche ont occasionné une diminution notable dans la quantité des eaux et une élévation sensible de température. Ainsi les défrichements peuvent tourner au profit de l'espèce humaine.

Mais lorsque, par suite d'une insouciance aveugle ou d'un égoïsme brutal, les hommes détruisent sans réserve toutes les forêts d'une contrée, le sol, privé de l'humidité nécessaire au maintien de la végétation, devient d'une affreuse stérilité. Ainsi les îles du Cap-Vert, jadis rafraîchies par des sources nombreuses, ne présentent guère maintenant que des ravins à sec et des rochers dégarnis de terre végétale, où croissent de loin en loin des herbes dures, des arbrisseaux rabougris et quelques plantes grasses. L'île de France, autrefois si productive, est menacée d'une pareille stérilité si les défrichements se poursuivent avec l'activité qu'on y a déployée jusqu'ici.

C'est surtout dans les pays montueux que la destruction des arbres a des suites funestes. Les forêts qui ceignent les plateaux supérieurs protègent les campagnes situées au-dessous d'elles. Si l'on y porte indiscrètement la hache, les pluies délayent et entraînent la couche de terre végétale que les racines ne consolident plus ; les torrents ouvrent de tous côtés de larges et profonds ravins ; les neiges amoncelées sur les sommets durant l'hiver glissent le long des pentes au retour des chaleurs, et, comme ces énormes masses ne trouvent point de digues qui les arrêtent, elles se précipitent avec un bruit effroyable au fond des vallées, détruisant dans leur chute prairies, bestiaux, villages, habitants. Une fois le roc mis à nu, les eaux pluviales, qui pénètrent dans ses fissures, le minent sourdement ; les fortes gelées le délitent et le dégradent ; il tombe en ruines, et ses débris s'accumulent à la base des montagnes. Le mal est sans remède : les forêts bannies des hautes cimes n'y remontent jamais ; les avalanches et les éboulements qui se renouvellent chaque année changent bientôt en des déserts sauvages des vallées populeuses et florissantes.

MIRBEL.

XLVIII

Le Thé.

Le Thé est un arbrisseau rameux, toujours vert, qui croît à la hauteur de cinq à six pieds. Ses feuilles sont fermes, alternes, ovales, d'un vert un peu luisant, dentées en scie, portées sur un pétiole court. Les fleurs naissent solitaires ou deux à deux aux aisselles des feuilles. Le calice est petit, persistant, à cinq divisions obtuses ; la corolle est blanche, à six pétales arrondis, ouverts, les deux extérieurs un peu plus petits ; les étamines sont très nombreuses, plus courtes que la corolle ; enfin le fruit est une capsule à trois loges renfermant chacune une ou deux semences sphériques. Cette plante croît en Chine et au Japon.

Ce n'est guère que vers le milieu du XVIIe siècle que le Thé a été connu en Europe. On assure que vers ce temps des aventuriers hollandais, sachant que les Chinois faisaient leur boisson ordinaire avec les feuilles d'un arbuste de leur pays, voulùrent essayer s'ils feraient quelque cas d'une plante européenne, la Sauge, à laquelle on attribuait alors de grandes vertus, et s'ils voudraient la recevoir comme un objet de commerce. Les Chinois payèrent la Sauge avec du Thé, que les Hollandais portèrent en Europe. Mais l'usage de l'herbe européenne ne dura pas longtemps en Chine, tandis que la consommation du Thé augmenta chaque jour en Europe.

Fig. 54. — Rameau de l'arbre à thé.

Il est assez curieux de connaître les efforts qui furent tentés pour cultiver le Thé en nos climats. Linné en sema vingt fois des graines sans aucun succès. Osbeck en avait apporté un pied de la Chine ; mais, au voisinage du cap de Bonne-Espérance, un tourbillon de vent s'éleva tout à coup, emporta ce pied de Thé de dessus le gaillard d'arrière et le jeta dans la mer. Lagerstrœm apporta au jardin d'Upsal deux arbrisseaux pris pour le vrai Thé. Lorsqu'ils fleurirent, au bout de deux ans, on reconnut que c'étaient des *Camellia*. Quelque temps après, on était parvenu, avec de grandes difficultés, à en apporter un à Gothenbourg. Les matelots, empressés de descendre à terre, mirent le soir le Thé sur une table de la chambre du capitaine. Pendant la nuit, les rats du bâtiment le mirent tellement en pièces, qu'il périt. Enfin Linné engagea le capitaine Ekeberg à en mettre des semences fraîches dans un pot rempli de terre, au moment où il quitterait la Chine, afin que pendant le voyage, lorsque le vaisseau aurait passé la ligne, elles pussent germer. Ce moyen réussit, et la Suède se glorifie d'avoir fait connaître à l'Europe le véritable Thé de la Chine.

Les Chinois cultivent le Thé en plein champ, particulièrement sur la pente des coteaux exposés au midi et dans le voisinage des rivières et des ruisseaux. La cueillette des feuilles se fait par des ouvriers accoutumés à ce travail, très habiles et très prompts à remplir cette tâche. Ils n'arrachent pas les feuilles par poignées, mais une à une, en observant de grandes précautions. Quelque minutieux que ce travail puisse paraître, ils en ramassent depuis quatre jusqu'à dix ou quinze livres par jour.

La première cueillette se fait à la fin de l'hiver. Les feuilles, jeunes et tendres, n'ont encore que quelques jours de pousse au moment de la récolte. Eu égard à leur rareté et à leur prix, elles sont réservées pour les princes et les gens riches. Elles constituent ce qu'on nomme le *thé impérial*. On donne aussi ce nom à une variété de Thé qui croît auprès d'Utsi, petite ville du Japon. Dans le district de cette ville se trouve une montagne qui passe pour avoir le terrain et le climat le plus favorables à la culture du Thé ; aussi est-elle enfermée de haies et environnée d'un fossé fort large, pour plus grande sûreté. Les Thés forment, sur cette montagne, un plan régulier, espacé par des allées. Il y a des personnes préposées pour veiller sur ce lieu et garantir les feuilles de la poussière et de toute injure de l'air. Les ouvriers qui doivent cueillir les feuilles, quelques semaines avant de commencer le travail, s'abstiennent de toute espèce de nourriture grossière et de tout ce qui pourrait porter aux feuilles quelque dommage; ils les cueillent avec l'attention la plus scrupuleuse. Le thé impérial préparé avec ces feuilles est escorté par le surintendant des travaux, avec une forte garde et un nombreux cortège, jusqu'à la cour de l'empereur, pour l'usage de la famille impériale.

La seconde cueillette se fait au commencement du printemps. A cette époque, quelques feuilles ont atteint leur perfection, d'autres ne sont pas encore arrivées à toute leur croissance; néanmoins on les cueille toutes indifféremment, et après on les trie et on les assortit selon leur âge, leurs dimensions et leur bonté. Le thé récolté à cette époque s'appelle *thé chinois*.

La troisième et dernière récolte se fait vers le milieu de l'été, lorsque les feuilles sont touffues et parvenues à toute leur croissance. Cette sorte de thé est la plus grossière et réservée pour le peuple. Lorsque la récolte du thé est achevée, on la célèbre par des fêtes publiques et des divertissements.

Des établissements publics se chargent de la préparation finale des feuilles. Toute personne qui n'a pas les commodités convenables ou qui manque de l'intelligence nécessaire pour cette opération peut y porter ses feuilles à mesure qu'elles sont récoltées. Ces établissements ont une vingtaine de petits fourneaux, hauts d'environ trois pieds, sur lesquels est disposée une plaque de fer ronde ou carrée. Des ouvriers assis autour d'une longue table, couverte de nattes sur lesquelles on met les feuilles, sont occupés à les rouler. La plaque de fer étant chauffée par le fourneau, on y étale quelques livres de feuilles nouvellement cueillies. Ces feuilles, fraîches et pleines de sève, pétillent quand elles touchent le fer chaud, et c'est l'affaire de l'ouvrier de les remuer vivement avec les mains nues, jusqu'à ce qu'il ne puisse plus en supporter la chaleur.

Alors il enlève les feuilles avec une sorte de pelle semblable à un éventail et les verse sur les nattes des tables, où d'autres ouvriers les prennent par petites quantités à la fois pour les rouler dans leurs mains et dans une même direction. D'autres les éventent continuellement pour les refroidir le plus tôt possible et leur conserver ainsi la frisure donnée par les premiers.

Cette manipulation est répétée deux ou trois fois afin de

Fig. 55. — Fabrication du thé.

faire disparaître toute l'humidité des feuilles et de rendre leur frisure plus solide. Chaque fois la plaque de fer est moins chauffée, et l'opération est conduite avec plus de soin et de lenteur. Alors le thé est trié et empaqueté pour l'usage domestique ou l'exportation. Les qualités les plus précieuses sont renfermées dans des vaisseaux coniques d'étain ou de plomb, revêtus de fines nattes de bambou, ou dans des boîtes carrées recouvertes de plomb laminé, de feuilles sèches et de papier. Le thé commun est mis dans des pots d'où on le retire pour le disposer dans des boîtes ou dans des caisses, aussitôt qu'il est vendu aux Européens.

POIRET.

XLIX

Le Cacaoyer.

Le Cacaoyer fournit l'amande nommée Cacao avec laquelle se fabrique le chocolat. C'est un arbre qui s'élève à peu près à la hauteur de nos Cerisiers. Il croît en diverses contrées de l'Amérique, particulièrement au Mexique, dans les provinces de Guatémala et de Nicaragua, aux Antilles et dans la Guyane, où on le cultive en abondance à cause du grand revenu qu'il produit.

Fig. 56. — Cacaoyer.

L'écorce du tronc est de couleur cannelle; le bois est blanc, poreux, cassant et fort léger; les feuilles sont alternes, lancéolées, lisses, d'un vert brillant. Les fleurs, réunies par petits faisceaux le long des tiges et des branches, naissent en grand nombre presque toute l'année, mais particulièrement vers les solstices; les folioles du calice sont pâles en dehors et rougeâtres en dedans; les pétales sont rougeâtres ou de couleur de chair fort pâle. Les fruits ont la forme de concombres, longs de six à huit pouces, larges de deux, relevés comme nos melons par une dizaine de côtes peu saillantes et couvertes d'aspérités. Ces fruits, nommés *cabosses* dans les îles, deviennent d'un rouge foncé et se couvrent de points jaunes lorsqu'ils sont mûrs.

Chacun renferme de vingt-cinq à quarante amandes nommées *Cacao* dans le commerce. Elles sont à peu près de la grosseur d'une olive, charnues, un peu violettes, recouvertes d'une pellicule cassante, et enveloppées d'une pulpe blanchâtre, d'une acidité agréable. Cette substance, mise dans la bouche, rafraîchit et étanche la soif; mais il faut avoir la précaution de ne pas mâcher l'amande qu'elle recouvre et dont la saveur est d'une amertume extrême.

Pour faire la récolte, on abat les fruits mûrs avec une fourchette de bois, ou on les arrache avec la main. On brise les *cabosses* sur le lieu même; on dégage les amandes de la pulpe et de tout ce qui les environne, puis on les porte à la maison. Là, on les met dans des paniers qu'on a soin de bien couvrir; on les y laisse suer pendant quatre ou cinq jours, avec la précaution de les retourner soir et matin. Elles deviennent alors d'un rouge obscur. Finalement on les fait bien sécher au soleil et on les emballe dans des futailles ou dans des sacs.

DESPORTES.

Les Espagnols trouvèrent le chocolat en usage au Mexique en 1520, et importèrent en Europe la substance et son nom, qui paraît être d'origine mexicaine. Ce n'est guère qu'en 1660 que cette matière alimentaire fut connue en France, à peu près en même temps que le café. Le chocolat est une pâte composée de cacao torréfié, de sucre et parfois d'un aromate, notamment la vanille. Le tout est broyé et soigneusement mélangé soit à la main, soit à l'aide des machines.

L

Le Mûrier blanc.

Le Mûrier blanc, dont les feuilles servent à la nourriture des vers à soie, est un grand arbre, qui, dans le midi de l'Europe, atteint une quinzaine de mètres de hauteur.

Sa tige se divise en branches nombreuses, éparses, diffuses, formant ordinairement une tête plus ou moins arrondie. Ses feuilles sont pétiolées, ovales, un peu échancrées à la base, aiguës à leur sommet, dentées sur les bords, et assez souvent découpées en plusieurs lobes plus ou moins profonds et irréguliers. Les fleurs sont à étamines et à pistils séparés. Les fleurs à étamines sont disposées en petits chatons cylindriques; les fleurs à pistils forment des chatons ovales auxquels succèdent des fruits charnus blancs ou légèrement teintés de rouge et assez semblables pour la forme aux mûres de la Ronce. Cet arbre est originaire de la Chine, ainsi que le Ver à soie qu'il nourrit; il est aujourd'hui naturalisé dans le midi de l'Europe et même dans plusieurs des pays tempérés de cette partie du monde.

De la Chine, la culture des Mûriers et l'éducation des Vers à soie passèrent lentement dans les Indes et en Perse, où elles restèrent bien des siècles avant de parvenir en Europe. On ne sait pas à quelle époque la soie fut introduite dans la Grèce; on peut seulement regarder comme certain que ce ne fut qu'après Alexandre. Il est très probable que la soie était connue et employée à la cour de Darius, où régnait d'ailleurs tant de luxe et de faste; et le héros macédonien, lorsqu'il adopta les mœurs et les usages des peuples qu'il avait vaincus, lorsqu'il prit le vêtement des Mèdes et la tiare des Persans, dut aussi porter des habits de soie.

Les Romains, sous la République, ne paraissent pas avoir connu la soie; ce ne fut que sous les premiers empereurs ou à la fin de la République, lorsque les victoires de Lucullus et de Pompée reculèrent les bornes de l'Empire jusque dans l'Orient, que les Romains virent pour la première fois des tissus faits avec ce précieux fil. Les étoffes de soie furent pendant plusieurs siècles d'un prix excessif à Rome, même lorsque cette ville était maîtresse d'une grande partie du monde. Sous Tibère, il fut défendu aux hommes, par un décret, de porter des habits composés de cette matière. Héliogabale fut le premier empereur qui porta des vêtements de pure soie ; jusque-là le luxe, même le plus effréné, n'osait l'employer qu'en la mêlant avec d'autres matières. L'empereur Aurélien, au commencement de son règne, avant qu'il imitât le faste des Orientaux, ne portait point d'habillement de soie, et, l'impératrice ayant désiré d'en avoir, il lui en refusa. « Les dieux me préservent, dit-il, d'employer de ces étoffes qui s'achètent au poids de l'or. »

Vers le milieu du sixième siècle, sous le règne de Justinien, deux moines apportèrent des Indes à Constantinople le Mûrier blanc et des œufs du ver merveilleux qui produit la soie. Le commerce de cette marchandise, dont l'usage était devenu commun, quoique le prix en fût encore excessif, faisait passer en Perse des sommes immenses. Justinien, pour ne pas enrichir une nation ennemie, avait déjà tenté, mais sans succès, de transporter ce commerce en Ethiopie. Il récompensa donc libéralement ces moines, qui enseignèrent la manière de faire éclore les œufs, de nourrir le ver et de filer la soie.

De Constantinople, les vers à soie se répandirent avec le Mûrier dans une grande partie de la Grèce ; et, environ cinq cents ans après, le Péloponèse changea son nom en celui de Morée. Il est probable que, les vers à soie venant à se multiplier, on fut obligé de multiplier aussi les Mûriers, et le Péloponèse prit son nouveau nom de celui de l'arbre (en latin *Morus*) qui faisait sa richesse.

De la Grèce, les Mûriers et les vers à soie passèrent en Sicile et en Italie, du temps de Roger, roi de Sicile. Ce prince, s'étant emparé, en 1130, des principales villes du Péloponèse, transporta leurs nombreux ouvriers en soie et avec eux leur industrie à Palerme et dans la Calabre.

Quelques gentilshommes qui avaient accompagné Charles VIII en Italie, pendant la guerre de 1494, ayant connu tous les avantages que ce pays retirait du commerce de la soie, envoyèrent, après la paix, chercher à Naples des Mûriers, qui furent plantés en Provence et à Allan, à une lieue de Montélimart. On voyait encore en 1802 le premier Mûrier planté en France, au hameau dit la Begade, commune d'Allan. Le propriétaire l'avait entouré d'un mur pour le faire respecter et avait défendu d'en recueillir les feuilles. Malgré les injures des siècles qui avaient séparé son tronc en trois lambeaux, ses grands bras maigres se couvraient encore de feuilles. Cet antique Mûrier n'existe plus aujourd'hui, mais ses descendants couvrent à présent le sol de la France et sont la source d'un immense revenu. Le savant botaniste avignonais Requien a vu dans le voisinage de l'antique abbaye de *Mont-Majour*, près d'Arles, un Mûrier énorme dont le tronc mesurait environ cinq mètres de circonférence. Serait-ce un contemporain du Mûrier d'Allan?

Charles VIII fit distribuer des Mûriers dans plusieurs provinces et encouragea les manufactures de Lyon ; mais la nouvelle industrie fit peu de progrès. Henri II protégea également la culture des Mûriers ; en 1554, il rendit un édit pour en ordonner la plantation. On dit que ce prince fut le premier de nos rois qui porta des bas de soie.

Sous Charles IX, un simple jardinier de Nîmes fondait, dans cette ville, une pépinière dont les nombreux Mûriers devaient couvrir, en peu d'années, le Languedoc, la Provence et le Dauphiné. Un savant agronome, Olivier de Serres, l'un des premiers, accueillit ces arbres dans ses propriétés et en améliora la culture.

Henri IV, d'après les conseils de ce vénérable agriculteur, fit planter des pépinières de Mûriers. Dès le commencement de l'année 1601, Olivier de Serres, d'après les ordres du roi, fit conduire à Paris quinze à vingt mille plants de Mûriers, qui furent cultivés dans le jardin même des Tuileries. Henri IV chargea en outre les députés généraux du commerce d'aviser aux moyens les plus prompts et les plus faciles de fournir abondamment le royaume de Mûriers.

Cette culture fut négligée en France sous Louis XIII; mais elle fut ranimée, sous le règne suivant, par Colbert, qui faisait principalement consister la prospérité d'un État dans les manufactures et le commerce. Ce ministre fit établir des pépinières royales dans le Berry, l'Angoumois, l'Orléanais, le Poitou, le Maine, la Bourgogne, la Franche-Comté; il fit distribuer et planter aux frais de l'Etat, sur les terres des particuliers, les Mûriers provenant de ces pépinières. Ce procédé, généreux mais violent et portant atteinte à la propriété, déplut aux habitants des campagnes, et, de manière ou d'autre, les arbres plantés périssaient chaque année. Le gouvernement eut alors recours à un moyen plus efficace et moins arbitraire. On promit et on paya vingt-quatre sous par pied de Mûrier qui subsisterait trois ans après la plantation. Cette tactique réussit parfaitement, et plusieurs provinces, telles que la Provence, le Languedoc, le Vivarais, le Dauphiné, le Lyonnais, la Touraine, la Gascogne, se peuplèrent de Mûriers.

LOISELEUR.

LI

Les Lichens.

Les exemples qui précèdent démontrent qu'il existe encore vivants sur notre globe des arbres qui dépassent tout ce qu'on a coutume de croire sur leur durée habituelle. Jusque dans notre Europe, où l'homme a depuis si longtemps changé la face du sol, et détruit les vieux arbres pour ses besoins ou ses caprices, il en a échappé à la destruction quelques-uns qui semblent avoir atteint une durée de trois mille ans. Mais, hors de l'Europe, soit par l'effet d'un meilleur climat, soit parce qu'ils ont été mieux respectés, on trouve des arbres plus vieux encore et qui paraissent atteindre une durée de cinq mille à six mille ans.

On peut même descendre jusqu'aux végétaux les plus humbles pour chercher des exemples de longévité. Vaucher a suivi pendant quarante ans un même Lichen, sans l'avoir vu ni dépérir ni beaucoup grandir. Que sais-je! peut-être parmi ces croûtes, ces taches qui couvrent certains rochers, il en est dont l'existence remonte jusqu'au moment où ce rocher a été mis à nu, peut-être jusqu'à l'une des révolutions qui ont soulevé nos montagnes !

Qui sait si tel tapis de Mousse, sans cesse inondé, qui décore le fond de quelque rivière, n'est pas là, sans cesse renaissant de lui-même, depuis que le lit de cette rivière

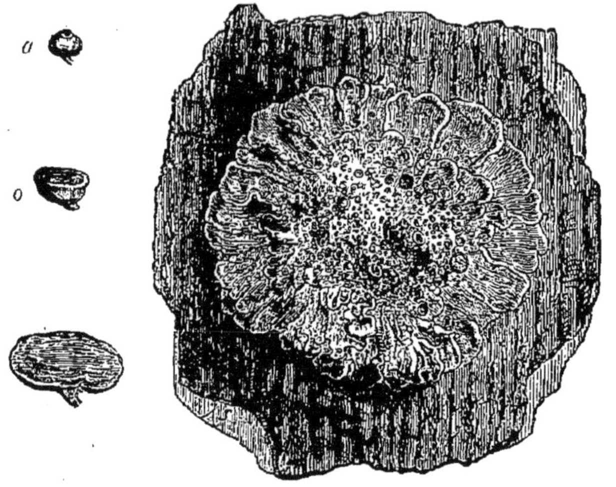

Fig. 57. — Lichen sur une écorce.

est creusé. Ainsi, partout dans le règne végétal, nous trouvons des êtres dont la durée est inconnue et défie les calculs de l'observateur. DE CANDOLLE.

Les Lichens et les Mousses, bien que terrestres, ne végètent que sous l'influence de l'eau. Inertes tant que l'air reste sec, ces plantes suspendent, pour ainsi dire, le cours de leur existence ; leur vie s'arrête pour reprendre sa marche dès que l'humidité leur rend la souplesse et la vigueur. La lenteur de végétation des Lichens, dont la plaque ne s'accroît que par la circonférence, est vraiment incroyable. Un siècle entier amène chez eux très peu de changement, et tel Lichen que nous regardons avec dédain remonte par son âge au delà des temps historiques.

GASTON DE SAPORTA.

LII

Les défricheurs du roc.

Il est bien rare qu'une partie du sol reste longtemps sans végétation, mais les moyens que la nature emploie pour peupler les terres nouvelles varient suivant la nature de ces terres. Tantôt ce sont des rocs nus exposés aux pluies et aux brouillards; tantôt ce sont des sables ou des rochers soumis à toute l'ardeur du soleil ; ailleurs ce sont des terres humides que l'eau dépose, des îles qu'un soulèvement amène au-dessus des flots, ou des bancs madréporiques que les polypes ne cessent de construire et d'élever au niveau des mers. Les plus fréquentes des étendues nouvellement livrées à la végétation sont celles des coulées volcaniques. Là le roc est entièrement nu, incandescent, et pourtant les coulées de lave et les cônes de scorie, peu d'années après leur apparition, commencent à montrer de la verdure. Il y a mieux : souvent des contrées volcaniques tout entières offrent la plus belle végétation, et les vieux volcans, autrefois si terribles, se cachent sous un tapis de fleurs.

Mais bien avant ces sombres forêts qui ombragent aujourd'hui les cratères éteints, avant ces riches moissons qui attirent les peuples jusque dans les canpagnes où le feu souterrain sommeille et peut se réveiller, des espèces nombreuses et de constitution bien différente se sont lentement succédé sur la lave. Les Lichens les plus grossiers, les Verrucaires, les Lécidées, croûtes organisées, peintes de diverses couleurs, rongent, creusent, défrichent la surface des rochers auxquels ils s'attachent. Ils sont remplacés par des Umbilicaires, des Cladonies, des Stereocaulons, autres Lichens d'un ordre plus élevé, et par d'élégantes Mousses, qui ressemblent à des arbustes en miniature.

Tous ces végétaux, en se décomposant et se renouvelant

durant une longue suite d'années, forment sur la pierre une légère couche d'humus, dans laquelle s'implantent des Graminées, des Sédums, des Draves, des Saxifrages. Des Lichens lépreux et crustacés, telle est donc la première végétation des rochers, robustes défricheurs qui suspendent leur vie quand surviennent la chaleur et la sécheresse, et la reprennent à la première humidité.

Quelques-uns de ces Lichens sont plus spécialement chargés d'attaquer les substances minérales les plus dures, celles même dont la surface est lisse, comme le quartz. L'aire de dispersion de ces plantes occupe le monde entier. Sur les rochers nus du trachyte qui perce la neige du Chimborazo, à une prodigieuse élévation, Humboldt trouvait les élégantes rosaces jaunes et noires de la Lécidée géographique, et Acerbi remarquait ce même Lichen sur le granit traversé de veines de quartz qui constitue le cap Nord. C'était encore cette espèce que Baer trouvait en abondance sur les rochers quartzeux de la Nouvelle-Zemble. Nous retrouvons cette plante partout en France, attaquant les laves les plus dures et les quartz les mieux polis.

Malgré l'époque reculée où les volcans du plateau central de la France ont fait éruption, on trouve encore en Auvergne des coulées à peu près nues, et nous assistons aux efforts de la végétation pour s'y fixer. Si ce sont des laves compactes imperméables à l'eau, les Lichens s'en emparent, et rien de plus beau à voir que leurs gracieux dessins sur les sommets trachytiques du mont Dore, exposés à la fois aux neiges des hivers, aux vapeurs attiédies et aux ondées électriques que les nuages orageux déversent parfois sur ces hauteurs. La Lécidée venteuse, aux scutelles couleur de sang, la Lécidée géographique, tigrée de jaune et de noir, la Corniculaire triste, aux rameaux noirs, durs et cornés, des Parmélies, des Stereocaulons et une foule de belles espèces, travaillent sans cesse à cacher la nudité du roc, à produire de la terre végétale et à préparer l'avènement des Mousses, qui seront suivies des phanérogames.

Humboldt trouva les laves de l'île de la Graciosa, aux

Canaries, dénuées d'arbres et d'arbustes, le plus souvent sans trace de terreau. Quelques Lichens lépreux, là, comme en Auvergne, essayent d'appeler la végétation sur des laves arides. Celles qui ne sont pas couvertes de cendres volcaniques restent des siècles sans aucune apparence de végétation. Sur ce sol africain, l'excessive chaleur et de longues sécheresses ralentissent le développement des Lichens. Il trouva pourtant sur les basaltes la Lécidée géographique, l'Urcéolaire ocellée, la Parmélie des murailles, la Lecanore noire, et diverses espèces que l'on avait cru jusque-là appartenir exclusivement au nord de l'Europe.

A Ténériffe même, ce savant observait l'apparition des Lichens sur des laves scorifiées, à surfaces lustrées. Au-dessus d'un gazon brûlé par l'ardeur du soleil africain, le Stereocaulon pascal couvre des terrains arides; les pâtres y mettent souvent le feu, qui se propage à des distances considérables. Vers le sommet du pic, des Urcéolaires et d'autres Lichens travaillent à la décomposition des matières scorifiées. C'est ainsi que, par une action non interrompue des forces organiques, la végétation gagne les îles bouleversées par les volcans.

Sur le sommet du pic du Midi, dans un espace très circonscrit, Ramond a déterminé cinquante et une espèces de Lichens, qui, depuis des siècles, ont préparé le sommet du rocher à recevoir la végétation phanérogamique qui existe à cette grande élévation.

Ce ne sont pas cependant toujours les Lichens qui se montrent les premiers sur les rochers. Si ces derniers ont une surface très inégale, si surtout ils sont fendillés, on voit les Mousses précéder les Lichens et indiquer les fissures de la pierre par leurs petits gazons alignés. Peu après, des espèces traçantes viennent remplacer les premières ou se mêler avec elles. L'Hypne cyprès, la Leskée soyeuse, qui envoie très loin ses rameaux veloutés prendre possession des roches et des murailles, sont les espèces qui se présentent le plus fréquemment. L'Hypne triangulaire ne tarde pas non plus à apparaître. Les laves sont fréquemment recouvertes des larges coussins du Trichostome laineux, des touffes vertes de l'Hypne courroie et de la Bartramie de Haller. Dès que ces grandes Mousses se développent, la terre végétale est acquise par leur décomposition.

H. LECOQ.

Le tapis de la riche Flore qui couvre la nudité de notre planète n'est pas uniformément tissé : plus serré là où le soleil décrit de plus grands arcs sur un ciel sans nuage; plus lâche vers les pôles engourdis, où le prompt retour de la gelée frappe tantôt le bourgeon développé, tantôt le fruit mûrissant. Partout cependant il est permis à l'homme de se réjouir des plantes qui le nourrissent. Le rocher scorieux qu'un volcan soulève du fond de la mer au-dessus des flots bouillonnants, l'île plate de corail, résultat de l'industrie sociale des polypes, qui, depuis des siècles, entassent leurs demeures cellulaires sur le sol d'une montagne sous-marine jusqu'à ce qu'ils meurent après avoir dépassé le niveau de l'eau, tous ces rochers nus, à peine soulevés, reçoivent aussitôt le souffle toujours prêt de la vie organique. Qui donc y sème si soudain des semences? Sont-ce les oiseaux migrateurs, les vents, ou les vagues de la mer? La pierre pelée, dès qu'elle subit le contact de l'air, se recouvre d'un tissu de filaments veloutés qui paraissent des taches colorées. Quelques-unes sont bordées par des lignes saillantes, tantôt simples, tantôt doubles; d'autres sont traversées de sillons et divisées en compartiments. En vieillissant, leur couleur claire devient plus foncée. Le jaune, qui brille au loin, brunit; et le gris bleuâtre se change peu à peu en un noir pulvérulent. Les bords des plaques vieillissantes se rapprochent et se confondent insensiblement, et sur le fond obscur se forment de nouveaux Lichens circulaires, d'une blancheur éclatante. C'est ainsi qu'un tissu organique se dépose couche par couche; et, de même que l'espèce humaine est appelée à parcourir certains degrés de civilisation, ainsi l'établissement successif des végétaux est lié à des lois physiques déterminées. Là où les arbres de la forêt élèvent aujourd'hui leurs cimes aériennes, il n'y eut jadis que de minces Lichens, couvrant la roche dénuée de terre. Dans le long intervalle, non mesuré, qui s'écoule entre ces deux végétations, la place est successivement occupée par des Mousses, par des Graminées, par des plantes herbacées et des arbustes.

HUMBOLDT.

Les Lichens et les Mousses, par leur végétation permanente qui a lieu sur les corps les plus durs, jouent vraiment le premier rôle pour le défrichement de la roche vive et la production de la terre végétale, indispensable à la germination des graines et à la propagation des plantes qui viendront tôt ou tard s'établir en ces stations désolées. Ce phénomène si important et si digne d'attention se passe sous nos yeux.

Fig. 58. — Fragment de Fougère.

Les éboulements de roches dans les Vosges, bien considérables autrefois, comme les débris entassés sur les flancs et au fond des vallées en sont des preuves irrécusables, se renouvellent chaque année par la chute de nouveaux fragments qui se détachent des rochers à la suite de l'action destructive du temps. Or leurs cassures récentes, exemptes d'abord de toute végétation, sont envahies les années suivantes par des croûtes de Lichens, auxquelles viennent s'adjoindre des Mousses. Une fois cette première végétation bien développée, il s'est produit assez de terre végétale pour recevoir quelques semences de Graminées et de Fougères. Les débris de ces dernières plantes, multipliées à profusion, donnent suffisamment d'humus pour permettre de se développer aux graines des Sapins, des Hêtres et des sous-arbrisseaux.

Nous avons pu suivre, pendant quarante années, cet admirable développement, dans une vallée des Vosges, où des emplacements considérables étaient entièrement occupés par des amas de fragments de granit. A l'époque déjà reculée dont nous venons de parler, il n'existait sur ces éboulis de roches que des Lichens et des Mousses en assez petite quantité. A cette végétation primitive, nous avons vu insensiblement succéder des Gramens, des Fougères, puis d'autres plantes herbacées, et finalement des Ronces, des Framboisiers, des Sureaux, des Sapins et des Hêtres. Nous nous sommes souvent arrêté sur ces emplacements, chaque fois émerveillé d'y trouver des arbres de plus en plus vigoureux, sortant des interstices des rochers, où la terre végétale semblait devoir manquer complètement. Mais, en y regardant de plus près, nous avons reconnu que la destruction et la décomposition des cryptogames, Mousses, Lichens et Fougères, avaient déjà produit assez de terreau pour permettre aux fines racines des plantes herbacées de s'y développer d'abord, puis d'augmenter à leur tour la couche de terre végétale. Alors surviennent les arbustes et les arbres, qui enfoncent et fixent leurs racines dans ces interstices remplis d'humus.

MOUGEOT.

LIII

Le Giroflier.

Le Giroflier est très important par l'usage que l'on fait, comme épices, de ses boutons de fleurs recueillis et desséchés avant leur épanouissement, et connus sous le nom de *clous de girofle*. C'est un arbre de médiocre grandeur, qui s'élève à une dizaine de mètres et se termine par une cime large, un peu conique. Son port est celui du Caféier. Ses rameaux sont opposés, faibles, effilés, étendus horizontalement, garnis de feuilles opposées, ovales, un peu luisantes au-dessus, parsemées en dessous de petits points résineux. Les fleurs sont très odorantes et forment des grappes à l'extrémité des rameaux. Le calice est court, à quatre divisions profondes, persistantes; la corolle est composée de quatre pétales; les étamines sont nombreuses; le fruit est une baie sèche, d'un rouge brun ou noirâtre. Le Giroflier croît naturellement dans les îles Moluques, d'où il a été transporté en diverses régions tropicales.

Les fleurs du Giroflier, avant leur épanouissement, ont presque la forme d'un petit clou : leurs pétales, couchés alors les uns sur les autres, sous la forme d'un bouton globuleux, forment la tête du clou, tandis que l'ovaire forme sa longueur et sa pointe. C'est dans cet état, c'est-à-dire un peu avant l'épanouissement, qu'on recueille les fleurs pour les faire sécher et les livrer au commerce sous le nom de *clous de girofle*. La récolte se fait depuis le mois d'octobre jusqu'au mois de février. On cueille les fleurs à la main, et on les fait tomber en partie avec de longs roseaux. On les reçoit tantôt sur de grandes toiles étendues sous les arbres; tantôt on les laisse tomber sur la terre, dont on a soin de couper d'abord toute l'herbe. Nouvellement cueillis, les clous de Girofle sont roux, mais ils deviennent noirâtres en séchant, surtout à cause de la fumée à laquelle on les expose pendant quelques jours sur des claies.

On ignore l'époque précise où les clous de girofle commencèrent à être connus en Europe. On lit dans l'*Histoire des Plantes* de J. Bauhin que les habitants des Moluques ne faisaient aucun cas de leurs Girofliers jusqu'au moment où les vaisseaux chinois, étant venus les visiter, transportèrent une grande quantité de girofles dans leur pays, d'où ces épices se répandirent dans l'Inde, en Perse, en Arabie. Les îles Moluques furent découvertes en 1511 par les Portugais, qui s'emparèrent du commerce des épices, après s'être établis sur les côtes; mais ils ne tardèrent pas à être dépouillés de ce monopole par les Hollandais, qui les chassèrent des Moluques avec le secours des habitants.

Le Giroflier croissait autrefois en grande abondance dans toutes les îles Moluques; mais, par la suite, les Hollandais ne le laissèrent croître que dans les îles d'Amboine et de Ternate; ils firent arracher, dans les autres îles, tous les pieds de Giroflier qui s'y trouvaient, afin de s'en assurer la possession exclusive. Pour dédommager le roi de

Ternate de la perte du produit de ses Girofliers, ils lui payaient tous les ans, en tribut ou en présents, environ trente-deux mille florins. La culture du Giroflier est aujourd'hui répandue dans toutes les contrées favorables à ce précieux aromate, notamment à l'île de France, à Cayenne, à Saint-Domingue, à la Martinique.

POIRET.

La plus importante espèce des Myrtacées est le Giroflier, arbre originaire des îles Moluques, cultivé aujourd'hui dans nos colonies françaises. L'épice qu'il fournit était connue des Grecs et des Romains, qui la recevaient des Arabes, eux-mêmes en rapport avec les Chinois naviguant dans l'archipel des Moluques. Quand les Portugais et les Espagnols se furent partagé le Nouveau Monde, le girofle fut apporté dans l'ouest de l'Europe par les Portugais.

Vers le milieu du dix-septième siècle, les Hollandais achetèrent du roi de Ternate le monopole du Giroflier; ces avides commerçants, après avoir conquis par la violence et l'astuce la domination de l'archipel des Moluques, détruisirent les Girofliers dans la plupart de ces îles et en restreignirent la culture à un petit nombre de localités dont ils écartaient les navires des autres nations avec une vigilance jalouse.

Mais cette vigilance fut déjouée par l'activité de Poivre, intendant des îles de France et de Bourbon, qui chargea, en 1769, un officier de marine, nommé Etcheverry, d'aller à la recherche des Girofliers et des muscadiers, pour en introduire la culture dans les colonies françaises. Etcheverry s'acquitta de sa mission avec autant d'intelligence que de zèle; il commença par se procurer des indications précises, que lui fournit à prix d'or un transfuge hollandais; puis il se rendit à l'île de Guerby, dont le roi lui fit donner des muscades et des Girofliers. A son retour, il fut rencontré par cinq vaisseaux hollandais, satisfit avec adresse à leurs questions soupçonneuses, et arriva, après un voyage de trois mois, à l'île de France avec vingt mille muscades et trois cents Girofliers. Les semis et les plantations réussirent à merveille, et, vingt ans après, le jardin national de Cayenne possédait une pépinière de quatre-vingt mille Girofliers, qui alimenta largement toutes nos colonies équatoriales. Voilà comment tomba, grâce à Poivre, le monopole que les Hollandais avaient si longtemps possédé.

EMM. LE MAOUT.

LIV

La Vigne.

L'Europe est redevable de la Vigne à l'Asie, comme elle lui doit aussi le Froment et plusieurs de ses plantes potagères, de ses arbres fruitiers. Les Phéniciens, qui voyagèrent de bonne heure sur les côtes de la Méditerranée, introduisirent la culture de la Vigne dans les îles de l'Archipel, dans la Grèce, la Sicile, l'Italie, l'Espagne et la Gaule. Dans cette dernière contrée, ce fut sans doute le territoire de Marseille, fondée par les Phocéens 600 ans avant notre ère, qui posséda les premiers plants de Vigne; c'est de là qu'après avoir été suffisamment multipliés, ils furent répandus dans une grande partie des provinces de la Gaule.

A l'époque de Jules César, les habitants de la république marseillaise et ceux de la Gaule Narbonnaise possédaient déjà une grande quantité de vignobles productifs. Plus tard, la culture de la Vigne avait encore fait de plus grands progrès, et Rome recherchait les vins de la Gaule. Mais cet état de prospérité de la Vigne dans notre patrie fut de courte durée : l'an 92 de notre ère, l'empereur Domitien ordonna, à la suite d'une récolte en blés chétive et misérable, d'arracher toutes les Vignes dans les Gaules pour y substituer des céréales.

Cette proscription de la Vigne dura près de deux siècles; ce ne fut qu'en 281 que le sage et vaillant empereur Probus, après avoir donné la paix à l'empire par ses nombreuses victoires, rendit aux Gaulois la liberté de replanter la Vigne. Le souvenir de sa culture et des avantages qu'elle avait produits ne s'était pas encore effacé de leur mémoire; la tradition avait même conservé parmi eux les détails les plus essentiels de l'art du vigneron. Probablement même, quelques pieds de Vigne avaient échappé au désastre général et avaient continué à croître, à demi sauvages, dans les lieux écartés ou dans les forêts. Quoi qu'il en soit, les plants apportés de nouveau de l'Italie, de la Sicile, de la Grèce, des côtes d'Afrique, devinrent le point de départ des innombrables cépages qui couvrent encore aujourd'hui les divers vignobles de la France.

Ce fut, sans doute, un spectacle ravissant de voir la foule des hommes, des femmes et des enfants s'empresser, se livrer à l'envi à cette grande et belle restauration. Tous, en effet, pouvaient y prendre part; car la culture de la Vigne a cela de particulier et d'intéressant, qu'elle offre, dans ses détails, des occupations proportionnelles à la force des deux sexes et de tout âge. Tandis que les uns brisaient les rochers, ouvraient la terre, en extirpaient d'antiques et inutiles souches, et creusaient des fosses, les autres apportaient, dressaient et assujettissaient les plants. Les vieillards désignaient, d'après les renseignements qu'ils avaient reçus dans leur jeunesse, les coteaux les plus propres à la vigne; ils les consacraient religieusement au Dieu du vin et élevaient sur leur cime des temples agrestes.

LOISELEUR.

LV

Le Poivrier.

Le Poivrier est un arbrisseau à tiges souples et sarmenteuses, grimpant sur les arbres voisins. Les feuilles sont alternes, ovales, épaisses, un peu allongées, à cinq nervures. Les fleurs sont disposées en chatons ou grappes simples; les fruits sont petits, globuleux, d'abord verdâtres, puis rouges, enfin noirâtres. Cette plante croît naturellement dans les contrées les plus chaudes de l'Inde, où elle est cultivée avec beaucoup de soins à raison de l'usage et du grand commerce que l'on fait de ces fruits connus sous le nom de *Poivre*. Le plus estimé est celui qui vient de Malaca, de Java et surtout de Sumatra.

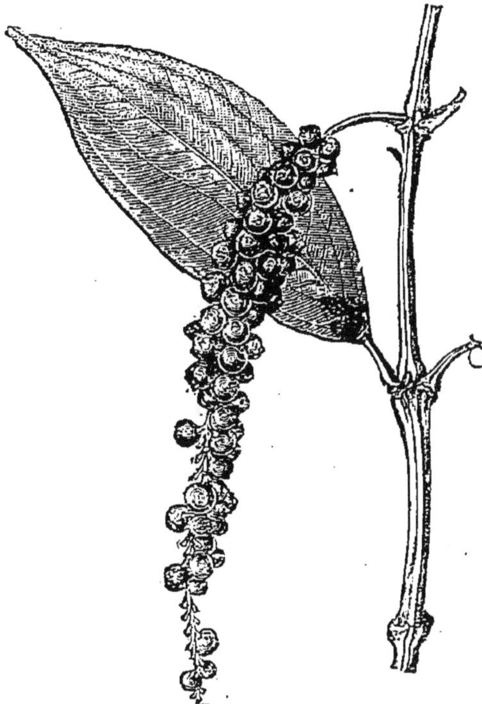

Fig. 59. — Le Poivrier.

Le poivre a toujours été l'objet d'un commerce très étendu. Son exportation des Indes, autrefois tout entière entre les mains des Portugais, est aujourd'hui partagée entre les nations commerçantes de l'Europe. On doit à un homme de bien, M. Poivre, l'introduction et la culture de cette épice d'abord à l'île de France, puis à Cayenne et dans les autres colonies de l'Amérique. Cette culture y est aujourd'hui dans un grand état de prospérité. On reconnaît que le poivre est bon à récolter, lorsque quelques grains de chaque grappe sont devenus rouges. A mesure qu'on arrache les grappes qui tiennent peu à la tige, on les met dans un petit panier porté derrière le dos, ensuite on les étend sur des nattes, ou sur un terrain battu, pour les faire sécher. Alors le poivre devient noir et ridé, tel qu'il nous arrive en Europe.

Il n'est point d'aromates plus généralement répandus que le poivre. Dans tous les siècles, sous tous les climats, les hommes l'ont toujours recherché. L'antiquité l'employait comme condiment; de nos jours, il s'en fait une consommation prodigieuse pour l'assaisonnement des mets dans les cinq parties du monde; mais les peuples qui paraissent en faire le plus grand usage sont les Asiatiques et les Indiens, dont l'estomac est affaibli par la chaleur du climat, par l'humidité et par l'usage, peut-être trop exclusif, d'une nourriture végétale.

Les fruits du Poivrier conservent le nom de *Poivre noir* tant qu'ils ne sont pas dépouillés de leur écorce. On la leur enlève en les faisant macérer dans l'eau. L'écorce se gonfle et crève; alors on les expose au soleil, et, lorsqu'ils sont secs, il suffit de les frotter entre les mains, puis de les vanner, pour faire disparaître l'écorce. Ainsi dépouillés, les fruits prennent le nom de *Poivre blanc*. Préparé de la sorte, le poivre a été longtemps regardé comme une espèce particulière à laquelle on donnait la préférence; mais il a été reconnu depuis que cette opération le rendait bien moins piquant, moins actif et lui faisait perdre une partie de sa valeur. La préférence est revenue au poivre noir.

POIRET.

LVI

Le Dattier.

Le Dattier est l'arbre nourricier du désert; c'est là seulement qu'il mûrit ses fruits : sans lui, le Sahara serait inhabitable et inhabité. La poésie arabe en a fait un être animé créé par Dieu le sixième jour, en même temps que l'homme. Pour exprimer à quelles conditions il prospère, l'imagination des Sahariens exagère le vrai, afin de le rendre plus palpable. « Ce roi des oasis, disent-ils, doit plonger ses pieds dans l'eau et sa tête dans le feu du ciel. » La science consacre cette affirmation, car il faut une somme de chaleur de 5100 degrés accumulés pendant huit mois pour que le Dattier mûrisse parfaitement ses fruits. La somme de chaleur est-elle moindre, les fruits nouent, mais ils grossissent à peine, restent âpres au goût et privés de la fécule et du sucre qui constituent leurs propriétés nutritives.

Les pluies sont rares dans le Sahara; elles tombent en hiver et provoquent le réveil de la végétation desséchée par les chaleurs de l'été; quelquefois elles sont torrentielles, mais de courte durée. A Tougourt et à Ouargla, des années se passent sans qu'il tombe une goutte d'eau. Comprend-on maintenant la reconnaissance des Arabes pour l'arbre aux fruits sucrés qui prospère dans le sable, arrosé par des eaux saumâtres mortelles à la plupart des végétaux, restant vert quand tout autour de lui se torréfie sous les rayons d'un soleil implacable, résistant aux vents qui courbent jusqu'à terre sa cime flexible, mais ne sauraient ni rompre son stipe, composé de fibres entrelacées, ni déraciner sa souche, retenue par des milliers de racines adventives qui, descendant du tronc jusqu'à terre, le lient invariablement au sol? Aussi peut-on dire sans métaphore : Un seul arbre a peuplé le désert; une civilisation, rudimentaire comparée à la nôtre, très avancée par rapport à l'état de nature, repose sur lui; ses fruits, recherchés dans le monde entier, suffisent aux échanges et créent non seulement l'aisance, mais la richesse. Dans les trois cent soixante oasis qui appartiennent à la France, chaque Dattier acquitte un droit qui varie de 20 à 40 centimes suivant les oasis; et ces cultures prospèrent, le produit moyen de chaque arbre étant de 3 francs environ.

Le nombre des Dattiers fait la richesse d'une oasis; mais tous ne donnent pas des fruits; en effet, cet arbre est dioïque. Il y a des pieds mâles et des pieds femelles.

Les pieds mâles ont des fleurs munies d'étamines seulement et formant une grappe renfermée, avant la maturation du pollen, dans une enveloppe appelée spathe. Les pieds femelles, au contraire, portent des régimes de fruits enveloppés également dans une spathe, mais qui ne sauraient se développer si le pollen ou poussière des étamines ne les a pas fécondés. Pour assurer cette fécondation sans planter un trop grand nombre de mâles improductifs, les

Arabes montent, à l'époque de la floraison, vers le mois d'avril, sur tous les individus femelles, et insinuent dans la spathe un brin chargé de fleurs mâles, dont les étamines fécondent sûrement les jeunes ovaires; alors les fruits grossissent, deviennent charnus, et forment des grappes appelées régimes, dont le poids atteint quelquefois de 10 à 20 kilogrammes.

Pour multiplier les Dattiers, on ne sème pas les noyaux des fruits, quoiqu'ils germent avec une extrême facilité, car on ne saurait ainsi deviner d'avance quel sera le sexe de l'arbre; on préfère donc détacher du tronc des Palmiers femelles un rejeton que l'on plante, et qui devient un arbre productif à partir de l'âge de huit ans.

Le Dattier fournit en outre un lait ou liquide sucré qui, par la fermentation, ne tarde pas à prendre une saveur vineuse. Pour l'obtenir, j'ai vu employer à Tougourt le procédé suivant. On enlève circulairement la couronne de feuilles, en ne ménageant que les inférieures. La section a la forme d'un cône : dans sa base, on enfonce un roseau creux qui se déverse à son tour dans un autre suspendu aux feuilles de l'arbre. Celui-ci ne meurt pas toujours après cette mutilation, le bourgeon terminal se reproduit, et le palmier se rétablit peu à peu. L'opération peut être renouvelée jusqu'à trois fois.

CH. MARTINS.

LVII

Le Mauritia.

Les steppes de l'Amérique méridionale n'auraient pu fixer aucune peuplade si l'on n'y rencontrait çà et là les *Mauritia*, palmiers à éventail. Seul cet arbre nourrit, à l'embouchure de l'Orénoque, la nation indomptée des Gauraunis. Quand ceux-ci étaient nombreux et agglomérés, ils élevaient leurs huttes sur des stipes de palmiers, supportant une charpente horizontale en guise de plancher; ils tendaient d'un tronc à l'autre des hamacs tissés avec les pétioles des feuilles de *Mauritia*, et vivaient ainsi sur les arbres, pendant la saison des pluies, quand le delta était inondé. Ces huttes suspendues étaient en partie couvertes avec de la terre glaise. Les femmes allumaient, sur le support humide, le feu nécessaire aux besoins du ménage. Le voyageur naviguant la nuit sur le fleuve voyait de longues files de flammes suspendues dans l'air.

Encore aujourd'hui, les Gauraunis doivent leur indépendance au sol mouvant, délayé, qu'ils foulent d'un pied léger, ainsi qu'à leur séjour sur les arbres. Mais le Mauritia ne leur assure pas seulement un domicile, il leur fournit aussi des mets variés. Avant que la tendre spathe s'ouvre sur le palmier, la moelle de la tige recèle une fécule pareille au sagou; on la dessèche, comme la farine de la racine de Manioc, en disques minces, semblables à nos galettes. La sève fermentée de cet arbre, c'est le vin doux enivrant des Gauraunis. Les fruits, à écailles serrées comme les cônes de Pin, donnent une nourriture variée, suivant qu'on en fait usage après l'entier développement du principe sucré, ou plus tôt, quand ils sont riches en fécule. Ainsi, au degré le plus bas de la civilisation, nous voyons l'existence de toute une peuplade, comme l'insecte sur une fleur, enchaînée en quelque sorte à une seule espèce d'arbre.

HUMBOLDT.

LVIII

Les Fougères arborescentes.

Il fut un temps où ce coin de terre qui porte aujourd'hui le beau nom de France était éventré par trois bras de mer occupant à peu près les bassins actuels de la Garonne, de la Seine et du Rhône. Entre ces larges golfes, une terre s'étendait couverte de grands lacs et de volcans. Là, sous l'influence d'un climat tropical, florissait une puissante végétation dont l'analogue ne se retrouve plus, de nos jours, qu'au sein des contrées équatoriales. Aux lieux mêmes occupés maintenant par des forêts de Hêtres et de Chênes venaient des Palmiers, balançant à la cime d'une tige élancée le gracieux bouquet de leurs énormes feuilles. En nos temps, les forêts vierges du Brésil nous reportent à cette flore antique. Sous leur ombrage pâturaient des éléphants, rugissaient des chats plus grands que nos lions. Au bord des lacs, de monstrueux reptiles, crocodiles et tortues, pétrissaient de leurs larges pattes le limon attiédi. Où étaient alors les arbres de notre époque? où était l'homme lui-même? Ils étaient où se trouve ce qui, n'étant pas encore, doit être un jour : ils étaient dans la Pensée créatrice, d'où toute chose s'épanche en flot intarissable.

Une période vint où le climat refroidi fut incompatible, en Europe, avec l'existence des Palmiers et des animaux leurs contemporains. Alors tout disparut, et des trésors divins d'autres êtres émergèrent, en progrès de structure sur leurs prédécesseurs. Pour retrouver en nos contrées les restes de la vieille race des Palmiers, reléguée maintenant dans la zone tropicale, au pays du soleil, la science fouille la terre; elle interroge les profondeurs du sol, où gisent, convertis en charbon ou en pierre, ces arbres d'un autre âge.

Or, dans ses fouilles, bien au-dessous des assises terrestres où les Palmiers sont couchés, elle exhume une autre race, plus vieille encore, plus étrange, et mêlée à celle des Conifères. Ce sont les Fougères en arbre, qui, après avoir formé la végétation dominante du globe, jusque sous les pôles, habitent maintenant, en petit nombre, les îles des mers les plus chaudes. Les Fougères actuelles de l'Europe sont d'humbles plantes d'un mètre au plus de hauteur, souvent de quelques pouces. Leur tige est réduite à une courte souche rampant sous terre; mais, dans les archipels des mers équatoriales, les Fougères deviennent des arbres d'un port comparable à celui des Palmiers. Leur tige s'élance d'un seul jet à quinze et vingt mètres d'élévation, et se couronne au sommet d'une grande touffe de feuilles élégamment découpées. Au centre de la touffe, les feuilles

les plus jeunes sont enroulées en crosse, c'est là un trait caractéristique de toutes les Fougères.

Longtemps avant les Palmiers, les Fougères en arbre peuplèrent les langues de terre qui, devenues plus étendues par le retrait de l'Océan, devaient être un jour la France. Elles formaient la majeure partie de sombres forêts que n'a jamais égayées le gazouillement des oiseaux, où n'a jamais résonné le pas d'un quadrupède. La terre ferme encore n'avait pas d'habitants. Seule, la mer nourrissait dans ses flots une population de monstres, moitié poissons, moitié reptiles, dont les flancs, en guise d'écailles, étaient vêtus de pavés d'émail. L'atmosphère était irrespirable sans doute, car elle contenait en dissolution, à l'état de gaz carbonique, l'énorme masse de charbon devenue depuis la houille. Mais les Fougères arborescentes, ainsi que d'autres végétaux leurs contemporains, travaillaient à son assainissement pour rendre la terre ferme habitable. Elles soutiraient à l'air son charbon dissous, l'emmagasinaient dans leurs feuilles et leurs tiges; puis, tombant de vétusté, faisaient place à d'autres et à d'autres encore, qui poursuivaient sans relâche, dans leurs forêts silencieuses, la grande œuvre de la salubrité atmosphérique. L'épuration de l'air fut enfin accomplie, et les Fougères en arbre périrent. Leurs débris, enfouis sous terre, à la suite des révolutions du globe, sont devenus des lits de houille, où des feuilles et des tiges, admirablement conservées de forme, se retrouvent encore aujourd'hui.

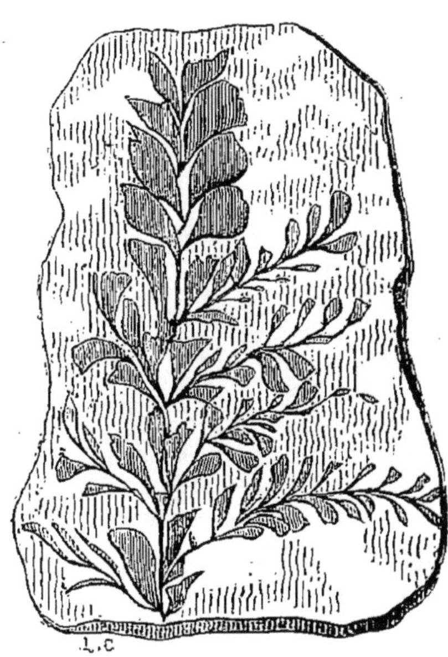

Fig. 60. — Fougère de la houille.

Les Fougères ont donc rempli un rôle de la plus haute importance : leurs générations sans nombre ont fait une atmosphère respirable et mis en dépôt, dans les entrailles du sol, les assises du charbon de terre, richesse des nations.

J.-H. Fabre.

Les Fougères sont répandues dans les climats les plus différents, depuis les régions polaires, où elles sont très peu nombreuses, jusque sous les tropiques, où elles deviennent très abondantes et très variées. Toutes les Fougères en arbre sont propres aux pays situés entre les tropiques, ou s'étendent peu au delà dans quelques îles situées loin de l'équateur. La famille tout entière des Fougères comprend au moins 3000 espèces décrites, dont environ 150 à 200 appartiennent aux zones tempérées et 2600 aux régions intertropicales.

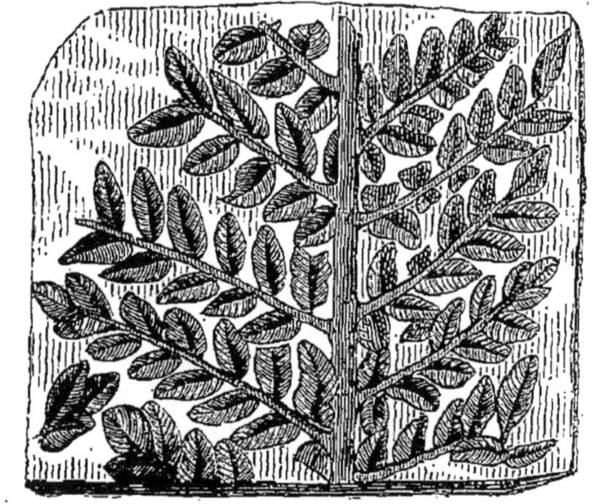

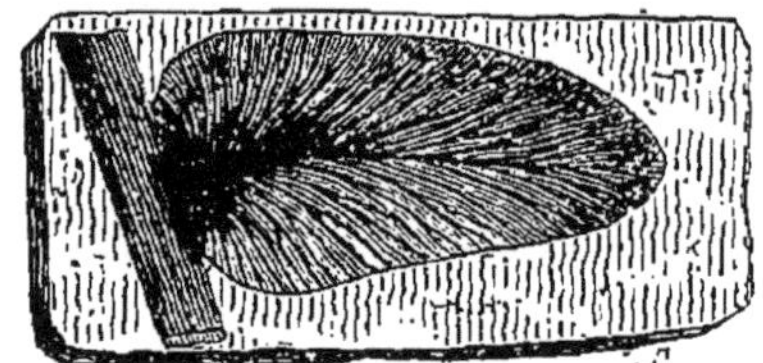

Fig. 60 *bis.* — Fougères de la houille.

Une réunion particulière de conditions climatériques étant presque toujours nécessaire à l'existence de ces plantes, les régions sèches n'en produisent que très peu d'espèces ; au contraire, les lieux humides, frais et ombragés leur conviennent mieux, et le nombre des espèces est d'autant plus considérable que ces conditions sont plus généralement répandues dans un pays. Aussi les climats insulaires leur sont-ils très favorables, et la prédominance des Fougères dans les îles est-elle signalée depuis longtemps. On sait, en effet, que plus les îles sont petites et éloignées des continents, plus leur climat prend le caractère maritime par l'humidité habituelle de l'air et l'uniformité de la température, et plus les Fougères deviennent nombreuses proportionnellement aux autres plantes.

La famille des Fougères est, avec celle des Conifères, celle qui présente le plus grand nombre de représentants à l'état fossile dans la série entière des formations géologiques. Elle est prédominante dans les couches de la formation houillère. On connaît maintenant plus de 200 espèces dans les divers bassins houillers.

BRONGNIART.

LIX

Le Pollen.

Les étamines d'un grand nombre de plantes offrent des mouvements marqués et comme spontanés à l'époque de l'émission du pollen. Ainsi, pour faire un choix entre une foule d'exemples, celles de plusieurs Liliacées, des Saxifrages, des Parnassies, s'approchent du pistil. Dans les Géraniums, les étamines se courbent pour poser l'anthère sur le stigmate. Dans les Œillets, les Rues, elles s'en approchent toutes à la fois. Celles de diverses plantes peuvent être excitées par des causes mécaniques ; ainsi on peut avec la pointe d'une aiguille déterminer un mouvement subit en irritant la base interne des étamines de l'Epine-vinette. Le moindre choc fait replier les nombreuses étamines de l'Opuntia Figue d'Inde en une voûte recouvrant le pistil. Ces divers mouvements des étamines ont tous pour résultat l'arrivée du pollen sur le stigmate.

Mais, dans la plupart des plantes, la position relative des étamines et du pistil suffit pour atteindre ce résultat. Si la fleur est dressée, les étamines portent les anthères plus haut que le stigmate, de sorte que par sa chute naturelle le pollen arrive sur ce dernier. Dans plusieurs fleurs, au contraire, les stigmates dépassent la longueur des étamines. Dans ce cas, la fleur est penchée et renversée, et par conséquent le pollen peut tomber sur les stigmates. C'est ce qu'on observe dans les Fuchsias et dans diverses Campanules, qui ont les fleurs constamment inclinées. Si les anthères et les stigmates sont à la même hauteur, l'agitation déterminée par le vent ou par les insectes opère le transport du pollen.

L'action du pollen ne peut avoir lieu sous l'eau, qui l'entraîne ou le dissout et le rend inactif. Les plantes aquatiques viennent donc épanouir leurs fleurs à l'air. Certaines plantes sont munies de vessies natatoires pour s'élever du fond de l'eau à la surface à l'époque de la floraison. Ainsi la Châtaigne d'eau germe au fond des étangs et se maintient sous l'eau tant qu'elle ne fleurit pas. Dès que le moment de la floraison approche, le pétiole des fleurs se renfle en une espèce de vessie pleine d'air. Ces pétioles vésiculaires, disposés en rosette, soulèvent la plante à la surface ; la floraison s'effectue à l'air, et, dès qu'elle est terminée, les vessies se remplissent d'eau et la plante redescend dans le fond pour y mûrir ses graines.

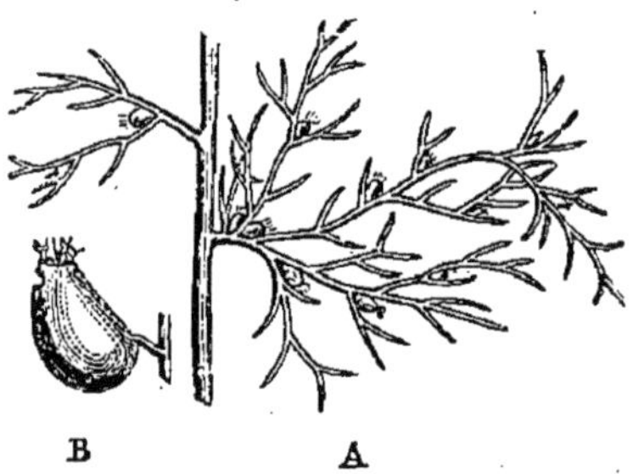

Fig. 61. — Utriculaire.

Les Utriculaires offrent un mécanisme encore plus compliqué. Leurs feuilles submergées sont extraordinairement ramifiées et garnies d'une foule de petits sacs globuleux et munis d'une espèce d'opercule mobile. Dans la jeunesse de la plante, ces petits sachets sont pleins d'une mucosité plus pesante que l'eau, et la plante, retenue par ce lest, reste au fond. Quand l'époque de la floraison approche, la plante transpire de l'air qui s'amasse dans ses sachets ou utricules et chasse la mucosité en soulevant leurs couvercles. La plante, munie alors d'une foule de vessies aériennes, se soulève lentement et vient flotter à la surface, où elle épanouit ses fleurs. La floraison achevée, l'Utriculaire recommence à sécréter de la mucosité qui remplace l'air des utricules et, devenue plus lourde, redescend au fond de l'eau, où elle mûrit ses graines au lieu même où elles doivent être semées.

Un fait plus remarquable encore nous est fourni par la Vallisnérie, la célèbre plante qui fait depuis longtemps l'admiration des naturalistes, et que les poètes même n'ont pas dédaigné de chanter. Qu'auraient-ils pu, en effet, imaginer de plus merveilleux que la simple réalité?

La Vallisnérie est une plante dioïque qui vit dans le midi de la France, retenue au fond des eaux par de nombreuses racines. Dans les individus à pistils, la fleur est soutenue dans une longue tige, mince, flexible, qui dans sa jeunesse est roulée en tire-bouchon, puis s'allonge en se déroulant jusqu'à ce que la fleur arrive à la surface de l'eau où elle s'épanouit. Les plantes à étamines, au contraire, ont leurs fleurs portées sur des tiges très courtes, non susceptibles d'extension. Ces fleurs, encore à l'état de bouton, se détachent spontanément et remontent à la surface par suite de leur configuration un peu vésiculeuse. Là, elles flottent autour de la fleur à pistil, s'épanouissent, émettant leur pollen que le vent et les insectes portent sur les stigmates, puis se fanent et meurent. Après l'action du pollen sur ses stigmates, la fleur à pistils resserre la spirale de sa tige et redescend au fond de l'eau.

De Candolle.

En général, les espèces soit monoïques, soit dioïques, ont des fleurs à étamines fort nombreuses et un pollen extrêmement abondant. Le sol est souvent couvert de la poussière pollinique des Conifères et même des Peupliers, des Aunes, des Noisetiers, des Saules. C'est à la fin de l'hiver, lorsque le vent souffle avec le plus de violence, que fleurissent la plupart de nos arbres dioïques; l'air agité enlève le pollen, le transporte çà et là, et il en tombe assez de grains sur les fleurs à pistil pour que les semences puissent devenir fécondes. Le pollen qui s'échappe des Cyprès est si abondant, qu'on l'a pris quelquefois pour des tourbillons de fumée ; et le pollen des Sapins, mêlé à l'eau du ciel, a fait croire qu'il tombait des pluies de soufre.

AUGUSTE DE SAINT-HILAIRE.

Le concours artificiel du pollen est mis en pratique, depuis un temps immémorial, en Egypte et dans les autres parties de l'Afrique. A l'époque de la floraison, on monte au sommet des dattiers à pistils et on secoue au-dessus de leurs fleurs ou l'on fixe à leur proximité des grappes de fleurs à étamines. Pendant la campagne des Français en Egypte, cette pratique n'ayant pu être mise en usage à cause des hostilités continuelles entre les deux partis, la récolte de dattes manqua entièrement.

DELILLE.

L'expérience a prouvé que l'action du pollen, dans les plantes dioïques, peut avoir lieu à des distances souvent considérables. Nous possédons un grand nombre d'exemples avérés propres à démontrer ce fait. On cultivait depuis longtemps au Jardin des Plantes de Paris deux pieds de Pistachiers à pistils qui, chaque année, se chargeaient de fleurs, mais ne produisaient jamais de fruits. Quel fut l'étonnement du célèbre Bernard de Jussieu, quand, une année, il vit ces deux arbres nouer et mûrir parfaitement leurs fruits ! Dès lors il conjectura qu'il devait exister dans Paris, ou aux environs, quelque pied de Pistachier portant des fleurs à étamines. Il fit des recherches à cet égard et apprit qu'à la même époque, à la pépinière des Chartreux, près du Luxembourg, un pied de Pistachier à étamines avait fleuri pour la première fois. Le pollen, porté par le vent ou les insectes, était venu, par-dessus les édifices d'une partie de Paris, jusqu'aux deux Pistachiers du Jardin des Plantes.

A. RICHARD.

LX

Le Nectar et les Insectes.

Il n'est personne qui ne sache qu'on trouve au fond de la corolle du Chèvrefeuille, de la Primevère, du Trèfle et d'une foule d'autres plantes, une liqueur sucrée et d'un goût agréable. C'est là le nectar. Suivant les familles, les genres et les espèces, cette liqueur est transsudée tantôt par le calice, comme dans la Capucine ; tantôt par les pétales, comme dans les Renoncules; tantòt par les étamines ou par l'ovaire, comme dans les Jacinthes. C'est au nectar que nous devons le miel des abeilles ; enfin ce liquide joue un rôle important, quoique secondaire, dans la fécondation des fleurs.

Il est une foule de plantes qui, pour produire des graines fertiles, ont besoin d'une assistance étrangère. En même temps que les premières chaleurs raniment la végétation, des myriades d'insectes éclosent ou sortent de l'engourdissement dans lequel l'hiver les avait plongés. Les plantes leur assurent une nourriture abondante, et eux, à leur tour, contribuent à la fertilité des plantes. La couleur des corolles et peut-être leurs parfums avertissent ces animaux de la présence du nectar; certaines taches leur indiquent plus spécialement la place où ils doivent le trouver. Les insectes pénètrent donc jusqu'au fond de la fleur, et, en puisant la liqueur sucrée, ils aident le pollen à sortir des anthères et à se répandre sur le stigmate. Il n'est personne qui n'ait vu avec quelle vivacité l'abeille domestique et d'autres espèces du même ordre s'agitent au milieu des étamines et des pistils, et couvrent leur corps velu de pollen, qu'elles transportent sur d'autres fleurs.

Un patient observateur, Conrad Sprengel, se rendait seul à la campagne, et, couché au pied d'une plante, il épiait, des heures entières, l'instant où un insecte se posait sur la fleur pour y puiser le nectar et répandre en même temps des grains de pollen sur le stigmate. On lui doit une foule de faits curieux, contribuant à prouver que tout, dans la nature, est enchaînement et harmonie. Ainsi il y a observé que, chez beaucoup de plantes, les étamines et les pistils, quoique placés sous les mêmes enveloppes florales, n'étaient point susceptibles de participer simultanément à la fécondation. L'insecte, en voltigeant d'une corolle à l'autre et dans une même grappe de fleurs, féconde alors les pistils des fleurs supérieures avec le pollen des inférieures, ou les fleurs inférieures avec le pollen de celles qui sont au-dessus.

La Nigelle des champs a des étamines plus courtes que les pistils ; la fleur ne se penche jamais ; l'anthère, au lieu d'être tournée vers les stigmates, regarde les pétales. Ici donc semblent se réunir tous les obstacles qui peuvent empêcher la fécondation. Mais, dit Conrad Sprengel, l'abeille, friande du nectar qui suinte à la base des pétales, se glisse entre eux et les étamines, et, comme celles-ci s'inclinent vers la corolle, l'insecte reçoit nécessairement le pollen sur la toison de son dos. Ensuite l'abeille va se poser sur une autre fleur de Nigelle, et là, frottant de son dos les styles qui sont tordus et recourbés en dehors, elle laisse sur les stigmates la poussière fécondante qu'elle avait prise à la première fleur.

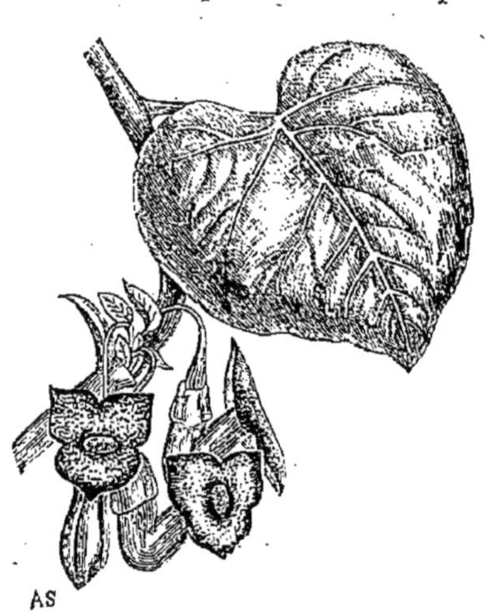

Fig. 62. — Aristoloche siphon.

L'Aristoloche siphon a la fleur en forme de fourneau de pipe, lavé de jaune et de rouge noir. Les étamines sont placées de manière à ne pouvoir que très difficilement féconder le pistil. Or une mouche à formes sveltes, une Tipule pénètre dans le tube de la fleur, tube garni de poils dirigés de haut en bas. Lorsqu'il veut sortir de la fleur, l'insecte est arrêté par les poils qui lui présentent leur pointe; il s'agite, se débat pour recouvrer la liberté, et disperse le pollen qui tombe sur les stigmates. Mais bientôt le tube floral se flétrit, les poils, devenus flasques, pendent le long de ses parois, et le prisonnier redevient libre.

D'après l'un des observateurs les plus exacts et les plus profonds de notre époque, Robert Brown, la fécondation des Orchis, dont le pollen est agglutiné en deux petites masses cohérentes, serait impossible sans le secours des insectes. Les fleurs d'un arbre exotique, l'*Eupomatie laurine*, sont organisées de telle sorte que, sans le concours des insectes, l'arrivée du pollen sur le stigmate ne pourrait jamais avoir lieu. Dans ces fleurs, les rangées intérieures d'étamines sont stériles et transformées en pétales étroitement serrés l'un contre l'autre et couvrant le stigmate d'une enveloppe impénétrable. Ainsi séparé des étamines extérieures seules fertiles, le pistil jamais ne recevrait de pollen si la fleur était abandonnée à ses propres moyens. Mais des insectes surviennent qui mangent les pétales intérieurs, détruisent la voûte recouvrant le stigmate sans toucher ni à celui-ci ni aux étamines fertiles, et désormais la fécondation s'opère sans obstacles.

Pendant les six mois de sécheresse, les insectes sont rares dans l'intérieur du Brésil, et cependant quelques fleurs s'épanouissent encore. Les Oiseaux-Mouches, les Colibris volent de l'une à l'autre; agitant leurs ailes avec une inconcevable rapidité, ils se soutiennent au-dessus des corolles, ils y enfoncent leur bec effilé pour puiser le nectar, et contribuent ainsi à la dispersion des grains de pollen.

AUGUSTE DE SAINT-HILAIRE.

Les insectes sont les auxiliaires de la fleur. Mouches, guêpes, abeilles, bourdons, scarabées, papillons, tous, à qui mieux mieux, lui viennent en aide pour transporter le pollen des étamines sur les stigmates. Ils plongent dans la fleur, affriandés par une goutte mielleuse expressément préparée au fond de la corolle. Dans leurs efforts pour l'atteindre, ils secouent les étamines et se barbouillent de pollen, qu'ils transportent d'une fleur à l'autre. Qui n'a vu les bourdons sortir enfarinés du sein des fleurs? Leur ventre velu poudré de pollen n'a qu'à toucher en passant un stigmate pour lui communiquer la vie. Quand au printemps, sur un poirier en fleur, tout un essaim de mouches, d'abeilles et de papillons s'empresse, bourdonnant et voletant, c'est triple fête, mes amis : fête pour l'insecte, qui butine au fond des fleurs; fête pour l'arbre, dont les ovaires sont vivifiés par tout ce petit peuple en liesse; fête pour l'homme, à qui récolte abondante est promise.

Fig. 63. — Fleur de la Gueule-de-Loup (Muflier.)

L'insecte est le distributeur par excellence du pollen. Toutes les fleurs qu'il visite reçoivent leur part de poussière vivifiante. Or pour attirer l'insecte, qui lui est nécessaire, toute fleur sue au fond de sa corolle une goutte de liqueur sucrée, appelée nectar. Avec cette liqueur, les abeilles font leur miel. Pour la puiser dans les corolles façonnées en profond entonnoir, les papillons ont une longue trompe roulée en spirale pendant le repos, mais qu'ils déroulent et qu'ils plongent dans la fleur, à la manière d'une sonde, quand il faut atteindre le délicieux breuvage.

Cette goutte de nectar, l'insecte ne la voit pas; cependant il sait qu'elle existe, et sans hésitation il la trouve. Dans quelques fleurs cependant, une grave difficulté se présente; ces fleurs sont étroitement fermées de partout. Comment arriver au trésor, comment trouver la porte qui mène au nectar? Eh bien, ces fleurs fermées ont comme un écriteau, une enseigne qui dit clairement : C'est par ici que l'on entre. Considérez la fleur de la Gueule-de-Loup. Elle est exactement close; ses deux lèvres rapprochées ne laissent aucun passage libre. Sa couleur est d'un rouge violet uniforme; mais tout au beau milieu de la lèvre inférieure se trouve une large tache d'un jaune très vif. Cette tache, si propre à frapper la vue, est l'enseigne, l'écriteau dont je parle. Par son éclat, elle dit : C'est ici qu'est la serrure.

Appuyez, vous-même, le doigt sur la tache. Immédiatement la fleur bâille, la serrure à secret joue. Et vous vous figurez que le bourdon n'est pas au courant de ces choses? Surveillez-le dans le jardin, vous verrez comme il sait déchiffrer les enseignes des fleurs. Quand il visite une Gueule-de-Loup, c'est toujours sur la tache jaune et jamais ailleurs qu'il s'abat. La porte s'ouvre, il entre. Il se roule dans la corolle, il s'enfarine de pollen, il en barbouille le stigmate. La goutte bue, il part et va sur d'autres fleurs forcer la serrure dont il connaît à fond les secrets.

Toutes les fleurs closes ont, comme la Gueule-de-Loup, un point voyant, une tache de teinte vive, une enseigne qui montre à l'insecte l'entrée de la corolle et lui dit : C'est ici. Enfin les insectes, dont le métier est de visiter les fleurs pour faire tomber le pollen des étamines sur le stigmate, connaissent à merveille la signification de cette tache. C'est sur elle qu'ils forcent pour faire ouvrir la fleur.

Récapitulons. Les insectes sont nécessaires aux fleurs pour amener le pollen sur les stigmates. Une goutte de nectar, expressément distillée dans ce but, les attire au fond de la corolle; un point voyant leur enseigne la route à suivre. Ou je suis un triple sot, ou il y a là un admirable enchaînement de faits. Vous trouverez plus tard, mes enfants, vous ne trouverez que trop, des gens disant : Ce monde est le produit du hasard, aucune intelligence ne le règle, aucune providence ne le conduit. A ces gens-là, mes amis, montrez la tache jaune de la Gueule-de-Loup. Si, moins clairvoyants que le grossier bourdon, ils ne la comprennent pas, plaignez-les : ce sont des cerveaux malades.

J.-H. Fabre.

LXI

Miel vénéneux récolté sur certaines plantes.

Le miel possède les propriétés générales des plantes sur lesquelles il a été récolté ; il exerce une action délétère lorsqu'il a été extrait des végétaux vénéneux. Aristote, Pline et Dioscoride ont assuré qu'en un certain temps de l'année le miel des contrées voisines du Caucase rendait insensés ceux qui en mangeaient. Xénophon et Diodore de Sicile racontent qu'aux approches de Trébizonde les soldats de l'armée des Dix mille mangèrent du miel qu'ils trouvèrent dans la campagne; qu'ensuite ils éprouvèrent un délire de plusieurs jours, et que les uns ressemblaient à des gens ivres, les autres à des furieux ou à des moribonds.

Les modernes ont confirmé ces récits, et ils ont reconnu que ce sont les fleurs de l'*Azalea pontica*, et peut-être aussi celles du *Rhododendrum ponticum*, qui communiquent des propriétés délétères au miel de ces régions. Tournefort assure qu'une tradition constante établie parmi les habitants de la mer Noire leur fait considérer comme dangereux le miel recueilli par les abeilles sur les fleurs de l'*Azalea pontica*. Un voyageur plus moderne, Guldenstaedt, le compagnon de Pallas, a vu lui-même le miel recueilli sur l'*Azalea;* il l'a trouvé d'un brun noir, d'un goût amer, et dans plusieurs endroits de ses ouvrages il dit que ce miel cause des étourdissements et rend insensé.

Le savant botaniste A. de Saint-Hilaire faillit être victime d'un empoisonnement par le miel dans les déserts de l'Uruguay. Un jour, accompagné de deux de ses gens, il aperçut un guêpier suspendu à un pied de terre à l'une des branches d'un petit arbrisseau. Le guêpier fut ouvert et l'on en retira le miel.

Après notre déjeuner, nous en goûtâmes tous les trois, continue A. de Saint-Hilaire ; je fus celui qui en mangea le plus, à peu près deux cuillerées. Je le trouvai d'une douceur parfaitement agréable. Bientôt après je ressentis une douleur d'estomac plus incommode que vive ; je me couchai sous la charrette de nos bagages et je m'endormis. Pendant mon sommeil, les personnes qui me sont le plus chères se présentèrent à mon imagination, et je m'éveillai profondément attendri. Je me levai, mais je me sentis d'une telle faiblesse, qu'il me fut impossible de faire plus de cinquante pas. Je retournai donc me mettre à l'ombre de la charrette ; je m'étendis sur le gazon, et je me sentis presque aussitôt le visage baigné de larmes que j'attribuai à un attendrissement causé par le songe que je venais d'avoir. Rougissant de ma faiblesse, je me mis à sourire ; mais, malgré moi, ce rire se prolongea et devint convulsif. Cependant j'eus encore la force de donner quelques ordres, et, dans l'intervalle, arriva mon chasseur, l'un des deux Brésiliens qui avaient partagé avec moi le miel dont je commençais à ressentir les funestes effets.

José Mariano, c'est ainsi qu'il s'appelait, s'approcha de moi et me dit d'un air gai, mais pourtant un peu égaré, que depuis une demi-heure il errait dans la campagne sans savoir où il allait. Il s'assit sous la charrette, et j'appuyai ma tête sur son épaule.

Alors commença pour moi l'agonie la plus cruelle. Un épais nuage obscurcit mes yeux ; je ne distinguais plus que les traits de mes gens et le bleu du ciel traversé par quelques vapeurs légères. Je ne ressentais pas de grandes douleurs, mais j'étais tombé dans le dernier affaiblissement. Le vinaigre concentré que mes gens me faisaient respirer, et dont ils me frottaient le visage et les tempes, me ranimait à peine, et j'éprouvais toutes les angoisses de la mort. Cependant j'ai parfaitement conservé la mémoire de tout ce que j'ai dit et entendu dans ces moments douloureux, et le récit que m'en a fait un jeune Français qui m'accompagnait alors s'est trouvé parfaitement d'accord avec mes souvenirs. Un combat assez violent se passa dans mon âme, mais il ne dura que quelques instants ; je triomphai de mes faiblesses et je me résignai à mourir. Ce qui m'affectait le plus, c'était le sort de mon Indien Botocude que j'avais tiré de ses forêts et que je croyais devoir être, après ma mort, condamné à l'esclavage. Je conjurai ceux qui m'entouraient d'avoir pitié de son inexpérience et de répéter à mes amis, lorsqu'ils les reverraient, que mes derniers vœux avaient été pour cet infortuné jeune homme. J'éprouvais un désir ardent de parler dans ma langue au Français qui me prodiguait ses soins, mais il m'était impossible de retrouver dans mon souvenir un seul mot qui ne fût pas portugais. Je ne saurais rendre l'espèce de honte et de contrariété que me causait ce défaut de mémoire.

Lorsque je commençai à tomber dans cet état singulier, j'essayai de prendre de l'eau et du vinaigre ; mais, n'en ayant obtenu aucun soulagement, je demandai de l'eau tiède. Je m'aperçus que, toutes les fois que j'en buvais, le nuage qui me couvrait les yeux se dissipait pour quelques instants, et je me mis à boire de l'eau tiède à longs traits et presque sans interruption.

Sur ces entrefaites, le chasseur se leva atteint du même mal et se mit à pousser des cris affreux. Dans cet instant, je me trouvais un peu mieux, et aucun des mouvements de cet homme ne m'échappa. Il déchira ses vêtements avec fureur, les jeta loin de lui, prit un fusil et le fit partir. On lui arracha l'arme des mains, et alors il se mit à courir dans la campagne, appelant la Vierge à son secours, et criant avec force que tout était en feu autour de lui, qu'on nous abandonnait tous les deux et qu'on allait brûler nos malles et nos charrettes. Un Indien Guarani qui faisait partie de ma suite, ayant inutilement essayé de retenir cet homme, fut saisi de frayeur et prit la fuite.

Jusqu'alors, je n'avais cessé de recevoir des soins du soldat qui avait partagé le miel avec moi et le chasseur. Il avait commencé lui-même par être fort malade ; cependant, comme il avait vomi très promptement et qu'il était d'un tempérament robuste, il avait bientôt repris des forces. Il s'en faut pourtant qu'il fût entièrement rétabli : j'ai su depuis que, pendant qu'il me soignait, sa figure était effrayante et d'une pâleur extrême. « Je vais, dit-il tout à coup, donner avis de ce qui se passe et chercher du secours. » Il monte à cheval et se met à galoper dans la campagne. Bientôt le jeune Français le voit tomber ; il se relève, galope une seconde fois, tombe encore, et, quelques heures après, mes gens le trouvent profondément endormi dans l'endroit où il s'était laissé tomber.

Finalement, je me trouvai seul et presque mourant avec un homme furieux, mon Indien Botocude, qui n'était qu'un enfant, et le jeune Français, que tant d'événements extraordinaires avaient pour ainsi dire privé de la raison. Par bonheur, l'eau tiède dont j'avais bu une quantité prodigieuse finit par produire l'effet que j'en avais espéré : avec des torrents de liquide, je rejetai le déjeuner et le terrible miel. Immédiatement, je me sentis soulagé. Je distinguais la charrette, les pâturages et les arbres voisins ; le nuage qui auparavant avait caché ces objets à mes yeux ne m'en dérobait plus que la partie supérieure, et, si quelquefois il s'abaissait encore, ce n'était que pour quelques instants. Quoi qu'il en soit, l'état de José Mariano continuait à me donner de vives inquiétudes, et j'étais également tourmenté par la crainte de ne jamais recouvrer moi-même l'entier usage de mes forces et de mes facultés intellectuelles. Un vomitif que me prépara le jeune Français mit fin à ces angoisses. Je pris ensuite quelques tasses de thé, je fis une courte promenade, et, aux forces près, je me trouvai dans mon état naturel. A peu près dans le même moment, la raison revint tout à coup à José Mariano, sans qu'il eût éprouvé aucun vomissement. Il pouvait être dix heures du matin lorsque nous goûtâmes tous les trois le miel qui nous fit tant de mal, et le soleil se couchait lorsque nous nous trouvâmes parfaitement rétablis. L'absence momentané du Français et de l'Indien Botocude les avait préservés de manger du miel avec nous. Le soldat en avait présenté à l'Indien Guarani ; mais celui-ci, qui en connaissait la qualité délétère, avait refusé. Le soldat avait ri de sa crainte sans m'en faire part.

Le lendemain, à l'heure du campement, je fus appelé par le soldat, qui me montra un guêpier semblable à celui de la veille. Il avait la même forme, les mêmes dimensions, la même consistance ; il était également suspendu à l'une des branches les plus basses d'un petit arbrisseau, et mes gens ainsi que divers Indiens reconnurent ce guêpier pour appartenir, comme celui de la veille, à l'espèce connue dans le pays sous le nom de *Lecheguana*. Ces gâteaux étaient remplis d'un miel rougeâtre et très liquide, pareil à celui de la veille.

Qu'on se figure donc mon étonnement et mon chagrin lorsque le soldat me dit que l'Indien Botocude et l'Indien Guarani, témoins de notre empoisonnement de la veille, venaient de manger de ce même miel. Je ne pus m'empêcher d'accabler ces hommes de toutes les marques de l'indignation. « Ce miel ne me fera pas de mal, me répondit froidement le Botocude, il est si doux ! » — Ces paroles caractérisent parfaitement les Indiens, tout entiers au présent et sans inquiétude sur l'avenir.

M'attendant à voir se renouveler les scènes de la veille, je préparai des vomitifs, j'envoyai mes gens se coucher et je me mis à travailler dans ma charrette. A minuit, tout était autour de moi dans la tranquillité la plus profonde. J'éveillai le Botocude, il m'assura qu'il se portait à merveille. La nuit, en effet, acheva de se passer sans le moindre accident.

Le même miel est donc vénéneux ou inoffensif suivant les plantes où il a été cueilli. Très probablement, c'est le *Paulinia australis*, plante vénéneuse du Brésil méridional, qui avait fourni le miel dont j'ai failli être la victime.

A. DE SAINT-HILAIRE.

LXII

Dissémination des graines.

Les précautions prises par la nature pour assurer la dispersion des graines ou la dissémination, sont admirables.

Quand le fruit mûr est succulent, il ne tarde guère à se désorganiser ; ses parties se séparent; ses graines, devenues libres, s'étalent à terre, et, dans les débris des enveloppes charnues, elles trouvent un engrais qui favorise leur germination.

L'*Ecbalium élastique*, vulgairement *Concombre d'âne*, est fréquent sur les tas de décombres au bord des chemins. Ces fruits, âpres et petits concombres d'une amertume extrême, ont la grosseur d'une datte. Pendant la maturation, la pulpe centrale de ce fruit se fond en eau, tandis que l'enveloppe extérieure reste compacte. Le pédoncule articulé avec celle-ci s'en détache, un trou se forme, et l'eau centrale ainsi que les semences qu'elle contient, trop longtemps comprimées dans un petit espace, s'échappent au loin en un jet vigoureux.

Les valves du fruit de la Balsamine se roulent tout à coup sur elles-mêmes et, s'élançant, entraînent avec elles les semences. La capsule de la Pensée s'ouvre en trois valves qui portent les graines dans leur milieu et présentent la forme d'une nacelle. Après avoir été étalés, les bords de ces valves se rapprochent peu à peu et pressent les semences, qui glissent, s'échappent et se dispersent.

Quand les fruits ne s'ouvrent pas, tantôt ils sont pourvus d'ailes qui permettent aux vents de les transporter au loin, tantôt ils sont hérissés de pointes qui s'accrochent aux poils des animaux et aux vêtements de l'homme. Les aigrettes des Valérianes et des Composées soutiennent dans l'air les semences de ces plantes. Après avoir parcouru des espaces considérables, de telles graines tombent sur la terre et germent à des distances énormes du lieu où elles sont nées. L'*Erigeron du Canada*, apporté d'Amérique comme matière d'emballage, s'est, à l'aide de ses aigrettes, répandu dans toute l'Europe avec la plus étonnante rapidité. En 1800, l'abbé Delarbre n'en observait qu'un pied dans toute l'Auvergne ; six ans plus tard, je trouvais cette plante à chaque pas dans les champs de la Limagne. C'est aujourd'hui la plus répandue des mauvaises herbes de nos terres cultivées.

Quand il n'existe ni ailes, ni pointes, ni aigrettes, d'autres moyens de dissémination viennent y suppléer. Dans nos climats, c'est en général en automne que la maturation s'achève, et alors les vents règnent avec violence. Des tourbillons soulèvent les semences, les transportent d'un lieu dans un autre, et quelquefois nous voyons, presque au faîte de nos édifices, des herbes, des arbrisseaux croître dans les fentes des pierres, où le temps a réuni quelques rares parcelles de terre. Des Giroflées jaunes croissaient en abondance sur une corniche extrêmement élevée. On craignit que leurs racines n'entretinssent, dans la muraille, une humidité nuisible. Les Giroflées furent soigneusement arrachées, et l'on construisit un toit incliné sur la corniche. La végétation ne tarda pas à envahir le toit. J'y vis d'abord croître quelques Lichens, puis quelques Mousses ; un pied de Sédum blanc y parut à son tour, et aujourd'hui le toit offre un tapis de fleurs blanches qui se pressent les unes contre les autres.

Les rivières, les torrents et les fleuves sont encore, pour les fruits et les graines, un moyen puissant de dispersion. Ces dernières, lorsqu'elles sont mûres, tombent, le plus ordinairement, au fond de l'eau ; mais souvent aussi elles présentent des appendices remplis d'air, qui leur permettent de surnager. Enfin, quand elles ne se soutiennent pas à la surface de l'eau, elles peuvent être entraînées par le courant. C'est ainsi que, bien loin de la source des grandes rivières, on trouve souvent sur leurs bords, dans les contrées les moins élevées, des espèces qui appartiennent aux sommités des montagnes. L'*Avicennia*, arbre de rivage qui ne craint pas l'eau de mer, y laisse tomber ses graines, qui ont commencé à germer dans le fruit ; le flot les enlève et va les déposer sur d'autres plages.

Si les animaux dévorent une foule de graines, ils contribuent puissamment à en répandre d'autres. Les chevaux et les mulets mangent les tiges et les feuilles des plantes, et, n'en pouvant toujours digérer les semences, ils les rejettent intactes et propres à germer. Les oiseaux disséminent de la même manière les graines et les noyaux des fruits charnus dont ils se sont nourris. Les rats, les loirs et d'autres rongeurs font sous terre des magasins de fruits pour l'arrière-saison ; mais, souvent obligés de prendre la fuite, ils abandonnent leurs provisions, et les graines qu'ils avaient réunies germent quand le printemps ramène la chaleur. C'est ainsi que, par une admirable providence, les animaux ressèment eux-mêmes les plantes qui leur fournissent des aliments.

Mais, de tous les êtres, il n'en est aucun qui, autant que l'homme, contribue à répandre les plantes et à les multiplier. Par ses soins, une foule d'espèces qu'il fait servir à sa nourriture se sont répandues dans des espaces immenses, et le moindre de nos jardins offre des végétaux de l'Inde, de la Chine, de l'Egypte, de la Nouvelle-Hollande. Sans parler de ceux que nous cultivons avec tant de peine et d'ardeur, il en est une multitude que nous disséminons sans le vouloir et souvent même contre notre volonté. En semant nos Céréales, nous semons aussi, chaque année, le Bluet et le Coquelicot, non moins étrangers qu'elles. Certaines espèces qui contribuent à la destruction de nos murailles se sont originairement échappées de nos parterres. Avec nos effets et nos marchandises, nous avons transporté dans les quatre parties du monde une foule de plantes européennes, et quelques-unes se sont tellement multipliées que, bien loin de leur patrie, elles semblent aujourd'hui indigènes. Au voisinage des villes de l'Amérique du Sud, on trouve notre Verveine, notre Ortie, notre Mouron des oiseaux, nos Mauves, notre Bourrache, notre Violette, et une foule d'autres.

Auguste de Saint-Hilaire.

Les semences des Chardons, des Bluets, des Pissenlits, des Chicorées, etc., ont des volants, des aigrettes, des panaches et plusieurs autres moyens de s'élever, qui les portent à des distances prodigieuses. Celles des Graminées, qui vont aussi fort loin, ont des barbes, des balles. D'autres, comme celle de la Giroflée jaune, sont taillées comme des écailles légères et vont, au moindre vent, s'implanter dans la plus petite fente d'un mur. Les graines des plus grands arbres de montagnes ne sont pas moins bien organisées pour de lointains voyages. Celles de l'Erable ont deux ailerons membraneux, semblables aux ailes d'une mouche. Celles de l'Orme sont enchâssées au milieu d'une foliole ovale. Celles du Cèdre sont terminées par de larges et minces feuillets qui forment un cône par leur agrégation.

Les semences trop lourdes pour voler ont d'autres ressources. Les graines de la Balsamine sont renfermées dans

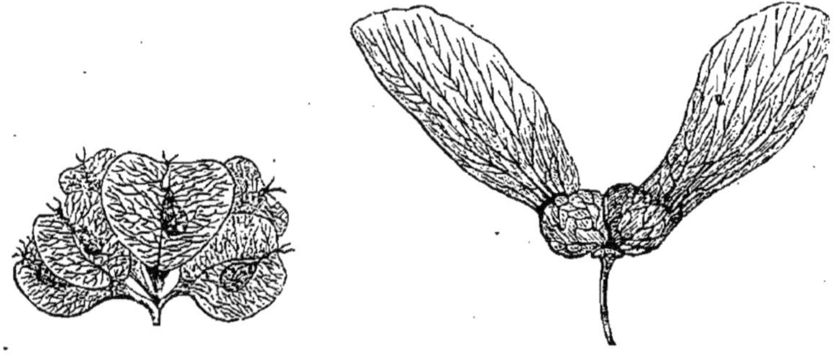

Fig. 64. — Graines de l'Orme. Graines de l'Érable.

des cosses dont les ressorts les lancent fort loin. Il y a aux Indes un arbre, dont je ne me rappelle plus le nom, qui lance de même les siennes avec un bruit semblable à un coup de mousquet.

Celles qui n'ont ni panaches, ni ailes, ni ressorts, et qui, par leur pesanteur, semblent condamnées à rester au pied du végétal qui les a produites, sont souvent celles qui vont le plus loin. Elles volent avec les ailes des oiseaux. C'est ainsi que se ressèment une multitude de baies et de fruits à noyaux. Leurs semences sont renfermées dans des croûtes pierreuses indigestibles. Les oiseaux les avalent et vont les planter sur les corniches des tours, dans les fentes des rochers, sur les troncs des arbres, au delà des fleuves et même des mers. La plupart des oiseaux ressèment ainsi le végétal qui les nourrit. Divers mammifères en ressèment d'autres qui s'attachent à leurs poils au moyen de crochets. Les loirs, les hérissons, les marmottes transportent dans les parties les plus élevées des montagnes les glands, les faînes et les châtaignes.

Les graines des plantes aquatiques sont construites de la manière la plus propre à voguer. Il y en a de façonnées en coquilles, d'autres en bateaux, en pirogues simples, en doubles pirogues semblables à celles de la mer du Sud. Le pin maritime a ses pignons renfermés dans des espèces de petits sabots osseux, crénelés en dessous et recouverts en dessus d'une pièce semblable à une écoutille. Le Noyer, qui se plaît tant sur le rivage des fleuves, a sa graine entre deux esquifs posés l'un sur l'autre. Le Coudrier, qui devient si touffu sur le bord des ruisseaux, porte sa semence enclose dans une espèce de tonneau susceptible des plus longs trajets. Les graines des Joncs ressemblent à des œufs d'écrevisses ; celle du Fenouil est un véritable canot en miniature, creusé en cale avec deux proues relevées. Il y en a d'autres encastrées dans des brins qui ressemblent à des pièces de bois flotté et vermoulu : telles sont celles du Pavot cornu. Celles qui sont destinées à germer sur le bord des eaux qui n'ont pas de courants vont à la voile ; telle est la semence d'une Scabieuse qui croît sur les bords des marais. A la différence de celles des autres espèces de Scabieuses, qui sont couronnées de poils crochus pour s'accrocher à la fourrure des animaux qui les transplantent, celle-ci est surmontée d'une demi-vessie ouverte et posée à son sommet comme une gondole. Cette demi-vessie lui sert à la fois de voile et de véhicule.

BERNARDIN DE SAINT-PIERRE.

LXIII

Le Sommeil des plantes.

Une fois privées de lumière, les plantes, comme les animaux, sont soumises au sommeil. Que l'on parcoure les bois ou les campagnes, que l'on suive l'eau murmurante d'un ruisseau ou qu'on s'égare sur la pelouse déjà couverte de rosée, partout les plantes sont endormies. Le vent des orages les courbe sans les éveiller, le tonnerre gronde sans nuire à leur repos, la pluie les inonde sans interrompre cet instant d'inertie.

La Sensitive, si délicate, s'endort tous les soirs d'un profond sommeil ; elle rapproche ses folioles, les applique les unes sur les autres, puis elle abat ses longues feuilles pliées sur sa tige, et reste immobile jusqu'à ce que la lumière ramène son réveil. Les chocs, les cahots d'une voiture, le vent qui souffle avec violence ne font que prolonger cette immobilité.

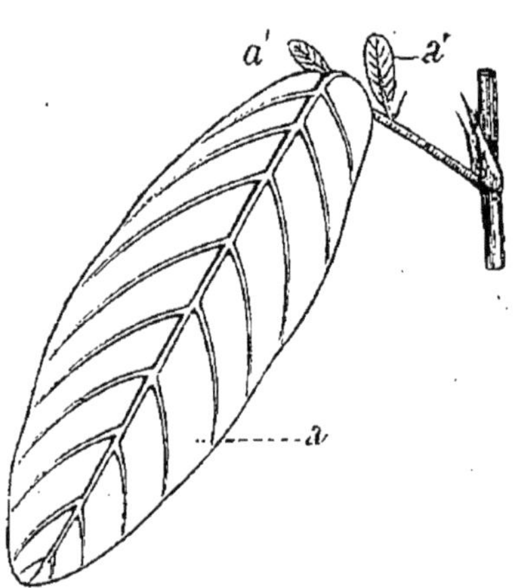

Fig. 65. — Feuille du Sainfoin oscillant.

La nuit paraît avoir une influence plus grande encore sur le Sainfoin des Indes, découvert au Bengale, en 1777, par milady Monson, dans les lieux les plus chauds et les plus humides de ce vaste delta du Gange. Chacune des feuilles de cette délicate légumineuse a trois folioles comme celle de notre Trèfle, une plus grande au milieu, deux plus petites sur les côtés. Dans le jour, la foliole du milieu est horizontale et sans mouvement ; la nuit, elle se courbe et vient s'appliquer sur son support, comme si la fatigue l'invitait au repos. Les deux folioles latérales, nuit et jour sans discontinuer, se meuvent avec une incroyable activité, descendent et remontent, s'inclinent et se relèvent devant la première, à raison d'une minute à peu près pour chacune de leurs oscillations. Pas de sommeil pour ces deux folioles ; la nuit est sans action sur elles, tandis que la supérieure s'endort paisiblement. A peine si, pendant le jour, une d'elles s'arrête quelques instants, l'autre continuant à osciller. Quelquefois, pourtant, la chaleur suffocante de ces régions les oblige au repos, et notre plante fait la sieste pendant quelques instants ; ses deux folioles s'arrêtent endormies. Transporté dans nos serres, le Sainfoin oscillant conserve en partie son activité ; mais, loin du sol brûlant de sa patrie, de l'air humide de ses marais, il n'a plus que des mouvements lents et irréguliers. Nous l'avons vu tromper son exil par de longues heures de sommeil.

Mais nous n'avons pas besoin d'aller chercher au loin des exemples de ces intéressants phénomènes ; parcourons, la nuit, nos prairies et nos coteaux, pénétrons dans nos silencieuses forêts, alors qu'elles ne sont plus éclairées que par la lumière tremblante et argentée de la lune à travers le feuillage, et nous verrons bientôt que toutes les plantes ont changé d'aspect.

Les trèfles ont redressé leurs folioles, qui dorment trois à trois sur de longs pétioles ; les délicats Oxalis ont abaissé les leurs, qui sommeillent inclinées et comme fatiguées de leur végétation du jour. Les feuilles des Arroches s'appliquent sur les jeunes pousses et sommeillent en les protégeant. L'Œnothère, si commune sur le bord de nos rivières, dispose, le soir, ses feuilles supérieures en berceau, formant ainsi un appartement à jour, où la fleur peut veiller ou dormir à son gré. Ailleurs, ce sont les Mauves aux jolies fleurs lilacées, dont les feuilles se roulent en cornets et s'approchent des fleurs dans leurs instants de repos. Le soir, pendant que le Pois de senteur de nos jardins et nos Fèves fleuries abandonnent à la brise leurs effluves parfumées, leurs feuilles s'appliquent les unes sur les autres et dorment d'un profond sommeil au milieu des suaves émanations des corolles.

Si déjà, dans la nuit, l'aspect de nos campagnes n'est plus le même, cette différence est encore bien plus marquée dans les contrées équinoxiales, dont le paysage doit quelquefois son caractère à des légumineuses herbacées ou arborescentes, végétaux dormeurs par excellence. Aux premières ombres, les feuilles étalées pendant le jour se hâtent de replier deux par deux leurs nombreuses folioles. Dans les savanes de l'Amérique du Sud abondent, au milieu de graminées, des plantes voisines de la Sensitive, qui, fatiguées de la chaleur du jour, s'endorment avant même que le soleil soit couché. Ce sont le Mimosa paresseux, le Mimosa dormeur, désignés par les colons espagnols sous le nom expressif de *Dormideras*. Les bestiaux à demi sauvages qui parcourent les savanes recherchent avec avidité ces Sensitives herbacées, et de larges touffes complètement endormies sont broutées pendant leur sommeil.

On voit, dans un grand nombre de plantes, les feuilles protéger les fleurs pendant la nuit et ne s'endormir qu'après avoir dressé autour d'elles un abri protecteur. Tel est le Trèfle incarnat, dont les feuilles entourent les riches corolles. Dans d'autres, au contraire, les feuilles descendent tout à fait, abandonnent les fleurs, se renversent et dorment sur le dos. Le Lupin blanc présente cette singulière disposition. Dans quelques parties des Pyrénées, où l'on cultive ensemble les deux plantes que nous venons de citer, les champs sont de magnifiques parterres, où viennent s'enchevêtrer les panaches blancs du Lupin et les têtes carminées du Trèfle. La nuit, tout est changé; le Lupin semble avoir perdu ses feuilles, et le Trèfle ses fleurs. On ne reconnaît plus, pendant le sommeil, le riche tapis si brillant pendant le jour.

Pourquoi ces modifications profondes, ces instincts si divers dans deux plantes de la même famille? Pourquoi d'une part ces soins, et d'autre part cette espèce d'abandon? La rosée du ciel, utile aux fleurs de l'une, pourrait-elle nuire aux fleurs de l'autre qui cherche à les abriter? Dieu seul connaît ces mystères.

Ce ne sont pas seulement les feuilles qui sont soumises aux alternatives de veille et de repos; les fleurs dorment, elles aussi. Les unes se couchent de bonne heure et se réveillent très tard; d'autres ont un sommeil que rien ne peut interrompre et pendant lequel la mort les surprend. Il en est de capricieuses qui, à moitié endormies, à demi éveillées, hésitent et s'inquiètent, avant d'ouvrir complètement leurs corolles, si de gros nuages ne cachent pas l'horizon, si le ciel enfin sera pur pour qu'elles puissent développer, sans les compromettre, leurs magnifiques toilettes.

La Chicorée sauvage ferme ses jolies fleurs bleues dès onze heures du matin, mais quelquefois cependant elle attend jusqu'à trois et quatre heures pour dormir complètement. A deux heures, le Mouron des champs, si gracieux par ses corolles azurées ou rouges, s'assoupit jusqu'au lendemain matin. Les Piloselles, aux fleurs dorées et symétriques, se referment à la même heure ; et un grand nombre de Synanthérées, imitant leur exemple, s'endorment en plein soleil. L'Œillet prolifère, plus dormeur encore, permet à peine que midi ait sonné pour fermer ses pétales, et il attend neuf heures du lendemain pour les ouvrir. Chacun a pu voir le Pissenlit se fermer à des heures diverses de l'après-midi, et les corolles blanches et roses de Liserons sommeiller dès cinq heures du soir. L'Ornithagale en ombelle ouvre ses fleurs une heure avant midi, comme l'indique son nom vulgaire de *Dame d'onze heures*; et les ferme dès que trois heures ont sonné.

H. Lecoq.

LXIV

Apologue.

L'Inde, la grande amie des bêtes et des plantes, l'Inde, féconde en apologues, nous raconte ceci.

Un jour les plantes, d'ordinaire si sages, murmurèrent contre le sort qui leur est fait. Une nouvelle étrange leur était venue : la nouvelle d'une existence supérieure, d'une vie mieux remplie, plus active, plus riche; la nouvelle enfin de la vie de l'animal. Comment le grand secret avait-il transpiré? Le Roseau l'avait-il confidentiellement reçu de la Fauvette babillarde qui niche dans ses touffes, et le Roseau loquace l'avait-il propagé? On ne saurait le dire au juste. Toujours est-il que, parmi les plantes, ce fut dès lors le sujet intarissable de jalouses chuchoteries.

Dans la retraite du Saule caverneux, le Champignon confiait ses peines à la Mousse. L'animal, disait-il, comment est-ce donc fait? Voisine, en auriez-vous quelque chose à m'apprendre? On dit qu'il change de place, qu'il va et vient, s'attable où bon lui semble, déjeunant ici, dînant ailleurs, au gré de ses caprices. Nous sommes, vous et moi, fixés au tronc du Saule. L'arbre se fait vieux et avare; la nourriture est maigre. Je voudrais bien m'en aller d'ici. — Moi, répondait la Mousse, je sens, tout à côté, l'eau d'un frais ruisselet, où je voudrais bien, comme l'animal, me désaltérer à l'aise, au lieu d'attendre, sur ma plaque d'écorce, la goutte de pluie qui, de loin en loin, me vient du nuage. L'animal, croyez-m'en, est plus heureux que nous; la meilleure part lui est faite. — L'Agaric, de ses feuillets, laissait tomber une larme d'amère jalousie.

Le Mouron, à son tour, maugréait contre la haie. — Ne sortirai-je donc jamais de cet affreux buisson où j'étouffe à l'ombre! Que ne puis-je aller là, seulement là, dans ce rayon de jour! Que ton sort est meilleur, heureux Linot qui viens gruger mes graines et d'un coup d'aile repars pour la vallée ou la colline, l'ombre ou le plein soleil, à ton choix.

Et la Pariétaire se plaignait du mur qui la salit de ses poussières; le Chiendent, du sable où ses stolons s'allongent sans trouver de quoi vivre; la Renoncule, du fossé dont les eaux tarissent en été; la Ronce, des pierrailles qui lui meurtrissent les racines. Toutes enfin, grandes et petites, lasses d'une existence sédentaire, enviaient le sort trois fois heureux de l'animal qui se transporte où bon lui semble. Les arbres de haute futaie principalement poussaient à la révolte. Ils avaient le plus à y gagner. Quel bonheur pour le Sapin d'arpenter les montagnes par enjambées de géant, de se rapprocher des neiges pendant l'été, de s'en éloigner pendant l'hiver! Et le Chêne donc? n'avait-il pas à lier connaissance avec l'Olivier du Midi et le Mélèze du Nord? Le Peuplier ne quitterait-il pas volontiers les bords vaseux du fleuve pour voir un peu le pays? De proche en proche, à l'instigation des habiles, du Houx malintentionné et consorts, le mécontentement prit des caractères sérieux. Ce fut une explosion générale : il fallait à la plante la faculté de l'animal, la faculté de se mouvoir.

Or ces doléances montèrent jusqu'à Dieu, à Dieu dont l'oreille s'incline à l'appel d'une Mousse en détresse comme aux suprêmes crépitations d'un soleil qui s'éteint, et le Maître envoya la grande Fée des plantes rappeler les séditieux à la raison. La céleste envoyée parut, et tout fit silence, dans les bois, dans les prés, la haie, le marécage. Comme chez nous en pareille circonstance, les plus ardents à la plainte furent les plus timorés au moment décisif. Le Houx, qui s'était démené pour faire tourner à l'insurrection une innocente effervescence, prétexta des affaires et ne dit mot. Le Chêne, pour ne pas porter la parole, allégua son défaut d'éloquence et tourna les talons. Le Hêtre se trouva empêché, il avait à mûrir ses faînes. Le noble Laurier était retenu dans ses terres; et ainsi des autres grands seigneurs. Quand tout sera fini, on les verra, avec une superbe impudence, réclamer la part du lion. Bref, pour s'expliquer devant la divine messagère, il ne resta que les petits et quelques généreux arbustes. Les prétentions furent exposées. La bonne Fée sourit du vœu insensé des plantes.

— Vous voulez, dit-elle, imiter l'animal, vous mouvoir à votre gré. Se mouvoir, pauvres folles, savez-vous ce que c'est? D'abord, de sa vie c'est faire deux parts, l'une pour amasser des forces, l'autre pour les dépenser. C'est abréger son existence de moitié. La machine animale est trop délicate pour fonctionner toujours. Elle acquiert son activité par le repos, elle se remonte par une mort apparente, par le sommeil, où l'on est comme si l'on n'était pas. Voulez-vous remplacer votre vie continue, d'une lenteur prudente et qui dure des siècles, par une vie intermittente, qui fait explosion de jour, retombe au néant de nuit, ressuscite le lendemain et s'épuise en peu d'années? Voulez-vous seulement essayer du sommeil?

Un très grand nombre consentirent, alléchées par l'appât du nouveau. La Fée, de sa droite, traça un signe dans l'air.

Et voilà que les plantes qui avaient accepté furent prises d'une profonde torpeur. La mort sembla les visiter. Les feuilles se replièrent, qui d'une manière, qui d'une autre, à peu près comme elles l'étaient dans le bourgeon. Les pétioles s'infléchirent vers le rameau, les fleurs se fermèrent, tout enfin prit un tel aspect fané, qu'on eût dit la plante expirant sous un coup de soleil. Ce que voyant, le Chêne, le Houx, le Laurier et les autres gardaient plus que jamais un silence obstiné. L'affaire prenait une mauvaise tournure.

La Fée ordonna, et les endormies se réveillèrent. Il eût fallu voir comme la plupart étaient matées. Elles étiraient à la hâte leurs feuilles chiffonnées par le sommeil, déplissaient leurs corolles, relevaient leurs pétioles, confuses d'être surprises dans une aussi piteuse toilette. Jugez si le Houx coriace rit du crédule Sainfoin ; si, du haut de sa noblesse, le Laurier toisa le Trèfle, généreux étourdi. La Fée reprit : — Pour se mouvoir, remonter la machine, dormir ne suffit pas. Il faut encore, il faut surtout posséder l'expérience qui vous met en garde contre les embûches du mouvement. Il faut connaître le péril de la chute pour ne pas se casser les branches, le péril du caillou anguleux pour ne pas s'y meurtrir les racines, le péril de l'obstacle pour ne pas aller le heurter de front, le péril du précipice pour ne pas y rouler. Cette expérience, on l'acquiert à ses risques et périls, guidé par une rude conseillère. Beaucoup se brisent les os avant de la posséder. Qu'ils le disent maintenant, ceux qui veulent ressembler de plus près à l'animal.

Personne ne répondit. L'impitoyable conseillère dont la Fée parlait, cette conseillère qui instruit l'animal par les chairs meurtries et les os fracassés, leur donnait à réfléchir. Tous auraient bien voulu savoir ce que c'est, mais pas un n'osait en faire personnellement l'épreuve. Ils étaient donc là, muets, s'excitant l'un l'autre du coude, comme des poltrons qui cherchent à décharger sur autrui l'honneur du danger à courir. Déjà la Fée, croyant tout fini, perdait terre pour remonter au ciel, lorsqu'une vaillante petite herbe se dévoua, décidée à tenter l'épreuve qui les faisait tous trembler. Or la vaillante petite herbe fut depuis appelée Sensitive.

Du bout du doigt, la Fée la toucha. Prodige! la plante se fait animal. Un frisson court dans ses folioles, qui soudain s'agitent, se meuvent, cheminent. Mais voilà que, du sein du feuillage convulsionné, un cri de terreur s'élève, entendu de la Fée seule, dont l'ouïe est si fine. La Sensitive se refuse à continuer l'épreuve. Elle vient de toucher à l'animalité, et, sur le seuil de la nouvelle vie, elle vient d'entrevoir, de pressentir la *douleur!*

Et, revenue de son épouvante, la Sensitive raconta à ses compagnes des choses si terribles sur la douleur, que toutes promirent d'être sages. Elles renonçaient à tout jamais aux prérogatives de l'animal. La Fée s'envola, laissant après elle une traînée de Pâquerettes, de Coquelicots et de Bluets. Mais, depuis, les plantes qui ont dormi dorment; et la Sensitive, qui a presque connu la souffrance, au moindre attouchement se crispe de frayeur.

J.-H. Fabre.

LXV

Différence entre l'animal et la plante.

Si l'on vous demandait en quoi la plante diffère de l'animal, vous croiriez peut-être à une sotte demande. Qui peut confondre un chat avec un chou, un bœuf avec un chêne? C'est juste ; mais si nous descendions l'échelle des êtres, si nous arrivions, par exemple, aux polypes, croyez-vous que la différence fût bien tranchée? Un polype n'a-t-il pas la forme d'une fleur épanouie? n'a-t-il pas pour demeure un support pierreux de l'aspect d'un arbrisseau ? La ressemblance est telle entre un polypier et une plante que, des milliers d'années durant, on a pris les polypiers pour des plantes marines. Il a fallu tout ce que la science apporte aujourd'hui de scrupuleuse exactitude en ses recherches pour décider de la nature de ces êtres problématiques. Le mot Zoophyte, par lequel on les désigne, trahit nos longues incertitudes à leur sujet : il signifie littéralement animal-plante.

Et puis dans la mer, que d'autres espèces animales qui prennent, à s'y tromper, les apparences de la plante ! Les unes s'épanouissent isolément sur les rochers en grandes anémones pourprées, les autres se groupent en gracieuses guirlandes, en gerbes de fleurs voguant au gré des flots. Il en est qui ressemblent à des champignons de cristal, frangés de carmin et d'azur, qui mollement flottent au sein de l'eau sans jamais prendre pied ; on en connaît qui revêtent la forme d'une lanière glutineuse, d'une frange foliacée, d'une bulle d'écume, d'un noyau de gelée.

Est-ce bien là de la gelée, de l'écume, un champignon, une fleur, une plante, un animal ? Qui décidera ? La douleur, la sensibilité.

La chair, pour être chair, avant tout doit souffrir ; la douleur est caractéristique de l'animalité. Tout ce qui frémit, tout ce qui se crispe au contact douloureux de la pointe d'une aiguille, vit d'une vie supérieure, de la vie de l'animal ; tout ce qui reste impassible vit d'une vie moins parfaite, de la vie du végétal.

J.-H. Fabre.

Les Minéraux croissent, les Végétaux croissent et vivent ; les Animaux croissent, vivent et sentent.

Linné.

LXVI

La Sensitive.

La Sensitive est une plante herbacée, originaire des Antilles. Recherchée à cause de son extrême irritabilité, qui l'a rendue célèbre, elle est cultivée en pots dans nos jardins. Elle a des feuilles composées de nombreuses petites folioles opposées deux à deux, une tige armée d'aiguillons crochus et des fleurs disposées en petites houppes globuleuses.

La plante, je suppose, est au soleil ; toutes les feuilles sont étalées. On touche légèrement une foliole, une seule, celle par exemple de l'extrémité d'une feuille. Aussitôt cette foliole se redresse obliquement ; sa compagne du côté opposé fait de même, et les deux viennent s'appliquer l'une contre l'autre par leur face supérieure au-dessus du pétiole. Ce n'est pas tout. L'ébranlement se propage ; un mot d'ordre semble circuler d'un bout de la rangée à l'autre. Voilà, en effet, que la seconde paire de folioles se met en branle et se relève comme la première paire ; la troisième en fait autant ; puis la quatrième, la cinquième, etc., si bien que, de proche en proche, toutes les folioles se redressent et se couchent l'une sur l'autre, d'arrière en avant. Vous connaissez les capucins de cartes alignés debout sur une table. Le premier, en tombant, culbute le second qui abat le troisième, etc. ; en un instant, toute la rangée est couchée.

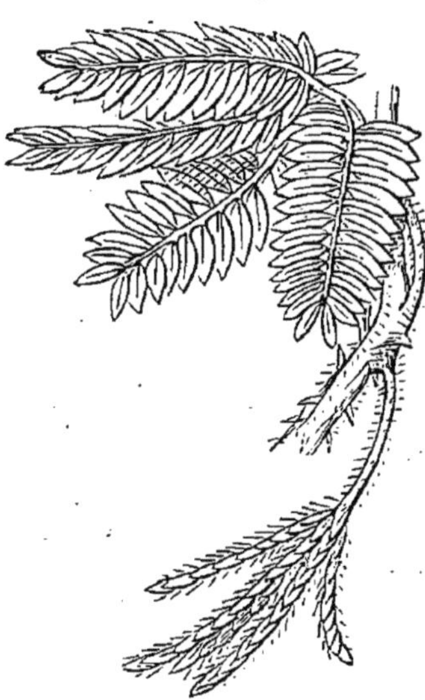

Fig. 66. — Deux feuilles de Sensitive, l'une étalée, l'autre repliée.

Les folioles de la Sensitive rappellent les capucins de cartes. Si la paire chef de file se replie, les autres paires se replient aussi, à leur tour, ni plus tôt, ni plus tard. La comparaison toutefois pèche en un point. Chaque carte en tombant culbute la suivante, et le mouvement total n'est que le choc de la première transmis de proche en proche. Pour les folioles de la Sensitive, il n'y a pas de choc communiqué ; une paire ne s'ébranle pas sous l'impulsion de la paire qui précède, mais chaque foliole se meut bel et bien par ses propres énergies.

Une seule chose se propage : c'est la nouvelle de l'événement survenu à l'extrémité de la feuille, l'avis du choc que la première foliole a reçu de votre doigt. Aussitôt la nouvelle reçue, les folioles suivantes, pour conjurer le danger, semblent faire les mortes à l'imitation d'une foule d'insectes qui se pelotonnent et ne bougent plus dès qu'ils se croient en péril. On ignore de quelle nature est le courrier porteur de la nouvelle.

Si l'événement a peu de gravité, l'avis en est transmis seulement dans la banlieue ; les trois ou quatre paires voisines sont averties et se mettent sur la défensive ; les autres ignorent le fait et ne remuent pas. Si le choc est plus rude, toutes les folioles se replient précipitamment, les pétioles partiels se rassemblent en un faisceau, le pétiole commun pivote sur son point d'attache et s'infléchit vers le bas de la tige. La fâcheuse nouvelle plonge la feuille entière dans la consternation, tandis que les feuilles non touchées continuent à rester gaiement étalées au soleil. Si le péril est sérieux, si quelque secousse violente compromet la communauté, oh! alors l'émoi est au comble. En un clin d'œil les feuilles pendent flétries et semblent porter le deuil de la calamité publique. Je voudrais, enfants, vous montrer une Sensitive, vous la faire toucher du doigt ; et lorsque vous la verriez frémir, se crisper, faire la morte, vous vous demanderiez sans doute s'il y a aussi loin qu'on le dit de la plante à l'animal, si la sensibilité, la douleur, sont le partage exclusif de ce dernier.

Le danger est passé, la Sensitive se rassure. Déjà ses folioles s'entr'ouvrent à demi comme pour regarder, craintives, si l'ennemi n'est plus là. Les folioles tournent lentement sur leur base, les feuilles se redressent et s'étalent. C'est fait. La plante, remise de son émotion, sourit au soleil qui la console. Mais au premier danger la même panique va la gagner. Et comme il en faut peu pour effrayer une Sensitive! Le coup d'aile d'un scarabée qui passe, le choc d'un grain de sable chassé par le vent, un rayon de soleil trop fort, l'ombre d'un nuage, cela suffit pour la faire tomber en pâmoison. Pauvre plante qui pour un rien se meurt!

J.-H. Fabre.

Certains végétaux jouissent de la faculté de mouvoir quelques-unes de leurs parties lorsqu'ils subissent l'influence des excitants chimiques, tels que le contact d'une liqueur acide. Souvent un attouchement fort léger suffit pour déterminer ces mouvements. La plante qui présente au plus haut degré cette faculté est la Sensitive. On sait que les feuilles de cette plante se meuvent spontanément au moindre attouchement, à la plus légère secousse, ou bien lorsqu'on fait éprouver à une seule de leurs folioles une chaleur inaccoutumée, ou bien encore lorsqu'on dépose sur elles, sans secousse, une goutte d'acide. En un mot, la feuille se comporte comme le ferait, en pareil cas, un animal qui serait averti par ses sensations de l'action d'une cause excitante sur ses organes.

Lorsqu'on fait subir une excitation à une seule foliole de Sensitive, soit en la brûlant très légèrement et sans l'endommager, avec les rayons du soleil rassemblés par une lentille, soit en la frappant, soit en lui appliquant une goutte d'acide affaibli, cette excitation locale se propage aussitôt aux autres parties de la feuille. Si c'est l'une des folioles terminales qui a été ainsi excitée, l'excitation se communique du sommet de la rangée à la base, en provoquant successivement la plicature des paires de folioles; puis le pétiole fléchit et la feuille entière s'incline de haut en bas sur la tige.

Ce n'est pas tout : l'excitation se transmet aux autres feuilles qui garnissent la tige tant au-dessus qu'au-dessous de la feuille primitivement excitée. Elles se mettent en mouvement les unes après les autres, et l'on voit leur pétiole commun s'abaisser le premier, ensuite leurs pétioles secondaires et enfin leurs folioles se ployer. Il faut nécessairement reconnaître qu'ici l'excitation, ou plutôt le mouvement inconnu qu'elle produit dans la plante, se transmet de proche en proche.

Les mêmes phénomènes ont lieu en dirigeant l'action excitante sur toute autre partie de la plante, sur les fleurs, par exemple, ou bien sur l'écorce de la tige. Cette faculté d'éprouver l'influence des causes excitantes et de la transmettre appartient même aux racines de la Sensitive. J'ai déposé un peu d'acide sulfurique sur les racines mises à nu. Sur le champ, les feuilles se ployèrent les unes après les autres, en commençant par les inférieures. L'excitation se propage ainsi de bas en haut jusqu'à l'extrémité de la plante et de ses rameaux. Pour empêcher la Sensitive d'absorber le liquide corrosif, je m'empressai d'enlever les racines offensées ainsi que la terre imprégnée d'acide. La plante, quelques heures après, redressa les pétioles de ses feuilles, mais elle ne déploya ses folioles que le lendemain. Du reste, elle ne parut pas avoir souffert de cette expérience.

DUTROCHET.

La secousse la plus légère, l'air faiblement agité par le vent, l'ombre d'un nuage ou d'un corps quelconque, l'action du fluide électrique, la chaleur, le froid, les vapeurs irritantes, suffisent pour provoquer les mouvements les plus singuliers dans les folioles de la Sensitive. Si l'on en touche une seule, elle se redresse contre celle qui lui est opposée, et bientôt toutes les autres de la même feuille exécutent le même mouvement et se couchent les unes sur les autres en se recouvrant à la manière des tuiles d'un toit. La feuille elle-même tout entière ne tarde pas à se fléchir vers la terre. Mais peu de temps après, si la cause a cessé d'exercer son action, toutes ces parties qui semblaient s'être fanées reprennent leur aspect et leur position naturels.

Le Sainfoin oscillant, plante singulière originaire de Bengale, offre des mouvements encore plus remarquables. Ses feuilles, comme celles du Trèfle, sont composées de trois folioles. Les deux folioles latérales, qui sont beaucoup plus petites, sont animées d'un double mouvement de flexion et de torsion sur elles-mêmes, qui paraît indépendant dans chacune. En effet, l'une se meut quelquefois rapidement, tandis que l'autre reste en repos. Le mouvement se fait par petites saccades très rapprochées. L'une des petites folioles latérales s'abaisse dans le même temps que l'autre s'élève. Il s'exécute sans l'intervention d'aucun stimulant extérieur. La nuit ne le suspend pas. Celui de la foliole médiane, au contraire, paraît dépendre de l'action de la lumière et cesse quand la plante n'y est plus exposée. Il est d'ailleurs beaucoup plus lent.

Fig. 67. — Dionée attrape-mouche.

La Dionée attrape-mouche, plante originaire de l'Amérique septentrionale, présente à l'extrémité de ses feuilles deux lobes réunis par une charnière médiane et environnés de poils glanduleux. Quand un insecte touche et irrite la face supérieure, ces deux lobes se redressent vivement, se rapprochent et saisissent l'insecte.

Une petite plante de la même famille, commune dans les prairies tourbeuses, le Rossolis à feuilles rondes, offre un phénomène analogue. Ses feuilles sont arrondies, concaves, glanduleuses et bordées de cils dans leurs contours. Dès qu'une mouche ou tout autre insecte, attiré par le suc visqueux qui recouvre la face supérieure de ses feuilles, vient s'y poser, les poils se redressent, s'entre-croisent avec ceux du côté opposé, et forment ainsi une sorte de rets ou de filet, sous lequel le petit animal se trouve emprisonné. A. RICHARD.

LXVII

La végétation sur la limite des neiges éternelles.

La ligne de démarcation des neiges éternelles indique partout un horizon où la vie vient s'éteindre. Et cependant, que de luttes ont lieu encore, dans ces régions glacées, entre la vie et la mort! Des animaux s'égarent sur les glaces, des oiseaux planent au-dessus de ces déserts de neige et de ces affreuses solitudes, où l'insecte, entraîné par un courant mortel, tombe bientôt sans puissance et sans vie.

Au delà de ces barrières que le printemps ne peut franchir, on trouve pourtant encore quelques oasis. Une pente trop raide pour que la neige puisse s'y arrêter, un rocher abrité du nord et recueillant les rayons du soleil, donnent asile, au milieu des champs de neige, à des touffes verdoyantes et serrées de Silèné à courte tige (*Silene acaulis*), dont les fleurs roses, à demi cachées entre les feuilles, s'ouvrent un instant, indécises du sort qui les attend. Là aussi se montrent quelques touffes de ce charmant Myosotis [1] abrité par le manteau gris et velu de ses feuilles, et dont la grande fleur bleue lutte d'azur avec le ciel. A part ces exceptions peu nombreuses, la limite des neiges éternelles, dans les montagnes, est la lisière d'où l'on doit compter le départ ou l'arrivée de la végétation : c'est le zéro géographique de la vie.

Là existe une ligne sinueuse, théâtre d'une guerre continuelle entre l'été qui veut fondre la neige, quelques plantes qui suivent rapidement ses conquêtes, et l'hiver, qui défend les hauteurs où il a le droit de régner. Mais les filets d'eau qui en descendent, qui glissent sur les rochers et viennent imbiber le terrain, appellent les Mousses veloutées, et celles-ci prennent possession d'un séjour où elles rencontrent leurs meilleures conditions d'existence. Des

1. Myosotis nain (*Myosotis nana* ou *Eritrichium nanum*).

Lichens lépreux attaquent les rochers mis à nu, les couvrent de leurs dessins bizarres, et fructifient dans l'atmosphère glacée où commence la vie. D'autres, les Cladonies, en gazons serrés et ramifiés, vivent sur la terre qu'ils protègent, sans lui demander cette belle nuance de verdure que la nature a si libéralement accordée aux productions végétales.

Au-dessous de cette zone, on trouve les gracieuses associations des plantes véritablement montagnardes, de ces espèces alpines qui vivent loin de nous et conservent toute leur indépendance. Robustes, aguerries, se contentant de peu, ces plantes se présentent les premières à la lutte des saisons, et sortent de la neige chargées de boutons fermés que le premier rayon du soleil va faire ouvrir. Dans ces lieux élevés, toutes les phases de la vie sont parcourues avec rapidité ; les saisons qui en règlent les époques y sont presque éphémères. Dès que l'air attiédi des longues journées d'été fouette les hauteurs de ses larges vagues, une foule de plantes que la neige abritait du froid s'éveillent à la vie. C'est là que la Soldanelle alpine épanouit ses fleurs légères près des corolles azurées de la Gentiane printanière ; c'est là que l'Œillet bleuâtre étale ses gazons parfumés et que l'Anémone des Alpes ouvre ses fleurs blanches ou soufrées.

A ces hauteurs, les plantes se serrent les unes contre les autres et forment des tapis d'un gazon court et velouté, que l'on retrouve dans les Andes, l'Himalaya, comme dans les Alpes. Souvent aussi une même touffe de plantes y devient énorme et semble acquérir en diamètre, en serrant ses rameaux, ce qui lui manque en hauteur. On voit fréquemment cette disposition dans les Alpes, et nous commençons aussi à l'apercevoir dans les montagnes de moindre élévation, où le Genévrier nain, la Camarine à fruits noirs, l'Œillet bleuâtre et de charmantes Saxifrages se réunissent en touffes ou en gazons, et se serrent pour lutter contre les vents et le froid des montagnes.

Dans les Cordillères, à une hauteur presque aussi grande que le sommet du mont Blanc, d'Orbigny rencontrait une végétation de ce genre, mais bien plus fortement accentuée encore.

« Il n'y a plus d'arbres ni même d'arbustes; on n'y voit, avec quelques rares Graminées, que des plantes vivant en famille et d'un aspect des plus singuliers. Aucune ne s'élève; toutes croissent sur les rochers, forment une masse compacte, arrondie, souvent de quelques mètres de diamètre, d'un beau vert, mais dont les rameaux sont tellement serrés en gazon, que la hache, pour ainsi dire, peut seule les entamer. »

Au-dessous de ces plantes herbacées commencent les arbrisseaux, c'est-à-dire les plantes dont l'existence cesse d'être souterraine, et qui aventurent leurs rameaux dans l'atmosphère. La distance qui sépare ces espèces arborescentes de la limite des neiges n'est pas la même dans tous les climats. En Europe, la zone élevée des montagnes est souvent caractérisée par un arbrisseau des plus remarquables, qui appartient spécialement à ce continent. C'est le Rhododendron ferrugineux [1], si commun dans les Alpes et dans les Pyrénées. Il occupe une large bande de 800 mètres d'étendue, commençant à 1600 et s'arrêtant à 2400 mètres d'altitude. De magnifiques fleurs rouges, qui se succèdent selon l'élévation, indiquent partout sa présence. Il vit en société, mais avec toute l'indépendance d'une espèce non civilisée, et refuse de venir prendre dans nos jardins un rang mérité près d'espèces étrangères. A part le Genévrier nain et quelques Saules réduits à de maigres touffes, le Rhododendron marque la limite extrême de la végétation arborescente.

Plus bas encore, l'apparition des arbres indique un climat moins rigoureux, une vie plus aérienne, plus en rapport avec l'atmosphère. De larges ceintures d'arbres résineux entourent les montagnes et séparent les zones alpestres des régions basses, où naissent alors à profusion les plantes qui appartiennent à la contrée où s'élèvent les montagnes.

H. Lecoq

1. Vulgairement *Laurier-rose des Alpes.*

LXVIII

Léthargie des plantes sous l'influence du froid.

Au sommet du mont Perdu, j'ai trouvé sept espèces de phanérogames; cinq appartiennent à la cime du pic du Midi; les deux autres, Céraiste des Alpes et Saxifrage Androsace, se rencontrent ailleurs, à des élévations bien moindres. Je les vis en fleur le 10 août; le temps était orageux, le soleil ardent, le vent soufflait avec impétuosité du sud-ouest, et pourtant le thermomètre centigrade ne s'éleva pas au-dessus de 7 degrés. Voilà les jours d'été de cette cime. Ici d'ailleurs l'espace accessible à la végétation est tellement resserré, il est si étroitement bloqué par les neiges, que c'est beaucoup si entre leur retraite et leur retour nos plantes ont six semaines pour végéter et fleurir. Souvent même cet intervalle doit se réduire au point de ne pas leur en laisser le temps, et l'on est fondé à présumer qu'il y a telles années où le sol qui les nourrit ne voit pas entr'ouvrir le voile qui les couvre.

Qui sait même jusqu'où peut se prolonger l'état de léthargie auquel ces plantes sont alors condamnées, et qui sait ce qu'il y en a d'enfouies sous les neiges et les glaces du mont Perdu, en attendant l'accident qui leur fera revoir le jour? J'ai une fois saisi la nature sur le fait; c'était au bord du glacier de Néouville. Je connaissais parfaitement ce glacier et ses limites accoutumées, lorsqu'en 1796 il subit une retraite extraordinaire. Dans le ravin qu'il abandonnait, j'assistai au réveil de quelques plantes sortant d'un sommeil dont je n'ose évaluer la durée; elles végétèrent vigoureusement et fleurirent au milieu de septembre, pour se rendormir bientôt sous de nouvelles neiges, que les années suivantes ont transformées en glaces et que je n'ai plus vues reculer.

J'y ai compté sept espèces; cinq d'entre elles se rencontrent rarement sur les sommets, parce qu'elles recherchent l'ombre et l'humidité, mais elles n'en appartiennent pas moins à cette tribu de plantes nivales dont les affections ne sont satisfaites que dans les hautes régions. Il leur faut une année tout autrement partagée que la nôtre; il leur faut un petit nombre de beaux jours et une végétation accélérée, suivie d'un long et profond repos. Elles craignent les chaleurs vives et surtout les chaleurs soutenues; elles ne craignent pas moins le froid et ne sont préservées que par les neiges qui, dans leur patrie, devancent les fortes gelées. Transportées dans nos plaines, ce sont, de toutes les plantes étrangères à notre sol, celles qui se montrent le plus intraitables. On ne peut les plier au cours de nos saisons; notre printemps se traîne, notre été est trop chaud, trop long, notre hiver trop âpre et trop court. En juillet, elles nous demandent de l'ombre, en décembre un abri, et, sur le total de l'année, neuf ou dix mois de sommeil que nos climats leur refusent.

Les plantes des contrées polaires ont les mêmes besoins et se trouvent dans les mêmes conditions. Plusieurs d'entre elles viennent spontanément se mêler aux nôtres, et l'on est moins étonné de les rencontrer que de ne pas les voir en plus grand nombre. Aux hautes latitudes, en effet, le climat, quoique autrement modifié, n'agit pas autrement sur la vitalité des végétaux. Peu leur importe, durant tout le temps où ils sommeillent, comment se succèdent les jours et les nuits, comment procèdent les mois et les saisons. Des degrés de froid très divers ne leur sont pas moins indifférents, sous le manteau de neige qui égalise pour eux les températures. Ce qui les concerne, c'est la coupe générale de l'année, c'est la proportion établie entre la période du repos et celle des développements; c'est surtout la durée, la marche et la mesure de la chaleur qui préside aux diverses fonctions de leur vie active. Sous tous ces rapports, les plantes arctiques et les plantes alpines sont traitées de la même manière. Etroitement associées par cette communauté de conditions, elles forment ensemble un groupe distinct dans le règne végétal, une petite tribu douée d'un tempérament particulier et d'une physionomie qui lui est propre.

RAMOND.

LXIX

Végétation des régions polaires.

Dans le nord de l'Europe, au delà des limites où le Chêne ne peut plus vivre, il existe encore d'immenses étendues couvertes de bois. Des Sapins d'une hauteur prodigieuse se rapprochent et confondent leurs branches allongées, qui viennent toucher la terre; les Pins s'y mêlent, et tantôt libres et élancés, tantôt gênés et rabougris, ils obstruent la forêt et la rendent impénétrable. De nombreux Lichens blanchâtres pendent des arbres; d'autres, allongés et rameux, forment sur le sol un tapis d'une grande épaisseur, qui plie et cède mollement sous les pieds du voyageur quand la pluie en a ramolli le tissu, et qui se brise en pétillant si la sécheresse en a raidi les fibres. De larges coussins de Mousses enlacées cachent de profonds et vastes marécages.

Au delà de ces forêts d'arbres toujours verts, qui vivent protégés par la résine dont toutes leurs parties sont imprégnées, on trouve encore des landes sans fin parsemées de Genévriers; mais l'arbre qui donne à ces tristes contrées un reste de vie est le Bouleau, qui, pendant l'hiver, lutte de blancheur par son écorce avec le givre attaché à ses rameaux, et qui, pendant l'été des régions polaires, montre le vert tendre de ses feuilles au-dessus des nappes de neige étendues sur le sol. Cet arbre résiste avec constance aux vicissitudes du climat, s'élève, se courbe, s'incline ; il rampe sur le sol, s'abrite sous les pierres; il s'attache à la vie et ne veut pas périr. Ses rameaux pendants et mobiles balancent leur feuillage sous l'impulsion du vent du nord; ses graines, qui ne mûrissent pas toujours, descendent avec les neiges de l'automne ou restent fixées sur les branches jusqu'au dégel qui ramène le printemps.

Le nord de l'Europe, au delà du cercle polaire, est la patrie de Saules nains, qui, rampants, difformes, presque herbacés, constituent des pelouses ou des buissons. Dans la partie septentrionale de l'Islande, ils donnent souvent au terrain qu'ils occupent l'aspect de champs de Luzerne. D'autres fois, au voisinage des neiges éternelles, ils sont presque privés de feuilles, rampants, noirâtres comme la roche qu'ils recouvrent. On les prendrait plutôt pour des touffes de racines que pour de véritables arbustes.

Enfin, au delà du cap Nord et de l'Islande, sur l'île inhospitalière du Spitzberg, le Saule, réduit à de maigres pousses rampantes, reste engourdi sous des neiges persistantes sans pouvoir développer tous les ans ses bourgeons et ses fleurs, et n'amenant ses graines à maturité qu'à de longs et de rares intervalles.

H. Lecoq.

Quelle végétation peut-il y avoir au Spitzberg, dans un pays couvert toute l'année de neige et de glace, et où la température moyenne de l'été est inférieure à celle du mois de janvier à Paris? Existe-t-il des plantes capables de vivre et de se propager dans de pareilles conditions du sol et du climat? Néanmoins, quand on aborde au Spitzberg, on aperçoit çà et là certaines places favorablement exposées où la neige a disparu. Ces îlots de terre épars au milieu des champs de neige qui les entourent semblent d'abord complètement nus, mais en s'en approchant, on distingue de petites plantes naines pressées contre le sol, cachées dans ses fissures, collées contre les talus exposés au midi, abritées par des pierres ou perdues dans les petites Mousses ou les Lichens gris qui tapissent les rochers. Les dépressions humides, couvertes de grandes Mousses du plus beau vert, reposent l'œil attristé par la couleur noire des rochers et le blanc uniforme de la neige. Au pied de falaises habitées par les oiseaux marins, dont le guano active la végétation sur la terre qu'il échauffe, des Renoncules, des Graminées atteignent quelquefois une hauteur de plusieurs décimètres; et au milieu des éboulements de pierres s'élève un Pavot à fleurs jaunes, qui ne déparerait pas les corbeilles de nos jardins. Nulle part un arbuste ou un arbre : les derniers de tous, le Bouleau blanc, le Sorbier des oiseleurs et le Pin sylvestre s'arrêtent en Norwège sous le 70e degré de latitude. Néanmoins quelques végétaux sont de consistance ligneuse : d'abord deux petites espèces de Saule, appliqués contre la terre et s'élevant au-dessus des Mousses humides, puis la Camarine à fruits noirs, qu'on trouve dans les marais tourbeux de l'Europe, jusqu'en Espagne et en Italie. Les autres plantes sont d'humbles herbes sans tige, dont les fleurs s'épanouissent au ras du sol. La plupart sont si petites, qu'elles échappent aux yeux du botaniste; on ne les aperçoit qu'en regardant soigneusement à ses pieds.

CH. MARTINS.

LXX

Chimie des êtres vivants.

Il me souviendra toujours de quelle rude manière un mien ami fut éconduit par un cuisinier de renom. Un jour de gala, il trouva l'artiste aux sauces en méditation gastronomique devant ses fourneaux. Face épanouie, menton à cascades, nez florissant flanqué de bourgeons, ventre majestueux, serviette retroussée sur la hanche, toque de percaline : tel était l'homme. Les casseroles bruissaient doucement sur les fourneaux. Par la jointure des couvercles, des bouffées s'exhalaient délicieusement odorantes et sapides. On eût dîné rien qu'à les respirer. L'âtre flambait devant la poularde truffée et le dindonneau chamarré d'aiguillettes de lard. A côté, la grive grassouillette et aromatisée de genièvre distillait ses entrailles sur la tartine beurrée.

— Eh bien, fit mon ami après les compliments d'usage, à quel chef-d'œuvre en sommes-nous?

— Râble de lièvre au coulis de vanneaux, répliqua l'artiste en se léchant le doigt avec les signes d'une profonde satisfaction.

Et il souleva le couvercle d'une casserole. Aussitôt, dans

la salle, un fumet se répandit à éveiller chez les plus sobres le démon de la sensualité.

Mon ami loua fort, puis :

— Vous êtes habile, tous en conviennent, dit-il; mais, parbleu, la belle affaire que de cuisiner bon avec de bonnes choses, que de faire un excellent rôti avec une poularde, un mets de haut goût avec un coulis de vanneaux! L'idéal du métier serait d'obtenir le rôti et le contenu de cette casserole, dont vous êtes justement fier, sans poularde, sans râble de lièvre et sans vanneaux. Le précepte : « Pour faire un civet de lièvre, prenez un lièvre, » est trop exigeant. Ne prend pas de lièvre qui veut. Il serait mieux de prendre autre chose de très commun, à la portée de tous, et d'obtenir tout de même le civet.

Le cuisinier écoutait ahuri, tant mon ami parlait avec un air de sincère conviction.

— Un vrai civet de lièvre sans avoir de lièvre, un vrai rôti de poularde sans avoir de poularde? Et vous feriez cela, vous?

— Non, pas moi : je n'ai pas, tant s'en faut, l'habileté voulue. Mais enfin, je sais quelqu'un qui le fait et auprès duquel vous et vos confrères n'êtes encore que d'ineptes fricoteurs.

La prunelle du cuisinier s'alluma d'un éclair. L'amour-propre de l'artiste était blessé au vif.

— Et qu'emploie-t-il, s'il vous plaît, votre maître parmi les maîtres? car je suppose qu'il ne tire pas ses poulardes de rien?

— Il fait usage d'assez pauvres ingrédients. Voulez-vous les voir? Les voici au complet.

Mon ami sortit trois fioles de sa poche. Le cuisinier en prit une. Elle contenait une fine poussière noire. L'artiste aux coulis palpa, goûta, flaira.

— C'est du charbon, fit-il; vous me la donnez belle. Vos poulardes au charbon doivent être fameuses! Voyons la seconde fiole. C'est de l'eau, ou je me trompe fort.

— C'est de l'eau, en effet.

— Et la troisième? Tiens, il n'y a rien.

— Si, il y a quelque chose : de l'air.

— Va pour de l'air. Dites donc : ça ne doit pas être lourd à l'estomac, vos poulardes à l'air. Parlez-vous sérieusement?

— Très sérieusement.

— Vrai?

— Tout ce qu'il y a de plus vrai.

— Votre artiste fait ses poulardes avec du charbon, de l'eau, de l'air, et rien de plus?

— Oui.

Le nez du cuisinier tournait au bleu.

— Avec de l'eau, du charbon et de l'air, il ferait cette brochette de tourdes?

— Oui, oui!

Du bleu, le nez du cuisinier passait au violet.

— Avec du charbon, de l'air et de l'eau, il ferait ce pâté de foie gras, cette étuvée de pigeons?

— Oui! cent mille fois oui!

Le nez montait à sa dernière phase, il devenait cramoisi. La bombe éclata. Le cuisinier se crut devant un maniaque qui se moquait de lui. Il prit mon ami par les épaules et le mit à la porte, en lui jetant aux jambes les trois fioles à poulardes. Le nez irascible redescendit par degrés du cramoisi au violet, du violet au bleu, du bleu au ton normal; mais la démonstration de la poularde au charbon, à l'air et à l'eau resta inachevée. N'en déplaise à l'homme au coulis, mon ami cependant disait très vrai; la substance de tout être vivant, plante ou animal, se compose de charbon, d'air et d'eau ou plus exactement des quatre éléments chimiques, oxygène, hydrogène, azote et carbone. Tout ce que le cuisinier préparait pouvait se ramener à du charbon et aux éléments de l'air et de l'eau. Mon ami avait réellement dans ses trois fioles les matières premières des poulardes, des étuvées de pigeons, des patés de foie gras; mais pour rassembler ces matières en chair et en farine, pour construire le merveilleux édifice, l'artiste manquait, le grand artiste dont parlait mon ami. Quel est-il? La verte cellule des plantes! J.-H. Fabre.

LXXI

Le gaz carbonique.

Les produits de la respiration d'un animal sont identiques avec ceux de la combustion dans un foyer. Le foyer et l'animal aspirent de l'air et rendent du gaz carbonique, de la vapeur d'eau et de l'air très pauvre en oxygène. L'oxygène qui manque s'est évidemment fixé sur les éléments combustibles qu'il a rencontrés dans le foyer, carbone et hydrogène, et a produit ainsi du gaz carbonique et de l'eau. Pareillement, l'oxygène de l'air aspiré par l'animal rencontre dans son trajet à travers l'organisation du carbone et de l'hydrogène sous une forme quelconque; il se combine avec eux et les transforme en acide carbonique et en eau.

Dans les deux cas, il y a en même temps production de chaleur, cause du travail mécanique qu'accomplit la machine mise en jeu par le foyer, cause aussi des efforts musculaires de l'animal. Pour produire de la chaleur, finalement convertie en travail mécanique, la machine animale brûle du charbon tout comme la machine industrielle; pas une fibre ne remue dans l'organisation qui n'amène une dépense proportionnelle de combustible. Vivre, c'est se consumer, dans l'acception rigoureuse du mot; respirer, c'est brûler. On a dit de tout temps en style figuré : le flambeau de la vie. Il se trouve que l'expression figurée est l'expression exacte de la réalité. L'air consume le flambeau, il consume l'animal; il fait répandre au flambeau chaleur et lumière, il fait produire à l'animal chaleur et mouvement. Sans air, le flambeau s'éteint; sans air, l'animal meurt. L'animal est, sous ce point de vue, assimilable à une machine d'une haute perfection, mise en mouvement par un foyer de chaleur. Il se nourrit et respire pour produire mouvement et chaleur; il mange son combustible sous forme d'aliments et le brûle dans les profondeurs de son corps avec l'oxygène amené par la respiration.

En moyenne, nous brûlons par la respiration de 8 à 10 grammes de charbon par heure, ce qui porte à 450 litres environ le gaz carbonique exhalé par une personne en 24 heures. A ce compte, une personne vivant soixante ans en brûle de 4000 à 5000 kilogrammes, et la grande famille humaine, approximativement évaluée à un milliard, en brûle au moins 70 000 millions de kilogrammes par an; de sorte que la production annuelle du gaz carbonique par l'homme seul doit être bien près de 160 milliards de mètres cubes.

A cette source d'acide carbonique, il faut ajouter celle qui résulte de la respiration des animaux, et des matières qui se décomposent, qui brûlent par pourriture. D'un hectare de terre moyennement fumée, il s'en dégage par jour près de 160 mètres cubes. Il faut tenir compte encore de l'acide carbonique produit par la combustion du bois, du charbon, de la houille. L'Europe seule extrait tous les ans du sein de la terre 550 millions de quintaux métriques de combustibles minéraux, houille, lignite, tourbe, qui produisent, en brûlant, 80 milliards de mètres cubes de gaz carbonique. Ce n'est pas tout encore : de nombreuses sources renferment ce gaz en dissolution et le laissent dégager à l'air; les volcans en vomissent, et certaines éruptions volcaniques en exhalent des quantités devant lesquelles les nombres qui précèdent sont insignifiants.

Ainsi, il arrive de toutes parts dans l'atmosphère d'immenses torrents de gaz carbonique qui finiraient, s'accumulant toujours, par rendre l'air irrespirable. Cependant, si l'on soumet l'air atmosphérique aux recherches de la chimie, on y reconnaît une proportion très faible et à peu près constante d'acide carbonique, savoir, un litre environ de ce gaz sur deux mille litres d'air.

Puisque le gaz carbonique se maintient dans l'atmosphère en faible proportion très peu variable, malgré son dégagement continuel en volume immense, quelles sont donc les causes qui l'empêchent de s'accumuler? Ces causes sont multiples ; l'une d'elles est la respiration des plantes.

Sous le stimulant de la lumière solaire, les parties vertes

des végétaux, principalement les feuilles, décomposent l'acide carbonique puisé dans l'atmosphère. L'oxygène est dégagé, propre désormais à la respiration, à la combustion. Quant au carbone, il reste dans le tissu de la plante, où il donne naissance à diverses matières organiques, sucre, fécule, bois. Tôt ou tard, ces matières sont décomposées par la combustion lente ou la pourriture, par la combustion rapide, par la nutrition de l'animal, et le charbon redevient acide carbonique qui retourne dans l'atmosphère, où de nouvelles plantes le puiseront encore pour se nourrir et transmettre à l'animal les matières alimentaires ainsi préparées. Le même charbon va et vient, suivant un cercle invariable, de l'atmosphère à la plante, de la plante à l'animal, de l'animal à l'atmosphère, réservoir commun où tous les êtres vivants puisent pour quelques jours la majeure partie des matériaux qui les composent. L'oxygène est son véhicule. L'animal emprunte son charbon à la plante sous forme d'aliment et en fait du gaz carbonique ; la plante puise dans l'atmosphère ce gaz irrespirable, le remplace par de l'oxygène, et, de son charbon, prépare la nourriture de l'animal. Les deux règnes organiques se prêtent ainsi un mutuel secours : l'animal fait du gaz carbonique, dont la plante se nourrit ; la plante, de ce gaz meurtrier, fait de l'air respirable et des matières alimentaires.

L'ensemble de la végétation conservant un même degré de vigueur, et tel paraît être l'état des choses, la masse d'acide carbonique en activité dans le règne végétal forme, pour ainsi dire, un torrent qui revient à sa source et se suffit à lui-même. Par leur décomposition spontanée et par le travail respiratoire des animaux, qu'ils ont tous alimentés directement ou indirectement, les végétaux dégagent autant d'acide carbonique qu'il en faut pour constituer une végétation pareille. Si la respiration animale et la décomposition putride des deux règnes, associées à la combustion de nos foyers, dégagent, à elles seules, l'acide carbonique que l'ensemble des plantes soustrait à l'atmosphère, les êtres vivants tournent dans le même cercle de leurs éléments chimiques ; ils reprennent aujourd'hui leurs dépouilles d'hier. La destruction organique fournit à la rénovation ses matières premières ; la mort et la vie s'équilibrent ; les lois providentielles emploient les vieux matériaux à de récents ouvrages, toujours détruits et toujours renouvelés.

Une fois la part faite au rôle des plantes dans la composition permanente de l'atmosphère, il n'en reste pas moins à se rendre compte de l'acide carbonique, immensément plus considérable, rejeté par les sources gazeuses et les bouches volcaniques. Il faut donc qu'une autre cause soit en travail pour maintenir la salubrité de l'océan aérien, pour empêcher l'accumulation dans l'air du gaz irrespirable exhalé par les entrailles de la terre.

Cette cause réside dans les plus humbles populations des mers, populations qui, s'habillant de calcaire, solidifient le gaz carbonique en excès, le transforment en pierre et le dérobent à jamais à l'atmosphère. Des légions d'animaux océaniques, mollusques et coraux, se couvrent d'une enveloppe pierreuse, dont la moitié à peu près est formée avec l'acide carbonique charrié de l'atmosphère à la mer par les pluies et les eaux courantes ; et, de leurs dépouilles minérales, où le gaz asphyxiant est pour toujours captif, bâtissent les assises des continents futurs.

L'histoire des anciens âges de la Terre nous renseigne sur les conséquences du travail qui s'effectue dans les mers actuelles. A quelque hauteur que nous nous élevions sur les rampes des montagnes, à quelque profondeur que nous descendions dans les entrailles du sol, nous trouvons dans le calcaire d'innombrables fossiles, c'est-à-dire les restes minéraux des êtres vivant au sein des mers où cette roche s'est formée. Plusieurs de nos marbres sont pétris de choses ayant eu vie ; notre pierre à bâtir n'est souvent qu'un ossuaire, qu'un amas de coquillages et de coraux brisés, et il est presque impossible d'en extraire une parcelle où l'animalité n'ait laissé son empreinte. Dans ces catacombes du vieux monde, ce ne sont pas les plus grandes espèces qui ont fourni le plus fort contingent ; le nombre supplée à la taille. Les puissantes assises de calcaire d'où l'Égypte retira les matériaux de ses pyramides sont formées de petits coquillages, de *nummulites*, semblables à des lentilles; celles que Paris exploite pour ses constructions ne sont souvent qu'une agglomération de menues coquilles granulaires, de *milliolites*, qui n'atteignent pas un millimètre. Rien ne saisit davantage l'esprit que la faiblesse apparente des moyens mis en œuvre et l'immensité des résultats obtenus. Mais aussi, qui prétendrait nombrer les générations et les siècles nécessaires à de pareils entassements !

Le moindre animalcule était donc dans les océans des anciens âges, comme il l'est dans ceux de nos jours, un laboratoire de carbonate de chaux. Ouvrier de l'infiniment petit, il travaillait pour l'infiniment grand : car, en léguant aux âges futurs sa carapace inanimée, il apportait son atome de calcaire à la charpente de la Terre, il cimentait de sa frêle dépouille les assises des Andes et de l'Himalaya. Sans repos, ces architectes obscurs, ces assainisseurs providentiels d'une atmosphère impure, solidifiaient, pour s'en vêtir, le gaz carbonique en excès charrié dans les mers par les eaux courantes ; et de leurs habitacles calcaires, de leurs enveloppes minérales, de leurs tests pierreux accumulés avec l'effrayante profusion d'une fécondité sans bornes, jetaient les assises du sol que nous foulons aux pieds. Coraux, mollusques, crustacés, madrépores, poursuivent dans les mers actuelles le même travail, dont les conséquences sont la salubrité de l'atmosphère et les bases des continents futurs.

Deux grands systèmes d'activité mettent donc en œuvre l'acide carbonique. Dans l'un, le gaz carbonique va de l'atmosphère à la plante, de la plante à l'animal, et de l'un et l'autre à l'atmosphère ; alimentant la vie des dépouilles de la mort, il tourne suivant un circuit qui revient sur lui-même. Dans l'autre système, le gaz carbonique exhalé par la terre est entraîné par les eaux dans la mer, où il se minéralise en se combinant avec de la chaux, devient pierre par le travail de l'animal et se trouve ainsi désormais soustrait à l'atmosphère. J.-H. Fabre.

LXXII

Décomposition de l'acide carbonique par les végétaux.

Au grand banquet des êtres, trois mets seulement sont servis, accommodés d'une infinité de manières. Depuis le gourmet qui dîne des richesses gastronomiques des cinq parties du monde, jusqu'à l'huître qui fait ventre d'un peu de glaire apportée par le flot, depuis le chêne qui suce de ses racines l'étendue d'un arpent, jusqu'à la moisissure qui s'installe sur un atome de pourriture, tout puise au même fonds : le charbon, l'air et l'eau. Ce qui varie, c'est le mode de préparation.

Le loup et l'homme, quelque peu loup pour le genre de nourriture et autres choses encore, mangent leur charbon accommodé en mouton ; le mouton broute le sien accommodé en herbe ; et l'herbe..... C'est ici la grande affaire qui établit reine de ce monde la cellule végétale et lui assujettit et le loup et le mouton et l'homme. Dans la chair, l'estomac de l'homme et celui du loup trouvent le charbon, l'air et l'eau, préparés sous un petit volume en mets de haute saveur ; dans l'herbage, l'estomac du mouton les trouve aussi savamment préparés, moins savoureux, il est vrai, et de plus grand volume. Mais la plante, qui fait la chair du mouton, comme celle-ci fait la chair de l'homme, à quelle sauce mange-t-elle sa part de charbon, d'air et d'eau ?

Elle la mange au naturel, ou peu s'en faut. La cellule verte, estomac d'une miraculeuse puissance, digère le charbon, s'abreuve d'air et d'eau ; et de ces trois choses, dont toute autre qu'elle ne voudrait pas, compose le brin d'herbe, qui transmet au mouton l'air, le charbon et l'eau groupés désormais sous forme nutritive. Le mouton reprend en sous-œuvre la préparation fondamentale du brin d'herbe, l'améliore un peu, à peine, et s'en fait de la chair qui, finalement, par une retouche des plus simples, devient chair d'homme ou chair de loup suivant le consommateur.

Dans cette succession de mangeurs et de mangés, à qui, s'il vous plaît, le travail le plus méritoire ? L'homme emprunte les matériaux de son corps au mouton, qui les renferme tout préparés ; le mouton les extrait de la plante, où ils sont déjà très dégrossis ; la plante seule puise à la source première; elle mange l'immangeable, l'air, le charbon et l'eau, et, par un travail transcendant, les convertit en substances alimentaires dont l'animal doit hériter. C'est donc elle, en définitive, qui tient table ouverte aux populations de la terre.

La plante ne se nourrit pas à notre manière, elle s'imbibe des matières qui doivent l'alimenter. Le charbon destiné à sa nourriture doit être préalablement fluidifié, dissous. Or le dissolvant du charbon, c'est l'air [1]. Examinons cela de près, la chose en vaut la peine.

On allume une pelletée de charbon. Le charbon prend feu, devient rouge et se consume en dégageant de la chaleur. Bientôt il ne reste plus qu'une pincée de cendre, d'un poids insignifiant par rapport au poids primitif. Qu'est devenu le charbon ? Il s'est consumé, me direz-vous ; il s'est brûlé. D'accord ; mais se consumer, serait-ce se réduire à néant ? Le charbon, une fois brûlé, n'est-il plus rien, absoment plus rien ? Si tel est votre avis, je vous apprendrai qu'en ce monde rien ne s'anéantit. Essayez d'anéantir un grain de sable. Vous pourrez l'écraser, le mettre en poudre impalpable; mais le réduire à rien, jamais. Le chimiste, avec tout son arsenal de drogues et d'appareils, ne l'anéantirait pas davantage. Il le fondra, si vous le désirez, au feu de ses fourneaux; il le dissoudra dans des liquides; il le réduira en vapeurs invisibles ; en l'associant avec ceci ou cela, il lui donnera tel aspect, telle couleur, telle manière d'être ; mais, en dépit de toutes les violences, le grain de sable existera toujours. Néant et hasard, ces deux grands mots, que nous employons à tout propos, ne signifient rien. Tout obéit à des lois ; tout persiste indestructible.

1. Ou plus exactement l'oxygène, l'un des éléments de l'air. L'autre élément est l'azote.

Le charbon consumé n'est donc pas anéanti. Il n'est plus dans le fourneau, c'est vrai, mais il est dans l'air, en dissolution, sous un état invisible. Vous mettez un morceau de sucre dans l'eau; le sucre se fond, se dissémine dans le liquide et cesse dès lors d'être visible aux regards les plus perçants. Ce sucre invisible n'en existe pas moins. La preuve, c'est qu'il a communiqué à l'eau une propriété nouvelle, le goût sucré. Ainsi fait le charbon. Par la combustion, il se dissout dans l'air et devient invisible.

La dissolution qui se fait dans nos foyers d'une manière violente, avec production d'une forte chaleur, n'est pas la seule manière dont le charbon se consume. Un morceau de bois abandonné aux intempéries brunit à la longue, perd peu à peu sa consistance et tombe enfin en poudre. Eh bien, cette décomposition est de tous points comparable à ce qui se passe dans un fourneau. C'est encore une combustion, mais si lente qu'il n'y a pas de chaleur sensible; à la suite de ces pertes incessantes, un tronc d'arbre finit par se réduire à quelques poignées de terre, comme le charbon des fourneaux se réduit à un peu de cendre. Même résultat pour toute matière végétale ou animale en décomposition. Toute chose qui se pourrit se consume, c'est-à-dire dissout lentement son charbon dans l'air.

L'animal, une fois mort, se dissipe donc peu à peu dans l'atmosphère en charbon invisible. A l'état de vie, il est encore une source continuelle de charbon dissous. Tous les animaux respirent, c'est-à-dire admettent dans l'intérieur de leur corps une certaine quantité d'air, d'instant en instant renouvelée, dont la mission est d'entretenir la chaleur de la vie en brûlant du charbon fourni par les aliments. L'animal est une sorte de calorifère qui mange son combustible sous forme d'aliments, et le brûle dans les profondeurs de son corps avec l'air amené par la respiration. Il se nourrit pour entretenir la chaleur naturelle ; le comestible est pour lui du combustible. Or l'air imprégné de charbon est rejeté au dehors. De là le double mouvement respiratoire, l'inspiration, qui amène de l'air pur dans le corps; l'expiration, qui en chasse l'air saturé de charbon. Ainsi la combustion d'une bûche dans l'âtre, la décomposition putride d'un cadavre, la respiration animale, sont, en dernière analyse, des phénomènes du même ordre. C'est, dans les trois, une dissolution de charbon dans l'air, accompagnée de plus ou moins de chaleur. Se consumer, respirer, pourrir, chimiquement sont synonymes.

En s'imprégnant de charbon, l'air acquiert de nouvelles propriétés. C'est alors un gaz redoutable, nommé acide carbonique par les chimistes. L'acide carbonique est invisible, impalpable, subtil comme l'air lui-même. Il est impropre à la vie, il n'entretient pas la combustion. Plongés dans une atmosphère de gaz carbonique, l'animal meurt, la lampe s'éteint. La raison en est évidente. Le calorifère animal, foyer de la vie, doit être sans relâche alimenté avec de l'air pur, capable de dissoudre dans le corps sa dose de charbon et produire ainsi de la chaleur. Si la respiration ne lui envoie que l'air impropre à ce travail, de l'air contenant tout le charbon qu'il peut dissoudre, le calorifère ne marche plus, la chaleur tombe et la vie s'en va. A la flamme de la lampe, il faut de l'air toujours renouvelé, qui maintienne la chaleur en dissolvant sans repos du charbon. S'il ne peut plus en dissoudre, s'il est devenu gaz carbonique, l'air n'entretient plus la combustion, et la lampe s'éteint. Flambeau de la mèche imprégnée d'huile et flambeau de la vie alimentée de pain vivent dans l'air, qui dissout leur charbon, et meurent dans le gaz carbonique, qui ne peut le dissoudre.

Une appréhension vous saisit quand on connaît l'ennemi redoutable dont je viens de parler. Tout ce qui respire, tout ce qui brûle, tout ce qui fermente, tout ce qui pourrit, exhale du gaz carbonique, qui se répand dans l'atmosphère. Celle-ci, réceptacle de ces mortelles émanations, ne finira-t-elle pas, avec les siècles, par devenir irrespirable ? Nullement : les races animales n'ont rien à craindre de l'asphyxie générale ni dans le présent, ni dans l'avenir. L'atmosphère, toujours empoisonnée d'acide carbonique, est toujours assainie ; toujours chargée de charbon, elle en est toujours purgée. Et quel est le providentiel assainisseur chargé de la salubrité générale ? C'est la cellule, enfants, la cellule végétale, qui se nourrit de gaz carbonique pour nous empêcher de périr, et nous en pétrit du pain pour nous faire vivre. Cet air meurtrier en lequel se résout toute chose devenue cadavre est l'aliment par excellence de la plante. Pour le miraculeux estomac de la cellule, pourriture, c'est nourriture. Des dépouilles délétères de la mort, la vie se reconstitue.

La feuille est criblée d'une infinité d'orifices, bouches microscopiques que l'on nomme stomates. Par ces orifices, la plante respire, non l'air pur comme nous, mais l'air empoisonné, mortel pour l'animal et salubre pour elle. Elle aspire, par ses myriades de bouches, le gaz carbonique répandu dans l'atmosphère ; elle l'admet dans l'épaisseur de ses feuilles, et là, sous l'influence des rayons du soleil, un acte suprême se passe, incompréhensible comme la vie elle-même. Les cellules, stimulées par la lumière, aspirent l'acide carbonique et le décomposent dans le tissu de la feuille. Elles débrûlent (le mot n'est pas dans le dictionnaire, et c'est dommage, car il rend bien l'idée), elles débrûlent le charbon brûlé, elles défont ce qu'avait fait la combustion, elles séparent le charbon de l'air qui lui est associé ; en un mot, elles décomposent le gaz carbonique. Et n'allez pas vous figurer que ce soit chose facile que de ramener à l'état primitif deux substances mariées par le feu, que de débrûler une matière brûlée. Il faudrait au chimiste tout ce qu'il possède d'ingénieux moyens et de drogues brutales pour extraire le charbon du gaz carbonique. Eh bien, ce travail qui mettrait en action tout l'arsenal d'un laboratoire, les cellules vertes l'accomplissent paisi-

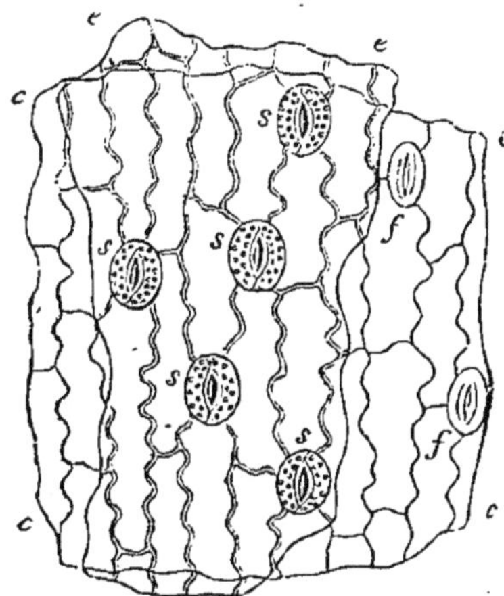

Fig. 63. — Stomates du Lis.

blement, sans effort, en se jouant. En un rien de temps, c'est fait : le charbon et le gaz respirable, l'oxygène, se séparent, et chacun reprend ses propriétés premières.

Dépouillé de son charbon, le gaz redevient ce qu'il était avant de s'associer à lui ; il redevient gaz respirable, apte à entretenir et le feu et la vie. En cet état, il est rejeté par les stomates, pour servir de nouveau à la combustion, à la respiration. Il était entré gaz mortel dans la feuille, il en sort gaz vivifiant. Il y reviendra un jour avec une nouvelle charge de charbon, il la déposera dans le magasin des cellules, et aussitôt épuré recommencera sa tournée atmosphérique. L'essaim va et vient de la ruche aux champs et des champs à la ruche, tour à tour allégé, ardent au butin, ou bien chargé de miel et regagnant les rayons d'un vol appesanti. L'air est comme l'essaim de la ruche végétale : il arrive aux stomates avec une charge de charbon butiné dans les veines de l'animal, sur le tison embrasé, sur les matières en putréfaction ; il le cède aux cellules et repart, infatigable, pour de nouvelles récoltes.

C'est ainsi que l'atmosphère conserve une composition invariable, malgré les immenses torrents d'acide carbonique qui sans cesse y sont déversés. La plante aspire le gaz mortel. Sous l'influence de la lumière solaire, elle le décompose en charbon, qu'elle garde, et en gaz respirable, en oxygène, qu'elle restitue à l'atmosphère. L'animal et la plante se prêtent ainsi un mutuel secours : l'animal fait du gaz carbonique, dont la plante se nourrit; la plante, de ce gaz meurtrier, fait de l'air respirable nécessaire à l'animal. Nous vivons doublement par les plantes : elles nous assainissent l'atmosphère, elles nous préparent le manger.

La feuille associe le charbon soutiré au gaz carbonique, avec les éléments de l'eau et de l'air arrivés par la voie des racines; et du tout elle compose un liquide, la sève descendante, qui s'infiltre entre l'écorce et le bois du sommet à la base du végétal. Ce liquide, on ne peut l'appeler ni bois, ni écorce, ni feuille, ni fleur, ni fruit; ce n'est rien de tout cela et c'est un peu de tout cela. Le sang de l'animal n'est ni chair, ni os, ni toison; de sa substance cependant se font os, chair et toison. La sève, elle aussi, est un fluide propre à tout ; elle est matière à fruit et à bois, à feuilles et à fleurs, à écorce et à bourgeons. Elle est le sang de la plante ; chaque organe y trouve de quoi se développer, se nourrir. La feuille y prend un peu de ceci, un peu de cela, suivant ses goûts, ses aptitudes ; elle solidifie sa cueillette liquide, elle l'arrange, la façonne à sa guise, et, avec un art dont nul parmi les plus habiles n'entrevoit même le premier mot, elle lui donne forme de cellules, de granulations vertes, de vaisseaux ; elle organise ce liquide informe, lui donne vie et s'en fait substance de fleur. La feuille s'abreuve aussi au flux de la sève ; elle y choisit des matériaux à sa convenance et en compose son coloris, ses parfums. Le fruit y puise sa matière à fécule, sa matière à sucre, sa matière à gelée ; le bois y récolte de quoi se faire des fibres, de quoi s'endurcir de ligneux ; l'écorce y prend pour son étui de liège, pour ses fines dentelles de liber. Pauvre d'aspect, ce liquide n'est rien en apparence ; en réalité, c'est tout. Il est la grande mamelle de la Vie. Directement pour la plante, indirectement pour l'animal, le monde entier s'abreuve à ce courant fécond.

J.-H. Fabre.

Ch. Bonnet, occupé de recherches sur l'usage des feuilles, avait placé des feuilles vertes sous de l'eau de source au soleil ; il vit des bulles gazeuses s'en élever. Frappé de ce phénomène, il se demandait si ce gaz provenait de la feuille ou de l'eau. Pour le reconnaître, il plaça les mêmes feuilles, dans les mêmes circonstances, sous de l'eau privée d'air par l'ébullition ; les bulles ne s'élevèrent point. Il en conclut que ces bulles étaient fournies par l'eau et n'avaient rien de relatif aux fonctions des feuilles. Ainsi, une marche très logique en apparence le conduisit à négliger l'un des faits les plus importants de la végétation.

Trente ans plus tard, Priestley fut conduit à voir les mêmes bulles gazeuses s'élever des feuilles vertes placées dans l'eau au soleil. Occupé de ses importantes recherches sur les gaz, il recueillit l'air qui s'était élevé dans le fond du bocal plein d'eau et renversé sur une soucoupe, le soumit à l'analyse et reconnut que c'était de l'oxygène presque pur.

Cette observation remarquable attira toute l'attention des physiologistes. Ingenhouz, Spallanzani et surtout Senebier et de Saussure étudièrent tous les détails du fait avec soin et prouvèrent qu'il était lié aux lois les plus importantes de la vie végétale. Les conditions dont la réunion est nécessaire pour que le phénomène ait lieu sont la couleur verte de la plante, l'action des rayons directs du soleil, et la présence de l'acide carbonique dans l'eau. Reprenons ces trois éléments de la question.

L'expérience a prouvé que seules les parties vertes des végétaux, les feuilles notamment, sont aptes à dégager du gaz oxygène au soleil; mais que les parties non vertes, comme les racines, les pétales, les étamines, les fruits colorés, les champignons, et les lichens qui ne verdissent jamais, ne donnent pas lieu au dégagement de ce gaz.

L'action directe des rayons du soleil est indispensable; le jour le plus pur, l'action des lampes équivalant à peu près au jour, ne suffisent pas pour déterminer le dégagement des bulles d'oxygène. Dans ce cas, et à plus forte raison pendant la nuit, il ne se dégage aucun gaz lorsqu'on met des feuilles vertes sous l'eau.

Enfin, toutes les eaux ne sont pas également propres au dégagement des bulles gazeuses. L'eau bouillie et l'eau distillée, qui ne renferment aucun gaz en dissolution, ne laissent rien dégager par les feuilles. L'eau dans laquelle on a fait dissoudre de l'azote, de l'hydrogène, ou même de l'oxygène, présente le même résultat. Si au contraire l'eau contient une quantité quelconque de gaz acide carbonique en dissolution, la feuille verte, aidée de l'action de la lumière, en dégage du gaz oxygène. Senebier a même remarqué que la quantité de gaz oxygène est plus grande lorsqu'on emploie de l'eau dans laquelle on a fait dissoudre du gaz carbonique en quantité plus forte que celle qui s'y trouve habituellement. Ainsi, pour ne citer qu'un seul exemple entre plusieurs centaines d'expériences publiées, une branche de Framboisier qui ne fournissait pas d'oxygène dans l'eau distillée a donné dans l'eau commune un volume d'oxygène égal à celui de 108 grains d'eau; et, dans l'eau chargée artificiellement d'acide carbonique, elle en a fourni un volume égal à celui de 1664 grains. Senebier a conclu de ces faits que le gaz acide carbonique dissous dans l'eau est, sous les rayons directs du soleil, décomposé par les parties vertes des végétaux. La feuille s'empare du carbone, et le gaz oxygène, devenu libre, s'élève dans le bocal.

J'ai répété l'expérience de Senebier sous une forme plus frappante. J'ai placé sur une même cuvette pleine d'eau distillée deux bocaux renversés. L'un des bocaux A était également rempli d'eau distillée dans laquelle nageait une Menthe aquatique, tandis que l'autre B était plein de gaz acide carbonique. L'appareil était exposé au soleil. On voyait chaque jour le gaz carbonique diminuer dans le bocal B, ce que l'on reconnaissait par l'élévation de l'eau; au sommet du bocal A, il s'élevait en même temps un volume de gaz carbonique disparu dans l'autre bocal. Pendant douze jours qu'a duré l'expérience, la Menthe vivait en bonne santé, tandis qu'une plante semblable placée sous un bocal isolé et plein d'eau distillée n'avait pas dégagé de gaz oxygène et donnait des signes évidents de décomposition. Ainsi, dans cette expérience, on voyait, pour ainsi dire, le gaz carbonique passer du bocal B dans le bocal A par l'intermédiaire de l'eau, et arriver à la plante, qui le décomposait en s'en nourrissant.

De Candolle.

En observant l'Univers, on voit bientôt qu'une des formules suivies par le Créateur a été d'employer la plus grande économie de temps, de forces et de matériaux, pour donner aux effets qu'il a voulu produire la plus grande énergie et la plus grande magnificence. On ne peut donc imaginer que ces torrents de lumière qui se répandent à chaque seconde sur notre globe le pénètrent sans utilité, et qu'ils ont rempli toutes leurs fonctions quand ils cessent d'ébranler la rétine de quelques animaux. Si les plantes ne peuvent vivre sans le secours de la lumière, si elles ne peuvent porter des graines fécondes sans lumière, ne sommes-nous pas forcés de trouver la lumière dans nos aliments, dans nos combustibles? Le temps viendra où l'on reconnaîtra dans la lumière le grand agent de la vie.

SENEBIER.

Pour démontrer l'absorption et la décomposition du gaz acide carbonique par les végétaux, le mode d'expérimentation le plus simple consiste à introduire des feuilles ou des rameaux feuillés dans un flacon en verre incolore, rempli d'eau ordinaire qui contient presque toujours une certaine proportion d'acide carbonique dissous. Le flacon étant exposé aux rayons directs du soleil, on ne tarde pas à voir les feuilles se couvrir de petites bulles gazeuses, qui peu à peu se dégagent et gagnent le haut du vase. Quand le gaz recueilli est en suffisante quantité, on constate que c'est de l'oxygène à peu près pur. Ainsi conduite, l'expérience s'écarte beaucoup de l'état naturel des choses : au lieu d'opérer sur des plantes entières, tenant au sol par leurs racines et déployant leur feuillage dans l'air, on expérimente sur des fragments qui n'ont plus de rapport avec la terre et qui sont placés dans un milieu, l'eau, étranger aux végétaux aériens. Les résultats obtenus dans ces conditions exceptionnelles sont-ils réellement applicables à la végétation normale? Les recherches faites par de récents observateurs ne laissent aucun doute à ce sujet. La première en date et la plus célèbre des expériences faites dans des conditions naturelles est celle de M. Boussingault sur la Vigne.

L'illustre chimiste introduisit dans un grand ballon de verre incolore un rameau d'une vigne en pleine végétation. Le rameau adhérait à la tige mère et portait une vingtaine de feuilles. Le ballon était plein d'air ordinaire, se renouvelant avec une vitesse modérée au moyen d'un appareil aspirateur. Or l'analyse constatait dans l'air qui entrait dans le ballon une proportion d'acide carbonique trois fois plus forte que dans l'air qui sortait après avoir été en rapport avec les feuilles aux rayons du soleil. L'acide carbonique disparu était remplacé par un volume à peu près égal d'oxygène. Il suffisait donc d'un passage même assez rapide sur les feuilles, pour enlever à l'air les trois quarts de son gaz carbonique et le décomposer.

J.-H. FABRE.

LXXIII

Travail des rayons solaires dans la végétation.

La quantité de carbone qui entre dans la composition des végétaux est, en nombre rond, de 40 à 45 pour 100. Or l'acte qui détermine l'assimilation du carbone est un phénomène simple. L'acide carbonique, formé de carbone et d'oxygène, est absorbé par les feuilles, qui le décomposent. Le carbone reste acquis à la plante, tandis que l'oxygène, devenu libre, retourne à l'atmosphère. Il se produit donc là un fait chimique véritablement extraordinaire, et que nous ne pouvons obtenir dans nos laboratoires sans appeler à notre aide les moyens d'analyse les plus puissants dont la chimie dispose. Cette décomposition, le tissu délicat d'une feuille l'opère cependant sans que sa fragile organisation en soit altérée. Le grand moteur de ce travail admirable est la lumière solaire. Voici un calcul qui nous rendra compte des forces dépensées dans cet acte fondamental de la végétation.

La combustion d'un corps est accompagnée d'une élévation de température. La combustion de 1 kilogramme de charbon, par exemple, produit une quantité de chaleur telle qu'on pourrait, à son aide, élever de 1 degré centigrade 8000 kilogrammes d'eau. Si j'ajoute qu'on appelle *calorie* la quantité de chaleur nécessaire pour élever de 1 degré centigrade 1 kilogramme d'eau, nous pouvons dire que la combustion de 1 kilogramme de charbon produit 8000 calories.

D'autre part, avec de la chaleur, on engendre de la force mécanique. Entre le poids du corps brûlé, la température produite et la force qui peut en naître, il y a une corrélation immuable. On sait, en effet, de science certaine, qu'une calorie équivaut à un effort capable d'élever un poids de 1 kilogramme à 434 mètres de hauteur; et on appelle *kilogrammètre* ou unité dynamique l'effort nécessaire pour élever 1 kilogramme à un mètre de hauteur.

Il suit de là qu'une calorie, ou la quantité de chaleur qui fait monter de 1 degré 1 kilogramme d'eau, suffit pour élever ce même kilogramme à 434 mètres de hauteur, ou, en d'autres termes, qu'une calorie est équivalente à 434 kilogrammètres.

Poussons plus loin les conséquences de ces premières données. Le travail d'un cheval attelé est exprimé par 270000 kilogrammètres à l'heure, c'est-à-dire que les efforts qu'il dépense élèveraient en une heure 270000 kilogrammes à 1 mètre de hauteur. On estime la journée d'un cheval à huit heures de travail effectif, ce qui porte à 2160000 kilogrammètres l'expression du travail d'une journée. Par conséquent, si l'on concentrait en un point la somme des efforts que la journée d'un cheval représente, elle se résumerait dans ce fait : élever à 1 mètre de hauteur 2160000 kilogrammes.

Mais si une calorie équivaut à 434 kilogrammètres ou unités dynamiques, et si la combustion de 1 kilogramme de charbon produit 8000 calories, il en résulte que la combustion de 1 kilogramme de charbon représente 3472000 kilogrammètres, ou équivaut, en nombre rond, à une journée et demie de cheval, la journée étant fixée à huit heures de travail effectif.

A la lumière de ces indications, le caractère le plus caché de la production végétale va nous être dévoilé. — La combustion du charbon engendre de l'acide carbonique et produit de la chaleur, qui peut être exprimée en unités dynamiques. Or, la science l'affirme, si l'on tentait de défaire ce que la combustion a fait, de séparer le carbone de l'oxygène dans l'acide carbonique, on n'y réussirait qu'à la condition de restituer au carbone et à l'oxygène une quantité de chaleur égale à celle qui est née de leur combinaison. Pour séparer les deux éléments chimiquement associés, il doit intervenir autant de chaleur qu'il s'en est dégagé pendant leur association.

Ce principe nous conduit à cette conséquence : chaque kilogramme de carbone qui se fixe dans les végétaux exige, pour être extrait de l'acide carbonique, 8000 calories, équivalant à 3472000 kilogrammètres, qui équivalent eux-mêmes à une journée et demie de cheval.

Or, comme la récolte de 1 hectare peut être fixée à 10000 kilogrammes de substance végétale, contenant en moyenne et en nombre rond 5000 kilogrammes de charbon, dont la fixation a exigé 40000000 de calories, on trouve que cette quantité de chaleur correspond à 17 milliards de kilogrammètres, c'est-à-dire à 6660 journées de cheval.

La préparation de 1 hectare par les labours, le hersage, etc., n'exige, tant de l'homme que des animaux, que 15 journées de cheval. Il en résulte que lorsque l'homme dépense 1 en efforts mécaniques pour arriver à la récolte d'un hectare, la nature y ajoute 444 en travail invisible de lumière et de chaleur.

Mais cette consommation énorme de forces, toujours en action et qui ne s'épuise jamais, quelle en est la source? Les rayons du soleil, en l'absence desquels les plantes ne décomposent plus l'acide carbonique. Où l'agriculteur dépense 1 pour obtenir la moisson, le soleil dépense 444!

GEORGES VILLE.

LXXIV

Statique chimique des êtres organisés.

Les plantes, les animaux, l'homme, renferment de la matière. D'où vient-elle? que fait-elle dans leurs tissus et dans les liquides qui les baignent? Où va-t-elle quand la mort brise les liens par lesquels ses diverses parties étaient si étroitement unies?

La science constate avec un profond étonnement qu'à ces nombreux éléments de la chimie moderne la nature organique n'en emprunte qu'un très petit nombre ; qu'à ces matières végétales ou animales, maintenant multipliées à l'infini, la physiologie générale n'emprunte pas plus de dix à douze espèces, et que tous ces phénomènes de la vie, si compliqués en apparence, se rattachent, en ce qu'ils ont d'essentiel, à une formule si simple, qu'en quelques mots on a pour ainsi dire tout énoncé, tout rappelé, tout prévu.

Les animaux constituent, au point de vue chimique, de véritables appareils de combustion, au moyen desquels du carbone brûlé sans cesse retourne à l'atmosphère sous forme d'acide carbonique ; dans lesquels de l'hydrogène brûlé sans cesse, de son côté, engendre continuellement de l'eau ; d'où enfin s'exhale sans cesse, par la respiration, de l'azote libre et de l'azote combiné à l'état de produits ammoniacaux par les urines.

Ainsi, du règne animal considéré dans son ensemble s'échappent constamment de l'acide carbonique, de la vapeur d'eau, de l'azote et de l'ammoniaque, matières simples et peu nombreuses dont la formation se rattache étroitement à l'histoire de l'air lui-même.

D'autre part, les plantes, dans leur vie normale, décomposent l'acide carbonique pour en fixer le carbone et en dégager l'oxygène ; elles décomposent l'eau pour s'emparer de son hydrogène et en dégager aussi l'oxygène ; elles empruntent tantôt directement de l'azote à l'air, tantôt indirectement de l'azote à l'ammoniaque, ou à l'acide nitrique, fonctionnant de tout point ainsi d'une manière inverse de celle qui appartient aux animaux. Si le règne animal constitue un immense appareil de combustion, le règne végétal, à son tour, constitue donc un immense appareil de réduction, où l'acide carbonique réduit laisse son charbon, où l'eau réduite laisse son hydrogène, où l'ammoniaque et l'acide azotique réduits laissent leur azote.

Si les animaux produisent sans cesse de l'acide carbonique, de l'eau, de l'ammoniaque, de l'azote, les plantes consomment sans cesse de l'azote, de l'ammoniaque, de l'eau, de l'acide carbonique. Ce que les uns donnent à l'air, les autres le reprennent à l'air, de sorte que, à prendre ces faits au point de vue le plus élevé de la physique du globe, il faudrait dire que, en ce qui touche leurs éléments vraiment organiques, les plantes et les animaux dérivent de l'air, ne sont que de l'air condensé; et que, pour se faire une idée juste et vraie de la constitution de l'atmosphère aux époques qui ont précédé la naissance des premiers êtres organisés, il faudrait rendre à l'air, par le calcul, l'acide carbonique et l'azote que les plantes et les animaux se sont appropriés depuis.

Les plantes et les animaux viennent donc de l'air et y retournent : ce sont de véritables dépendances de l'atmosphère. Les premières reprennent sans cesse à l'air ce que les seconds lui fournissent, c'est-à-dire du charbon, de l'hydrogène et de l'azote, ou plutôt de l'acide carbonique, de l'eau et de l'ammoniaque.

Reste à préciser maintenant comment, à leur tour, les animaux se procurent ces éléments qu'ils restituent à l'atmosphère, et l'on ne peut voir sans admiration pour la simplicité sublime de toutes ces lois de la nature, que les animaux empruntent toujours ces éléments aux plantes elles-mêmes. Les animaux, en effet, ne créent pas de véritables matières organiques, ils les détruisent. Les plantes, au contraire, les élaborent de toutes pièces. C'est dans le règne végétal que réside le grand laboratoire de la vie organique ; c'est là que les matières animales et végétales se forment, et elles s'y forment aux dépens de l'atmosphère.

Des végétaux, ces matières passent toutes formées dans les animaux herbivores, qui en détruisent une partie et qui accumulent le reste dans leurs tissus. Des animaux herbivores, elles passent toutes formées dans les animaux carnivores, qui en détruisent ou en conservent selon leurs besoins. Enfin, pendant la vie de ces animaux ou après leur mort, ces matières organiques, à mesure qu'elles se détruisent, retournent à l'atmosphère d'où elles proviennent.

Ainsi se forme le cercle mystérieux de la vie organique

à la surface du globe. L'air contient de l'acide carbonique, de l'eau, de l'azote. Les plantes, avec ces matériaux, façonnent toutes les matières organiques ou organisables qu'elles cèdent aux animaux. Ceux-ci reproduisent de l'acide carbonique, de l'eau, de l'ammoniaque, qui retournent à l'air pour accomplir de nouveau et dans l'immensité des siècles les mêmes phénomènes.

Si l'on ajoute à ce tableau, déjà si frappant par sa simplicité et sa grandeur, le rôle de la lumière solaire, qui seule a le pouvoir de mettre en mouvement cet immense appareil que le règne végétal constitue et où s'accomplit l'élaboration des matériaux organiques, on sera frappé du sens de ces paroles de Lavoisier :

« L'organisation, le sentiment, le mouvement spontané, la vie n'existent qu'à la surface de la terre et dans les lieux exposés à la lumière. On dirait que la fable du flambeau de Prométhée était l'expression d'une vérité philosophique qui n'avait point échappé aux anciens. Sans la lumière, la nature était sans vie, elle était morte et inanimée : un Dieu bienfaisant, en apportant la lumière, a répandu sur la surface de la terre l'organisation, le sentiment et la pensée. »

Ces paroles sont aussi vraies qu'elles sont belles. Si le sentiment et la pensée, si les plus nobles facultés de l'âme et de l'intelligence ont besoin, pour se manifester, d'une enveloppe matérielle, ce sont les plantes qui sont chargées d'en ourdir la trame avec des éléments qu'elles empruntent à l'air, et sous l'influence de la lumière que le soleil, où en est la source inépuisable, verse constamment et par torrents à la surface du globe.

Et comme si, dans ces grands phénomènes, tout devait se rattacher aux causes qui en paraissent le moins proches, il faut remarquer encore comment l'ammoniaque et l'acide azotique, auxquels les plantes empruntent une partie de leur azote, dérivent eux-mêmes presque toujours de l'action des grandes étincelles électriques qui éclatent dans les nuées orageuses et qui, sillonnant l'air sur une grande étendue, produisent l'azotate d'ammoniaque que l'analyse y décèle.

Ainsi encore, des bouches de volcans, dont les convulsions agitent si souvent la croûte du globe, s'échappe sans cesse la principale nourriture des plantes, l'acide carbonique ; de l'atmosphère enflammée par les éclairs et du sein même de la tempête descend sur la terre cette autre nourriture non moins indispensable des plantes, celle d'où provient presque tout leur azote, le nitrate d'ammoniaque que renferment les pluies d'orage.

Ne dirait-on pas comme un souvenir de ce chaos dont parle la Bible, de ces temps de désordre et de tumulte des éléments qui ont précédé l'apparition des êtres organisés sur la Terre. Mais, à peine l'acide carbonique et l'azotate d'ammoniaque sont-ils formés, qu'une force plus calme, quoique non moins énergique, vient les mettre en jeu : c'est la lumière. Par elle, l'acide carbonique cède son carbone, l'eau son hydrogène, l'azotate d'ammoniaque son azote. Ces éléments s'associent, les matières organisées se forment et la Terre revêt son riche tapis de verdure.

C'est donc en absorbant sans cesse une véritable force, la lumière et la chaleur émanées du soleil, que les plantes fonctionnent et qu'elles produisent cette immense quantité de matière organique, pâture destinée à la consommation du règne animal.

Si nous ajoutons que les animaux produisent, de leur côté, de la chaleur et de la force en consommant ce que le règne végétal a produit et a lentement accumulé, ne semble-t-il pas que la fin dernière de tous ces phénomènes, que leur formule la plus générale se révèle à nos yeux?

L'atmosphère nous apparaît comme renfermant les matières premières de toute organisation ; les volcans et les orages comme les laboratoires où se sont façonnés d'abord l'acide carbonique et l'azotate d'ammoniaque dont la vie avait besoin pour se manifester ou se multiplier. Avec ces matériaux, la lumière vient développer le règne végétal, producteur immense de substances organiques ; les plantes absorbent la force chimique qui leur vient du soleil pour décomposer l'acide carbonique, l'eau et l'azotate d'ammoniaque, comme si les plantes réalisaient un appareil réductif supérieur à tous ceux que nous connaissons ; car aucun d'eux ne décomposerait l'acide carbonique à froid. Viennent ensuite les animaux, consommateurs de matière et producteurs de chaleur et de force, véritables appareils de combustion. C'est en eux que la matière organisée revêt sa plus haute expression sans doute ; mais ce n'est pas sans en souffrir qu'elle devient l'instrument du sentiment et de la pensée ; sous cette influence, la matière organisée se brûle, et en produisant cette chaleur, cette électricité qui font notre force et qui en mesurent le pouvoir, ces matières organisées se détruisent pour retourner à l'atmosphère d'où elles sortent.

L'atmosphère constitue donc le chaînon mystérieux qui lie le règne végétal au règne animal. Les végétaux absorbent de la chaleur et accumulent de la matière que, seuls, ils savent organiser. Les animaux, par lesquels cette matière organisée ne fait que passer, la brûlent ou la consomment pour produire à son aide la chaleur et les diverses forces que leurs mouvements mettent à profit.

En empruntant aux sciences modernes une image assez grande pour supporter la comparaison avec ces grands phénomènes, on peut assimiler la végétation actuelle, véritable magasin où s'alimente la vie animale, à cet autre magasin de charbon que constituent les anciens dépôts de houille ; et qui, brûlé par le génie de Papin et de Watt, produit aussi de l'acide carbonique, de l'eau, de la chaleur, du mouvement, on dirait presque de la vie et de l'intelligence. Pareillement, le règne végétal constitue un immense dépôt de combustible destiné à être consommé par le règne animal, et où ce dernier trouve la source de la chaleur et des forces locomotives qu'il met à profit.

Si nous nous résumons, nous voyons que, de l'atmosphère primitive de la terre, il s'est fait trois grandes parts : l'une qui constitue l'air atmosphérique actuel ; la seconde qui est représentée par les végétaux, la troisième par les animaux. Entre ces trois masses, des échanges continuels se passent : la matière descend de l'air dans les plantes, pénètre par cette voie dans les animaux, et retourne à l'air à mesure que ceux-ci la mettent à profit.

Les végétaux verts constituent le grand laboratoire de la chimie organique. Ce sont eux qui, avec du carbone, de l'hydrogène, de l'azote, de l'ammoniaque, construisent lentement toutes les matières organiques les plus complexes. Ils reçoivent du soleil, sous forme de chaleur et de rayons chimiques, les forces nécessaires à ce travail.

Les animaux s'assimilent ou absorbent les matières organiques formées par les plantes. Ils les altèrent peu à peu, ils les détruisent et les ramènent peu à peu vers l'état d'acide carbonique, d'eau, d'azote, d'ammoniaque, état qui leur permet de les restituer à l'air. En brûlant ou en détruisant ces matières organiques, les animaux produisent de la chaleur qui, rayonnant de leur corps dans l'espace, va remplacer celle que les végétaux avaient absorbée.

Ainsi, tout ce que l'air donne aux plantes, les plantes le cèdent aux animaux, les animaux le rendent à l'air : cercle éternel dans lequel la vie s'agite et se manifeste, mais où la matière ne fait que changer de place. La matière brute de l'air, organisée peu à peu dans les plantes, vient donc fonctionner sans changement dans les animaux et servir d'instrument à la pensée ; puis, vaincue par cet effort et comme brisée, elle retourne matière brute au grand réservoir d'où elle était sortie.

DUMAS.

LXXV

Principaux genres de Champignons.

Les Champignons comprennent un très grand nombre d'espèces végétales fort différentes entre elles par leurs formes, leurs dimensions, leurs manières de vivre, et pour la plupart inconnues des personnes qui ne font pas une étude spéciale de cette branche de la Botanique. La science reconnaît pour Champignons ces innombrables moisissures de tout aspect, de toute couleur, qui viennent sur les substances organiques en voie de décomposition, ainsi que les taches, les efflorescences qui marbrent, principalement en automne, les feuilles maladives. Si curieuses qu'elles soient, nous passerons sous silence ces espèces infimes, pour nous occuper exclusivement des végétaux qui, dans le langage vulgaire, portent le nom de Champignons. Dans cette catégorie se trouvent les espèces usitées comme aliment ainsi que les espèces vénéneuses, qu'une fatale méprise peut si facilement faire confondre avec les premières. Nous allons donc nous attacher à faire ressortir les caractères qui permettent de distinguer les Champignons comestibles et les Champignons vénéneux qui croissent dans les diverses provinces de la France ; mais les principaux seulement, et non tous, car les limites de ce livre ne nous permettent pas de traiter la question dans toute son ampleur. Du reste, nos renseignements pourront suffire dans la plupart des cas. Nous laissons de côté toute espèce qui, par sa consistance trop dure, son défaut de chair, son aspect repoussant, son odeur déplaisante, ses trop faibles dimensions, ne peut être considérée comme alimentaire, même par les personnes les moins exercées ; nous décrirons seulement les Champignons que, d'après leur aspect général, chacun peut être tenté de regarder comme propres à l'alimentation. Cette étude des espèces doit être précédée de la connaissance des principaux genres.

GENRE AGARIC.

La forme la plus vulgaire d'un Champignon est celle d'un parasol déployé. On y distingue le *chapeau* et le *pied*. Le chapeau est la partie supérieure, tantôt étalée en disque plus ou moins aplati, tantôt façonnée en dôme hémisphérique, tantôt un peu creusée en entonnoir au centre. Le pied est le support, la tige du parasol. Quelquefois, surtout dans les espèces qui croissent sur le tronc des arbres, le pied manque, et le chapeau, réduit à une lame demi-circulaire plus ou moins régulière, est attaché à son support par le côté. Le chapeau est dit alors *sessile*. Dans ce cas, il n'est pas rare que plusieurs chapeaux soient réunis par la base et étagés l'un au-dessus de l'autre, c'est-à-dire *imbriqués*. Quelle que soit leur configuration, les Agarics se reconnaissent toujours à un caractère invariable : *le dessous du chapeau est couvert de nombreuses et minces lames régulièrement disposées en rayonnant du centre ou du pied à la circonférence.*

Ces lames sont de couleur variable d'une espèce à l'autre : généralement elles sont blanches, mais il y en a de roses, de jaunes, de violettes, de brunes, de couleur de rouille. Dans quelques espèces d'Agarics, elles ont toutes, ou à peu près, la même longueur, et s'étendent également de la circonférence au centre ; dans d'autres, plus fréquentes, elles sont inégales : il y en a qui s'étendent de la circonférence jusqu'au pied ; il y en a d'autres, intercalées entre les premières, qui mesurent la moitié, le tiers, le quart de cette longueur, ou même moins. Toutes aboutissent à la circonférence. Nous aurons donc à distinguer les Agarics dont les lames sont *égales* en longueur et ceux dont les lames sont *inégales*.

A la surface des lames se forment les corpuscules propagateurs, les semences des champignons. Ces semences portent le nom de *spores*. Elles sont tellement fines, qu'on ne peut les voir une à une qu'avec le secours d'un microscope ; et tellement nombreuses, qu'on essayerait vainement d'en faire la supputation. Pour observer les spores en masse, il suffit de mettre un Agaric, fraîchement épanoui, sur une feuille de papier, les lames en bas. Du jour au lendemain, il tombe des lames sur le papier une poussière farineuse, excessivement fine, en entier formée de spores. Cette poussière est tantôt blanche, tantôt rose, tantôt roussâtre, suivant l'espèce d'Agaric ; elle est enfin généralement de la couleur des lames parvenues à maturité. Si l'on prend un peu de cette poussière avec la pointe d'une aiguille pour l'examiner au microscope, on la trouve composée de corpuscules arrondis, qui lassent tout dénombrement.

On donne le nom d'*hymenium* à la surface qui, dans les

Champignons, donne naissance aux spores. L'hymenium des Agarics est constitué par l'ensemble des lames.

En germant dans un milieu favorable, une spore donne naissance à des filaments blancs, entre-croisés, qui portent le nom de *mycelium*. Ce réseau filamenteux, situé ordinairement sous terre, échappe habituellement à notre observation. On en voit des lambeaux dans les tas de feuilles pourries, parmi les détritus végétaux, et dans la terre enveloppant la base des pieds de Champignons. On le trouve encore, régulièrement étalé, sur les surfaces humides et obscures, sur les planches des caves, par exemple. Le mycelium est une plante souterraine qui n'apporte au jour que ses extrémités fructifères, analogues aux fleurs des autres végétaux. Ces extrémités sont les Champignons, dont chaque groupe constitue un même individu, c'est-à-dire appartiennent à la même plante souterraine, au même mycelium.

GENRE BOLET.

Dans les Bolets, la partie qui produit les spores, c'est-à-dire l'hymenium, se compose d'une couche de tubes très fins disposés à côté l'un de l'autre perpendiculairement au chapeau. La face inférieure de celui-ci est criblée d'une infinité d'orifices, habituellement très étroits, qui sont les ouvertures de ces tubes.

GENRE HYDNE.

Les Hydnes ont la face inférieure du chapeau hérissée de pointes coniques, plus ou moins longues et fines. Les spores naissent vers l'extrémité de ces pointes, dont l'ensemble forme l'hymenium.

GENRE CHANTERELLE.

Dans les Chanterelles, la face inférieure du chapeau est relevée de petits plis aussi épais que larges, de fines veines saillantes et rameuses, dont les dernières ramifications se rejoignent avec les voisines et forment plus ou moins réseau.

GENRE HELVELLE.

Les Helvelles ont le chapeau divisé en lames membraneuses lisses, rabattues sur les côtés, tantôt libres, tantôt soudées avec le pied, qui est lui-même diversement sillonné et lacuneux.

GENRE MORILLE.

Le chapeau des Morilles est d'une forme globuleuse, ovale ou conique. Sa surface est creusée de larges et profonds alvéoles irréguliers, dans lesquels naissent les spores.

GENRE CLAVAIRE.

Les Clavaires n'ont pas de chapeau distinct et répandent les spores par tous les points de leur surface. Leur forme la plus commune est celle d'un petit buisson très rameux.

GENRE TRUFFE.

Les Truffes sont des champignons souterrains; elles ont la forme de tubercules irrégulièrement globuleux. Leur surface est noire et couverte de petites inégalités saillantes. Leur chair est noirâtre, marbrée de blanc. Les spores se forment dans l'épaisseur même de la chair.

En résumé, les Champignons, soit comestibles, soit vénéneux, sont compris dans les genres suivants :

Face inférieure du chapeau couverte de lames rayonnantes..................................	AGARIC.
Face inférieure du chapeau criblée de petits trous qui sont les orifices de tubes disposés en une couche..................................	BOLET.
Face inférieure du chapeau hérissée de pointes plus ou moins longues..................................	HYDNE.
Face inférieure du chapeau relevée de veines saillantes..................................	CHANTERELLE

Chapeau divisé en lambeaux membraneux et lisses, rabattus sur les côtés........................... HELVELLE.
Chapeau globuleux ou ovale, creusé sur toute sa surface de larges et profonds alvéoles irréguliers. MORILLE.
Pas de chapeau ; champignon en forme de petit buisson très rameux............................ CLAVAIRE.
Pas de chapeau; champignon souterrain en forme de tubercule..................................... TRUFFE.

J. H. F.

LXXVI

Agarics.

Les Agarics sont très nombreux en espèces ; aussi, pour en faciliter l'étude, convient-il de les diviser en plusieurs sous-genres.

Quelques-uns, avant leur épanouissement, sont en entier renfermés dans une sorte de bourse blanche et membraneuse qu'on appelle *volva.* Quand il sort de terre, le chapeau crève supérieurement cette bourse, dont il emporte fréquemment des lambeaux adhérant à sa face supérieure ; mais le reste du volva persiste à la base du pied et forme une gaîne, un fourreau, un sac plus ou moins large et à bords déchirés, du fond duquel le champignon s'élève. Tantôt ce sac est apparent hors du sol, tantôt il est caché sous terre ; aussi, pour s'assurer qu'un champignon est ou n'est pas pourvu d'un volva, faut-il extraire le pied avec précaution et l'obtenir en entier au lieu de le couper au niveau du sol.

Fréquemment encore, dans le jeune âge du champignon, une membrane délicate et blanche est tendue à la face inférieure du chapeau pour protéger les lames. Cette membrane protectrice de l'hymenium se rattache d'une part au pied, et d'autre part à la circonférence du chapeau ; pour l'observer, il faut choisir des champignons qui ne soient pas encore entièrement développés. On lui donne le nom de *voile.*

Quand le chapeau s'étale, le voile tiraillé se déchire et se détache de la circonférence, mais il persiste en général autour du pied, qu'il entoure d'une sorte de collerette nommée *anneau*. L'anneau entourant le haut du pied est donc le reste flétri du voile primitif. Tout champignon pourvu d'un anneau avait nécessairement au début un voile; mais de l'absence de l'anneau il ne faudrait pas conclure à l'absence du voile, parce qu'une contexture très délicate ne lui permet pas toujours de persister longtemps. Les renseignements sur ce sujet ne peuvent être précis qu'autant que l'on observe des champignons dans toute leur fraîcheur et dans un état de développement qui ne soit pas trop avancé.

Tous les champignons pourvus d'un volva sont aussi pourvus d'un voile, dont les débris persistent plus ou moins sous forme de collerette ou d'anneau autour du pied; d'autres ont un voile, mais n'ont pas de volva; d'autres encore n'ont ni voile ni volva.

Le voile dont nous venons de parler est formé d'une membrane, sans consistance il est vrai, mais toutefois continue et d'une certaine épaisseur. Quelques champignons ont, au contraire, à la place du voile, des filaments d'aspect soyeux, tantôt blancs, tantôt roussâtres, figurant une courte et maigre toile d'araignée tendue entre le pied et les bords du chapeau. Ces filaments ne peuvent être observés que sur les champignons non encore étalés; plus tard, ils se déchirent et laissent à peine des traces sensibles. On leur donne le nom de *cortine*.

En combinant les caractères fournis par le volva, le voile et l'anneau, la cortine, les lames égales ou inégales en longueur, la présence ou l'absence d'un suc laiteux découlant des lames et de la chair du champignon, on arrive aux subdivisions suivantes du genre Agaric :

UN VOILE LAISSANT UNE COLLERETTE OU ANNEAU AUTOUR DU PIED.

Un volva		I. AMANITE.
Pas de volva..	Lames ne noircissant pas en vieillissant	II. LÉPIOTE.
	Lames noircissant en vieillissant.	III. PRATELLE.

UNE CORTINE, PAS DE COLLERETTE AUTOUR DU PIED.			IV. CORTINAIRE.
NI VOILE NI CORTINE, PAS DE COLLERETTE AUTOUR DU PIED.			
Lames égales en longueur.......................			V. RUSSULE.
Lames inégales en longueur.	Un suc laiteux blanc, jaune ou rouge		VI. LACTAIRE.
	Pas de suc laiteux.	Pied central, c'est-à-dire fixé au centre du chapeau...	VII. GYMNOPE.
		Pied nul, ou excentrique, c'est-à-dire fixé vers le bord du chapeau.	VIII. PLEUROPE.

I. — AMANITE.

Un volva qui enveloppe le champignon tout entier dans sa jeunesse, puis se déchire au sommet, mais persiste à la base du pied sous forme d'un fourreau ou d'une espèce de sac. Chapeau régulier convexe ou orbiculaire, moucheté quelquefois d'écailles ou de verrues blanches provenant des débris du volva. Lames inégales. Un voile qui se déchire en laissant un anneau autour du pied.

1. AMANITE ORONGE (*comestible*). — Le chapeau de ce champignon est en dessus d'une *belle couleur orangée sans écailles ou mouchetures blanches*. Il est d'abord convexe, puis presque plan, et atteint de huit à douze centimètres de diamètre. Ses bords sont finement rayés; sa superficie est sèche et susceptible d'être pelée. Les lames sont *jaunes*, non adhérentes au pied. Celui-ci est jaune à l'extérieur, blanc à l'intérieur, lisse, plein, renflé à la base et muni dans le haut d'une large collerette jaune. Sa longueur mesure de huit à douze centimètres.

L'Oronge vient en automne dans les bois, principalement dans les bois de pins. C'est le champignon le plus recherché pour la table; son odeur et sa saveur sont exquises. Il faut soigneusement veiller à ne pas confondre cette espèce avec la suivante, qui est très vénéneuse.

Les noms vulgaires de ce champignon, très variables,

comme ceux des autres, avec la province, sont : *Oronge vraie*, — *Dorade*, — *Jaune d'œuf*, — *Cadran*, — *Irandja* (Montpellier), — *Jazeran* ou *Jasserans* (Vosges).

2. Amanite fausse Oronge (*vénéneux*). — Ce champignon est, comme le précédent, remarquable par sa beauté. Le chapeau est d'*un rouge écarlate*, plus foncé au centre; d'abord convexe, puis à peu près plan à la maturité; *presque toujours moucheté de verrues ou d'écailles anguleuses*

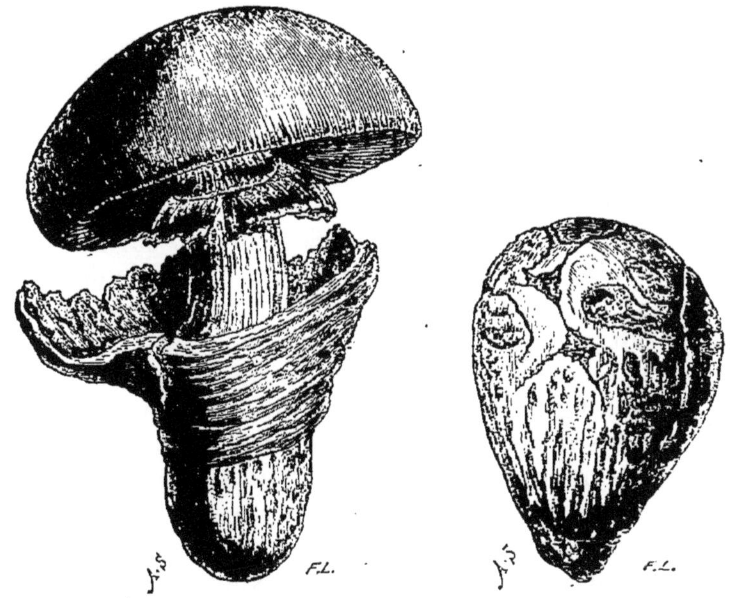

Fig. 69. — Oronge vraie, dans son volva et épanouie.

blanches provenant des débris du volva; ses bords sont faiblement striés. Son diamètre mesure de quinze à vingt centimètres. Les lames sont *blanches*, non adhérentes au pied. Le pied est blanc, ou blanc jaunâtre, plein, renflé en bulbe à la base, où se trouvent des débris du volva, et entouré dans le haut d'une collerette large, blanche.

La fausse Oronge vient assez communément dans les bois, en septembre et octobre. Elle n'a pas d'odeur désagréable, mais sa saveur a quelque chose d'astringent. Ce champignon est un poison des plus redoutables, et d'autant plus à craindre qu'on peut le confondre avec l'Oronge vraie. On distingue aisément les deux espèces aux caractères suivants : *L'Oronge comestible a les lames jaunes, l'oronge vénéneuse les a blanches; la première n'a pas le chapeau moucheté de verrues ou d'écailles blanches; la seconde a le chapeau moucheté de pareilles verrues, qui sont les débris du volva.*

3. Amanite ovoïde (*comestible*). — Encore renfermé dans son volva, ce champignon a la forme et la couleur d'un œuf de poule. Ce caractère, qu'on retrouve du reste dans l'Oronge vraie, lui a valu la qualification d'ovoïde. L'Amanite ovoïde est *en entier d'un blanc pur*. Le chapeau est lisse, d'un beau blanc d'ivoire, d'abord convexe, puis plan et d'un diamètre qui peut atteindre jusqu'à vingt centimètres. Le voile laisse sur les lames et sur les bords du chapeau, à l'époque où il se déchire, d'abondants *flocons légers et d'aspect farineux;* l'anneau tantôt persiste et tantôt disparaît en se résolvant en flocons comme le reste du voile. Le pied est cylindrique, plein, farineux dans le haut, tantôt renflé et tantôt non renflé à la base. Sa hauteur mesure jusqu'à dix-huit centimètres. Le volva est ample.

Ce magnifique champignon, remarquable par la belle couleur blanche de toutes ses parties, ses grandes dimensions dans les individus bien développés, est une des espèces les plus délicates. Il a quelque ressemblance avec l'*Amanite bulbeuse*, qui est un poison violent, mais il est très facile de distinguer les deux espèces.

L'*Amanite ovoïde* vient en automne dans les bois de chênes; elle est fréquente dans les parties méridionales de la France, rare dans le nord. Elle porte les noms vulgaires d'*Oronge blanche*, — *Champignon blanc*, — *Coucoumèle blanche* (Montpellier), — *Campanéto* (Vaucluse).

4. Amanite bulbeuse (*vénéneux*). — Ce champignon s'élève jusqu'à quinze, dix-huit centimètres. Le chapeau est plus ou moins convexe, tantôt de couleur *banche*, tantôt de couleur *citron pâle*, tantôt encore de couleur *vert olive* ou *grisâtre*. Il est souvent moucheté d'écailles blanches,

débris du volva. Le pied est blanc, toujours *renflé en bulbe* à la base et toujours entouré d'une *large collerette membraneuse*, rabattue, *blanche* ou *jaune*. Les lames sont blanches. L'odeur de ce champignon est vireuse, assez forte; la saveur âcre.

L'Amanite bulbeuse est une des espèces les plus communes; elle croît, le plus souvent solitaire, en automne, dans les bois, principalement dans les parties humides et ombragées. C'est elle qui cause le plus d'accidents, car, même à petite dose, elle est un poison rapidement mortel. On la distingue de l'Amanite ovoïde, la seule espèce avec laquelle on puisse la confondre, par la couleur de son chapeau, jamais d'un blanc satiné et pur, mais ordinairement jaune-citron, vert, blanc-jaunâtre; par les écailles blanches mouchetant le chapeau; par la collerette ample, fine, membraneuse et rabattue qui entoure le pied; par la saveur âcre de sa chair; par la base du pied toujours fortement renflé en bulbe.

Ses noms vulgaires sont, suivant la coloration : *Oronge ciguë blanche*, — *Oronge ciguë verte*, — *Oronge ciguë jaune*.

Paulet rapporte dans son ouvrage diverses expériences faites pour constater les effets terribles de l'Amanite bulbeuse sur l'homme et sur les animaux. Nous allons transcrire ici deux de ces expériences.

A la dose d'une douzaine de grammes, haché menu, mêlé avec de la viande et du pain, dont on fit une pâtée, ce champignon, donné à un chien vigoureux, ne produisit aucun effet sensible pendant les dix premières heures. L'animal mangea même encore cinq heures après, et joua comme à son ordinaire; mais, au bout de dix heures, il commença à faire des efforts pour vomir; il ne put se soutenir sur ses jambes, se coucha, s'assoupit et mourut bientôt après dans des mouvements convulsifs.

Dans une seconde expérience, je donnai à un gros chien une quinzaine de grammes du suc exprimé de l'Amanite bulbeuse. Le chien vomit presque sur-le-champ et fit des efforts incroyables pour rendre le liquide. Il eut des tremblements, des convulsions, des nausées continuelles, avec un abattement considérable des forces. Cet état continua pendant environ vingt-quatre heures, au bout desquelles il mourut sans avoir rien voulu prendre.

Les autres Amanites sont en général des espèces douteuses dont il ne faut user qu'avec une extrême circonspection et en tenant compte de l'expérience acquise dans les pays où elles croissent.

II. — Lépiote.

Pas de bourse ou volva enveloppant en entier le champignon dans son jeune âge. Lames inégales, en général blanches, ne noircissant pas à la maturité, recouvertes d'un voile, qui se déchire en laissant un anneau autour du pied. Chapeau régulier, convexe ou plan, à tige centrale.

5. Agaric solitaire (*comestible*). — Ce champignon, le plus grand de nos Agarics, a le chapeau d'abord convexe, puis plan et quelquefois déprimé au milieu, large de quinze à vingt centimètres, d'un blanc pâle, luisant, satiné, peu épais, *couvert de nombreuses verrues pyramidales*, d'autant plus fortes et plus denses qu'elles sont plus voisines du centre. Les lames sont blanches, amples et atteignent le pied. Celui-ci est blanc, élargi au sommet, plein, *renflé à la base en un bulbe raboteux et couvert de grossières écailles.* Sa hauteur mesure de dix à quinze centimètres. Il est entouré, dans le haut, d'une large collerette membraneuse et fugace. Sa chair est blanche, ferme et a bon goût.

Croît solitaire, c'est-à-dire par pieds isolés, dans les bois et sur les pelouses, en automne.

6. Agaric élevé (*comestible*). — Ce champignon, remarquable par sa beauté, s'élève parfois à plus de trente centimètres dans les terrains favorables à son développement. Le chapeau est de couleur bistre plus ou moins foncée, et *recouvert d'écailles imbriquées*, formées par l'épiderme soulevé; il est *mamelonné au centre* et large de vingt à trente centimètres. Les lames sont blanches, inégales, larges, et *se terminent à un bourrelet charnu entourant à dis-*

tance le pied. Celui-ci est *creux intérieurement, renflé en massue à la base, couvert de larges écailles blanches et brunes,* et *muni d'un anneau mobile,* c'est-à-dire dépourvu d'adhérence avec le pied.

L'Agaric élevé vient, à la fin de l'été et en automne, dans les endroits découverts des bois et dans les champs sablonneux. Il est surtout fréquent dans le nord. Son usage comme aliment est très répandu; on rejette le pied comme trop coriace.

Les noms qu'on lui donne dans les diverses provinces de la France sont : *Couleuvrée,* — *Coulevrelle,* — *Coulemelle,* — *Cormelle,* — *Goilmelle,* — *Grisette,* — *Parasol,* — *Boutarot,* — *Poturon,* — *Coulsé,* — *Vertet.*

7. Agaric en bouclier (*vénéneux*). — Le chapeau est large de cinq à dix centimètres, d'abord ovoïde, puis plan et quelquefois concave par le redressement des bords, mais toujours *protubérant au centre.* Sa surface est blanchâtre et *parsemée de mouchetures roussâtres* plus nombreuses au centre. Les lames sont blanches, inégales, non adhérentes au pied. Ce dernier est cylindrique, blanc, creux à l'intérieur, comme cotonneux à l'extérieur; l'anneau qui l'entoure ne se voit guère que dans les jeunes individus.

Cet Agaric croît solitaire, à terre, dans les lieux humides et ombragés des bois, quelquefois dans les fossés desséchés, en été et en automne; aussi lui donne-t-on le nom vulgaire de *Coulemelle d'eau.*

L'Agaric en bouclier a quelque ressemblance avec l'Agaric élevé; mais le premier est trois fois plus petit et n'a pas le pied renflé en bulbe, ni l'anneau mobile et persistant; il se distingue aisément d'ailleurs par sa consistance molle et par une odeur pénétrante, fort désagréable, qui lui est particulière.

8. Agaric annulaire (*douteux*). — Le chapeau est roussâtre, large de 5 à 10 centimètres, convexe, rembruni au centre, avec les bords plus ou moins roulés en dedans. Le pied est *long,* souvent courbé, muni d'une *large collerette redressée fréquemment en godet,* plein ou fistuleux. Les lames sont *décurrentes,* c'est-à-dire descendent légèrement

sur le haut du pied ; elles sont *blanches ou jaunâtres et prennent une teinte vineuse sale aux points meurtris.* Quelquefois, mais non toujours, *la saveur de la chair, d'abord peu prononcée, devient d'une âcreté fort désagréable. Pendant sa coction dans l'eau bouillante, ce champignon exhale une odeur forte et déplaisante.*

L'Agaric annulaire croît en automne au pied des souches mortes de divers arbres ; il *vient par groupes nombreux*, comprenant jusqu'à une cinquantaine d'individus et plus.

Au rapport de Paulet, qui l'appelle *Tête de Méduse*, l'Agaric annulaire est très vénéneux. « A six heures du soir, dit-il, je fis prendre à un chien de moyenne taille une certaine quantité de ce Champignon. L'animal se plaignit toute la nuit et mourut douze heures après. »

Dans Vaucluse cependant, on fait un fréquent usage de ce champignon à cause de son abondance, et nous l'avons vu souvent aux marchés d'Avignon et d'Orange. Il est vrai qu'on a ici la prudente habitude de traiter d'abord par l'eau bouillante et salée la plupart des champignons. D'après notre propre expérience, très souvent répétée, l'Agaric annulaire est parfaitement comestible après ébullition dans l'eau additionnée de sel.

9. Agaric du Peuplier (*comestible*). — Ce Champignon est très variable d'aspect. Le chapeau est un peu charnu, légèrement convexe, tantôt lisse, tantôt un peu inégal et creusé de larges fossettes peu profondes. Sa superficie est douce au toucher, satinée ; sa couleur est d'un blanc légèrement lavé de roux, plus foncé au centre. Quelquefois l'épiderme est fendillé et laisse voir la chair blanche, tantôt sous forme de lignes rayonnantes, tantôt sous forme d'un réseau à mailles polygonales irrégulières. Les plus petits individus ont la forme de boutons arrondis convexes, d'un brun plus ou moins foncé, ou blancs, lisses ou fendillés. Dans les plus grands, le diamètre du chapeau atteint dix centimètres. Le pied est droit ou courbe suivant le point où naît le champignon, cylindrique, lisse, plein. Quelquefois encore, il est fortement écailleux, par suite de dé-

chirures de la couche superficielle. Il est entouré d'un anneau persistant. Les lames sont d'abord blanches, mais à la maturité elles deviennent couleur cannelle ; elles sont inégales et un peu décurrentes sur le pied. Un voile blanc les couvre d'abord et se déchire en laissant un anneau permanent dans le haut de la tige. Tout le champignon, dans ses parties blanches, a un aspect opaque et comme crétacé.

Les caractères qui persistent au milieu des variations de cette espèce sont : *lames d'abord blanchâtres, puis couleur cannelle ; un anneau persistant ; chair d'un blanc mat, comme celui de la craie ; chapeau blanchâtre, lavé de roux au centre.*

Croît en septembre et octobre ; vient en groupes sur les vieilles souches des peupliers et des saules, et sur leur tronc mort ou languissant. C'est la *Pivoulado* de Montpellier, le *Piboulèn* de Vaucluse.

III. — Pratelle.

Pas de volva. Lames inégales, noircissant à la maturité, recouvertes d'abord d'un voile, qui se déchire en laissant un anneau autour du pied. Chapeau régulier, convexe ou plan, à tige centrale.

10. Agaric champêtre (*comestible*). — Le chapeau est d'abord convexe et finit par devenir plan, avec un diamètre d'une dizaine de centimètres ou moins. Sa superficie est *lisse, satinée, le plus souvent blanche,* parfois jaunâtre ou légèrement roussâtre. La chair est blanche, épaisse, ferme, d'une saveur très agréable. Le pied est plein, épais, cylindrique, blanc, haut de 3 à 6 centimètres. *Il est entouré d'un anneau,* reste du voile blanc recouvrant au début les lames. Celles-ci sont inégales, *d'abord d'une couleur rose tendre ou vineuse, puis brune et finalement noire.*

L'Agaric champêtre croît, en automne, dans tous les terrains. On le trouve, solitaire ou par petits groupes, dans les bois peu couverts, les friches, les pâturages, les jardins, les tas de terreau.

On peut être exposé à confondre l'Agaric champêtre avec la variété blanche de l'Amanite bulbeuse, qui est un poison redoutable. Nous rappellerons que l'Amanite bulbeuse a le pied très renflé à la base et enveloppé d'un volva, dont les débris restent attachés au chapeau comme des verrues que l'on peut facilement enlever. En outre, les lames sont blanches pendant toute la durée du Champignon. L'Agaric champêtre, au contraire, n'a point de volva ni un pied bulbeux, et ses lames sont d'abord d'une couleur rose ou vineuse et finalement noires.

L'Agaric champêtre porte le nom vulgaire de *Champignon de couche*. C'est l'espèce dont on fait le plus fréquemment usage comme aliment, et la seule que l'on soit parvenu à cultiver. Nous dirons ici quelques mots de son mode de culture.

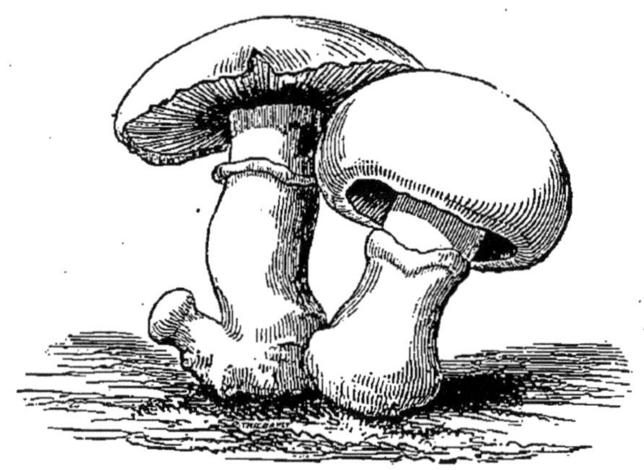

Fig. 70. — Agaric champêtre (comestible).

On creuse dans un jardin, au midi ou au levant, et de préférence dans un terrain sec et sablonneux, une fosse profonde d'une paire de décimètres, large de 6 à 8 décimètres et d'une longueur arbitraire. On remplit cette fosse d'un mélange de fumier pourri et de crottin de cheval, et l'on élève le tas à la hauteur de 8 décimètres environ. Sur ce mélange foulé aux pieds et bien battu, on met d'espace en espace des fragments de mycelium, vulgairement *blanc de champignon*, pris soit dans une bonne couche actuellement en activité, soit dans la campagne au pied des Agarics récoltés, soit enfin chez des marchands grainiers. On recouvre le tout d'un lit de terreau de 2 à 3 centimètres d'épaisseur, et par-dessus, l'on met enfin 5 à 6 centimètres de fumier non consommé.

Ainsi établie, une couche ne tarde guère à produire, si l'on a soin de l'arroser souvent, ce qu'il faut faire surtout en été. Elle dure plusieurs années. Pour entretenir sa fécondité, il faut l'arroser avec l'eau qui a servi à laver les champignons dont on a fait usage. Cette eau renferme les spores détachées des lames et enrichit ainsi la couche de semences. Il convient en outre de laisser, de temps à autre, sécher sur pied quelques champignons, qui répandent leur spores. Quand la couche s'épuise, on renouvelle le fumier.

Le printemps et le commencement de l'été sont les saisons les plus favorables à la construction des couches. Elles sont ordinairement en plein rapport deux mois après qu'elles ont été dressées. La récolte se fait tous les trois ou quatre jours selon l'abondance des champignons.

Pour avoir une température plus constante, quelques jardiniers établissent leurs couches dans des caves, où elles exigent peu de soin. Les vieilles carrières des environs de Paris sont utilisées dans le même but.

Presque toutes les catacombes et les carrières de Paris renferment des couches artificielles à champignons ; quelques-unes sont si considérables, qu'elles ne demandent pas moins de 50 000 à 60 000 francs de roulement pour leur entretien et leur exploitation. La quantité de champignons qu'elles produisent est immense : on en apporte par jour de 20 000 à 25 000 maniveaux au carreau de la Halle. Chaque maniveau contient de 6 à 10 champignons et se vend, suivant la saison, de 15 à 30 centimes. On en exporte même pour la Touraine et Le Havre. Exemple remarquable et peut-être unique d'une substance alimentaire qui sort de Paris au lieu d'y être apportée.

L'Agaric du peuplier a été cultivé d'une façon analogue par quelques personnes. On enfouit jusqu'à fleur de terre, dans un lieu humide et découvert, des rondelles de peuplier de trois ou quatre centimètres d'épaisseur. Au printemps, on frotte la face supérieure de ces rondelles avec les lames de l'Agaric conservées de l'année précédente ; des spores se répandent sur le bois, germent et donnent en automne des récoltes de champignons.

Il est probable que, par une culture appropriée à leur manière de vivre, on pourrait obtenir la plupart des espèces comestibles.

IV. — Cortinaire.

Pas de volva ; lames inégales, recouvertes, dans le jeune âge du champignon, par une cortine, c'est-à-dire par des filaments plus ou moins nombreux, tendus, comme une toile d'araignée, entre le pied et les bords du chapeau. Quand celui-ci s'étale, les filaments se rompent et laissent généralement autour du pied un trait circulaire formé de leurs débris. Chapeau régulier, convexe ou plan ; pied central.

11. Agaric turbiné (*douteux*). — Son pied est plein, cylindrique, d'un blanc sale, marqué d'un *collier filamenteux rougeâtre* et très fugace, débris de la cortine. Il est renflé à la base en *un tubercule ayant à peu près la forme d'une toupie*, et c'est à ce caractère que fait allusion le mot de turbiné. Le chapeau est convexe, charnu, d'un jaune sale, souvent brun vers le centre, large de 10 à 20 centimètres. Sa superficie est lisse par un temps sec, visqueuse par un temps humide. Les lames sont d'abord d'un *blanc jaunâtre*, et deviennent plus tard d'un *roux ferrugineux*. Chair blanche, ferme, agréable au goût.

Vient en automne dans les bois. Il convient de s'abstenir de ce champignon, ainsi que des autres Cortinaires en général, qui presque tous ont une chair aqueuse, mollasse et suspecte.

V. — Russule.

Pas de volva, ni de voile, ni de cortine. Pied nu, c'est-à-dire dépourvu de toute espèce d'anneau. Lames égales en lon-

gueur, du moins pour la grande majorité. Chapeau régulier, plan ou bien déprimé en entonnoir. Pied central.

12. Russule émétique (*vénéneux*). — Pied cylindrique, court, plein, blanc, de 3 à 4 centimètres de hauteur. Chapeau d'abord convexe, puis plan et enfin *concave, marqué de sillons réguliers sur les bords*, large de 6 à 10 centimètres. Sa couleur est très variable. Il y en a d'un carmin vif, d'un rose plus ou moins tendre, de violacés, de bruns, de blancs, de fauves, de jaunâtres. La teinte la plus fréquente est le *rouge carmin*. Les lames sont blanches, serrées, et virent au jaune paille avec l'âge. La chair est blanche, d'une *saveur âcre et comme fortement poivrée*. Cette âcreté varie du reste beaucoup d'un champignon à l'autre, et parfois même ne se manifeste pas.

Ce champignon, très commun en automne dans les bois, passe pour très dangereux. Il convient d'être très circonspect avec les autres Russules, qui, pour la plupart, ont une saveur âcre, poivrée, amère, et quelquefois une odeur déplaisante.

VI. — Lactaire.

Pas de volva, ni de voile, ni de cortine. Pied dépourvu de toute espèce d'anneau. Lames inégales. Chapeau régulier, déprimé en entonnoir, fréquemment un peu velouté. Les Lactaires se reconnaissent aisément à la propriété qu'ils ont de laisser écouler, lorsqu'on les entame, un suc laiteux, blanc, jaune ou rouge, tantôt doux, tantôt âcre et poivré. Pied central, généralement court.

13. Lactaire délicieux (*comestible*). — Chapeau légèrement creusé en entonnoir, à bords roulés en dedans, d'un orangé pâle, quelquefois orné de bandes concentriques ou zones un peu plus obscures, large de 8 à 10 centimètres. Pied de 4 à 5 centimètres de hauteur, épais, creux intérieurement, orangé. Lames un peu décurrentes sur le pied, fréquemment bifurquées, inégales, et de même couleur que le chapeau, chair blanche, de saveur agréable, laissant écouler, quand on l'entame, *un suc d'un rouge orangé*

vif et de saveur peu marquée. *Toutes les parties du champignon tournent à la coloration verte aux points meurtris.*

Vient en automne dans les bois de pins.

14. Lactaire meurtrier (*vénéneux*). — Tout le champignon est d'un *rouge pâle tirant sur le jaune*. Le chapeau est finalement concave, quelquefois marqué de zones concentriques ; ses bords sont *roulés en dedans*, *très velus et frangés*. Les lames sont inégales, blanchâtres ou d'un jaune pâle. La chair est ferme ; quand on le casse, elle laisse écouler un *suc laiteux*, *blanc ou jaunâtre*, *excessivement âcre et caustique*.

Fréquent en été et en automne dans les bois, parmi le gazon. Dans les campagnes, on regarde ce champignon comme très dangereux ; on prétend qu'il fait mourir ou qu'il rend fou, et on le nomme pour cette raison *Morton*, *Raffoult*. On l'appelle encore *Rougeole à lait âcre*, — *Calalos* (Bordelais).

15. Lactaire acre (*comestible*). — Ce champignon est *tout blanc*, à l'exception des lames, qui prennent en vieillissant une coloration jaunâtre ou rougeâtre. Le chapeau est concave, avec les bords sinueux, roulés en dessous, plus ou moins velus. Suc *laiteux blanc*, *très âcre* et abondant.

Se trouve communément en automne dans les forêts. Il est employé comme aliment dans plusieurs contrées, car la cuisson détruit son âcreté. La variété à lames blanches porte le nom de *Laiteux poivré blanc*, *Eauburon*, *Vache blanche* (Vosges). La variété à lames roussâtres se nomme *Latyron*, *Roussette*.

16. Lactaire a lait jaune (*vénéneux*). — Le chapeau est concave, *lisse*, de couleur fauve et zoné. La chair est blanche, mais *devient jaune quand on la coupe*. *Le suc laiteux* qui découle de ce champignon *devient aussi promptement jaune*.

Croît solitaire dans les bois en automne.

17. Lactaire caustique (*vénéneux*). — Le chapeau est d'un *jaune livide terreux*, souvent marqué de *zones concentriques noirâtres*, large de 10 à 16 centimètres, un peu déprimé au centre. *Les lames sont roussâtres*. Suc *laiteux blanc*, doux

pendant le jeune âge du champignon, ensuite âcre et caustique à la maturité.

Croît solitaire dans les bois en automne. Les Lactaires renfermant des espèces vénéneuses difficiles à distinguer des espèces comestibles doivent être employés avec beaucoup de circonspection.

VII. — Gymnope.

Point de volva, ni de voile, ni de cortine. Pied dépourvu de toute espèce d'anneau. Lames inégales. Chapeau en général convexe, régulier ou irrégulier. Pied central.

18. Agaric mousseron (*comestible*). — Champignon d'un blanc sale, tirant sur le jaunâtre et quelquefois sur le gris, très charnu. Chapeau large de 4 centimètres au plus, d'abord hémisphérique, puis *très convexe*, un *peu ondulé*, à *surface sèche et lisse* semblable à de la peau de gant, bords un peu repliés en dessous. Lames nombreuses, inégales, légèrement décurrentes, d'abord *blanchâtres, puis d'un incarnat pâle.* Pied cylindrique, plein, enfoncé en partie dans la terre. Chair cassante, blanche, épaisse, douée d'une odeur pénétrante et fort agréable.

Il croît à la fin du printemps et durant une partie de l'été, dans les bois, les friches et les prés secs.

C'est un des Agarics les plus estimés. On le conserve desséché pour servir d'assaisonnement.

19. Agaric du Panicaut (*comestible*). — Ce champignon vient toujours *sur les souches mortes du Panicaut* encore en place dans le sol, caractère qui permet de le reconnaître aisément. Son pied est court, plein, blanc, cylindrique, quelquefois *central*, quelquefois *excentrique*. Le chapeau est *arrondi, parfois irrégulier, d'abord un peu convexe, puis presque plan*, avec les bords un peu roulés en dessous ; sa couleur est d'un *roux* ou d'un *gris pâle* et sale. *Les lames sont blanches*, inégales, décurrentes. La largeur du chapeau est de 5 à 7 centimètres.

Ce champignon commence à paraître dans les premiers jours d'octobre. Ses noms vulgaires sont nombreux :

Oreille de chardon (Nivernais), — *Ragoule*, *Gingoule* (nord de la France), — *Bouligoule*, *Brigoule*, *Baligoule* (dans le midi), — *Bérigoulo* (Vaucluse).

20. Agaric oreillette (*comestible*). — Chapeau d'un gris plus ou moins foncé, *presque toujours irrégulièrement arrondi*, avec les bords un peu roulés ; *lames blanches, décurrentes sur le pied*, qui est court, nu, plein, cylindrique, blanchâtre.

Commun en automne, sur les pelouses, dans le Loiret, où il porte le nom d'*Oreillette*, *Escoubarde*.

21. Agaric social (*comestible*). — Il croît par touffes de 15 à 20 au *pied des Chênes-verts*, sur les souches. Le chapeau est presque plan, à bords un peu roulés en dessous, *fauve*, un peu foncé et peluché au centre. Les lames sont *rousses*, *très décurrentes*. Le pied est cylindrique, tortillé sur lui-même, pâle, roussâtre ou noirâtre à la base.

Croît en automne dans les bois d'Yeuses. C'est la *Pivoulado d'éousé*, la *Frigoulo* de Montpellier.

22. Agaric palomet (*comestible*). — Chapeau d'abord convexe et régulier, ensuite légèrement *concave et irrégulièrement arrondi*, peu épais, large de 8 centimètres, d'un *blanc sale sur les bords*, *d'un vert grisâtre au centre*, tirant quelquefois sur le roux. Superficie sèche, *marquée de lignes qui se croisent en différents sens*. *Lames blanches*, pied cylindrique ou légèrement renflé à la base. Chair blanche et cassante, d'odeur agréable et de goût exquis.

Vient solitaire, dans les bois et les friches, en été et en automne.

Il porte les noms vulgaires de : *Mousseron palomet*, *Blavet*, — *Irax-chis*, *Crusagne*, *Palomet* (Landes), — *Vert*, *Vert-bonnet* (Meuse).

23. Agaric couleur de soufre (*vénéneux*). — Tout le champignon est *jaune de soufre*. Le chapeau est charnu, d'abord conique, puis convexe, avec le centre légèrement enfoncé ; il a 6 centimètres de largeur. Les lames sont inégales, faiblement décurrentes ; le pied est cylindrique, fibreux, long de 8 à 10 centimètres. Ce champignon a l'odeur du chènevis pourri.

Croît solitaire dans les forêts, en automne, sur la terre et jamais sur le bois.

24. AGARIC BRULANT (*vénéneux*). — Ce champignon, dont *la saveur est âcre et brûlante*, a un chapeau large de 4 à 5 centimètres, d'abord convexe, ensuite plan, d'un *jaune pâle et terreux*, avec les lames *roussâtres*, dont les plus longues n'atteignent pas jusqu'au pied, mais *s'arrêtent toutes régulièrement à une paire de millimètres de distance*. Pied cylindrique, de la couleur du chapeau, un peu renflé et velu à la base.

Vient par touffes, dans les bois humides, sur les feuilles mortes.

25. AGARIC A TÊTE BLANCHE (*vénéneux*). — Cette espèce est *entièrement blanche* dans sa jeunesse; plus tard, elle a le chapeau jaunâtre ou fauve au centre et le pied un peu rayé de brun en long. Le chapeau, d'abord convexe, puis plan, a les bords *parfois sinueux*. La chair est ferme sans être cassante. Les lames sont nombreuses, inégales, minces et *ne se détachent du chapeau que difficilement*. Ce champignon est d'une *amertume extrême*.

Croît au printemps et en automne, solitaire ou par petits groupes, à terre, dans les bois.

VIII. — PLEUROPE.

Point de volva, ni de voile, ni de cortine. Lames inégales. Pied tantôt nul, et alors le chapeau est attaché à son support par le côté; tantôt excentrique, c'est-à-dire non fixé au centre du chapeau.

26. AGARIC DE L'OLIVIER (*vénéneux*). — Ce champignon est très reconnaissable à sa vive couleur d'*un roux orangé*, quelquefois un peu brune en dessus. Il naît par touffes *à la base du tronc de l'olivier ;* plus rarement, on le rencontre sur le chêne-vert, le buis, le prunellier, le lilas et divers autres arbres ou arbustes. Il est très variable dans sa forme. Le pied est généralement latéral, excentrique. Les lames sont inégales, très décurrentes. La chair est orangée, filandreuse. De tous les champignons d'Europe,

l'Agaric de l'olivier est le seul qui soit phosphorescent. Ses lames, au moment de la pleine végétation, *répandent une douce lueur blanche*, visible seulement dans une obscurité profonde.

Très commun dans la région des oliviers en octobre et novembre.

27. Agaric en conque (*comestible*). — Ce champignon croît *latéralement le long des troncs d'arbres* morts ou languissants, à une hauteur plus ou moins grande. Le pied est court, *souvent arqué,* toujours attaché près du bord du chapeau. Celui-ci est habituellement *creusé en coquille*, sinué sur les bords, qui sont roulés en dessous. Sa largeur atteint de 2 à 3 décimètres; sa superficie est de couleur cendrée, rousse, bistrée ou brunâtre. Les lames sont blanches, inégales, *très décurrentes*.

Ce magnifique champignon vient en groupes plus ou moins nombreux et étagés le long du tronc des vieux arbres, notamment du saule, du peuplier, du hêtre, du chêne, du noyer. Malgré sa consistance un peu coriace, on l'emploie comme aliment.

L'Agaric du Panicaut, dont le pied est tantôt central et tantôt excentrique, pourrait être cherché dans la subdivision des Pleuropes. Nous l'avons décrit plus haut.

LXXVII

Bolets. Hydnes.

BOLET.

Face inférieure du chapeau criblée de petits trous qui sont les orifices d'autant de tubes disposés à côté l'un de l'autre et formant une couche spéciale dans laquelle les spores se développent.

A. — Chapeau muni d'un pied central.

1. Bolet comestible (*comestible*). — Le chapeau est *large, voûté, épais;* tantôt brun, ferrugineux, rouge de

brique, rouge cendré; tantôt blanchâtre, cendré ou jaunâtre. Le pied est assez gros, cylindrique, quelquefois ventru, blanchâtre ou fauve, avec des *lignes en réseau. Les tubes sont d'abord blancs*, puis jaunâtres ou même verdâtres. *La chair est blanche et ne bleuit pas quand on la froisse;* quelquefois avec une teinte vineuse sous la peau; elle est ferme, épaisse et d'une saveur agréable, qui se rapproche de celle de la noisette. Les orifices des tubes ou les pores sont au début presque imperceptibles. Ce bolet s'élève à 12-15 centimètres, et son chapeau mesure autant de largeur. Dans de rares circonstances, il acquiert des dimensions énormes. Nous en avons recueilli dont le diamètre était de 35 centimètres et dont le poids dépassait trois kilogrammes.

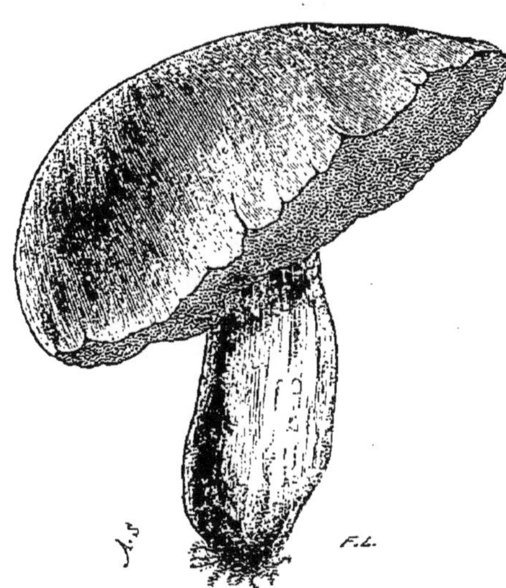
Fig. 71. — Bolet comestible.

On trouve ce champignon dans tous les pays et dans tous les bois au printemps et en automne. Il porte les noms vulgaires de *Bruguet*, — *Ceps*, — *Cèpe*, — *Gyrole*, — *Bolé*, — *Bouchin*, — *Potiron*.

2. Bolet marron (*comestible*). — Le chapeau est convexe, souvent irrégulier et onduleux sur les bords, d'un *roux marron, d'aspect velouté*, large de 5 à 6 centimètres. Le pied est d'un blanc ferrugineux, généralement *creux et renflé à la base*. Très souvent *cette partie renflée est creusée de sillons*, de crevasses, de fossettes irrégulières et peu nombreuses. *Les tubes sont d'abord blancs et ensuite jaunes.* La chair est blanche, de saveur agréable et ne bleuit pas à l'air.

Ce petit Bolet vient en automne dans les bois de chêne.

3. Bolet bronzé (*comestible*). — Chapeau fort épais, orbiculaire, d'un *brun noirâtre qui tire un peu sur le rouge*. Tubes courts, d'un *jaune de soufre*. Chair ferme, blanche, un peu rougeâtre vers la peau et jaune vers les tubes. Pied *exactement cylindrique*, long de 5-7 centimètres, brun, fauve ou jaunâtre, *marqué de nervures en réseau*.

Croît en automne dans les bois. On le connaît sous les noms vulgaires de *Ceps*, — *Cèpe noire*, — *Champignon à tête noire*.

4. Bolet a tubes rouges (*vénéneux*). — Chapeau atteignant souvent de 2 à 3 décimètres de largeur, voûté, orbiculaire, ordinairement d'un roux bistré, quelquefois blanchâtre ou grisâtre. *Les tubes sont d'abord rouges*, puis deviennent jaunes et finalement verdâtres. Le pied est jaune, rougeâtre, ordinairement *gros et renflé*, avec des lignes en réseau. La chair est épaisse, ferme, d'un blanc jaune et *devient verte*, *bleue* quand on la froisse.

Cette espèce, qui porte le nom vulgaire d'*Ognon de Loup*, est des plus fréquentes en automne dans les bois.

5. Bolet a tubes jaunes (*douteux*). — Ce Bolet varie beaucoup pour la forme et la couleur. Le chapeau est orbiculaire, convexe, tantôt d'un brun roussâtre, tantôt jaunâtre ou cendré. Assez souvent, son épiderme *se fendille en plaques polygonales*. Les tubes sont *jaunes dès leur jeune âge* et deviennent verdâtres en vieillissant; ils sont *irréguliers*, *larges*, *allongés et laissent une profonde dépression autour du point d'attache du pied*. La chair est d'un blanc jaunâtre ; tantôt elle se conserve telle quelle quand elle est froissée, tantôt elle tourne au vert ou au bleu. Le pied est cylindrique, relativement menu, fréquemment courbe. Ce Bolet est fréquemment *envahi par une moisissure qui le transforme en une poussière d'un beau jaune d'œuf*.

Vient en automne dans les bois avec le précédent et est aussi très commun. Il convient de s'abstenir de ce Bolet, dont la chair du reste est mollasse et aqueuse.

AA. — Chapeau dépourvu de pied, attaché à son support par le côté.

6. Bolet foie (*comestible*). — Chapeau charnu et un peu gélatineux, d'un rouge brun, atteignant 2 décimètres de diamètre et plus, attaché par le côté, plus rarement muni d'un pied latéral gros et court. Chair *mollasse*, fibreuse, *plus ou moins rouge*, *ressemblant à du foie coupé.* Face supérieure *toujours gluante* et parsemée de petites protubérances dans le champignon jeune ; face inférieure *couverte de tubes distincts et séparés les uns des autres*, menus, inégaux, très serrés, d'abord blancs, puis d'un jaune pâle.

Ce Bolet vient, en automne, sur les vieilles souches, principalement des chênes. Sa chair a un goût vineux, un peu acide, mais pas d'odeur. On le désigne sous les noms vulgaires de *Langue de bœuf*, — *Foie de bœuf*, — *Langue de chêne*, — *Glu de chêne.*

7. Bolet amadouvier. — Le chapeau, attaché par le côté, est d'abord mollasse, puis *coriace et ligneux*, et atteint jusqu'à 5-6 décimètres de largeur. Sa face supérieure est *grisâtre ou ferrugineuse*, *marquée de sillons* et quelquefois de zones brunes *parallèles au bord;* si l'on frotte la première écorce, on en trouve dessous une seconde, dure et d'un noir luisant. Les tubes sont étroits, de couleur tannée, réguliers. La chair est coriace, filandreuse, de couleur tannée. *Ce Bolet vit plusieurs années. Il se forme annuellement une couche de tubes qui se superpose à la précédente.* En faisant une section du champignon, on peut aisément constater le nombre des couches de tubes et reconnaître ainsi l'âge du Bolet.

Le Bolet amadouvier se trouve sur le tronc de différents arbres et principalement du hêtre. Il sert à faire l'amadou.

La préparation de l'amadou consiste à ramollir par la cuisson la substance filandreuse du Bolet et à l'imprégner d'une matière capable de donner plus d'activité à sa combustion. Après avoir exposé l'Amadouvier dans un lieu frais ou dans une cave pour le ramollir un peu, on retranche les tubes, la partie par laquelle le champignon adhérait à l'arbre et l'on divise le reste en minces tranches, que l'on bat sur une pierre unie avec un marteau de bois. On les dispose ensuite par lits dans un chaudron, que l'on achève de remplir avec de l'eau, additionnée d'un peu de salpêtre, qui doit plus tard activer la combustion de l'amadou. On fait bouillir le tout une heure. On retire alors les tranches, on les fait sécher lentement à l'ombre, et finalement on leur fait subir un nouveau battage.

HYDNE.

Face inférieure du chapeau hérissée de pointes. Dans quelques espèces, le chapeau est peu distinct et se divise en une touffe de longues pointes pendantes.

A. — Chapeau bien distinct.

1. HYDNE SINUÉ (*comestible*). — Ce champignon est en entier d'un *jaune fauve ou roux*. Le chapeau est *charnu, convexe, lisse en dessus*, large de 5-7 centimètres, ordinairement arrondi, ondulé et sinué sur les bords. *Le dessous est hérissé de pointes fragiles*, cylindriques ou en alène, un peu plus foncées que le reste de la plante. *Le pied est gros, court*, presque toujours *excentrique*. La chair est blanche, ferme et cassante; quand on la mâche crue, elle a un *arrière-goût poivré* et un peu acerbe.

L'Hydne sinué vient à terre, dans les bois, en automne. On le trouve le plus souvent en touffes.

On le désigne sous les noms vulgaires de : *Eurchon*, — *Rignoche*, *Arresteron* (Landes), à cause de ses pointes rappelant celles d'un râteau (en gascon *arresteron*), — *Pied de mouton*, — *Barbe de chèvre* (Vosges).

AA. — Chapeau peu distinct, champignon rameux, croissant sur les arbres.

2. HYDNE HÉRISSON (*comestible*). — Pied court, irrégulièrement cylindrique et recourbé à son sommet, *émettant une multitude d'aiguillons minces, allongés, pendants et se terminant par étages*. Cette espèce est l'une des plus grandes

du genre. Elle est d'une consistance tendre et charnue, d'une saveur semblable à celle de l'agaric champêtre ou champignon de couche. Sa couleur est d'abord blanche, puis jaunâtre.

Croît en automne sur les cicatrices des vieux chênes.

3. HYDNE CORAIL (*comestible*). — Ce champignon, d'abord blanc, puis jaunâtre, atteint de grandes dimensions. D'une base tendre et charnue s'élèvent de *nombreux rameaux hérissés de pointes à leur face inférieure*. Ces rameaux, rapprochés en touffes, portent, au sommet de chacune de leurs subdivisions, une houppe de longues pointes, d'abord droites, puis pendantes et terminées par étages. Dans sa jeunesse, *cet Hydne ressemble à une tête de choux-fleur*.

Vient, en automne, sur les vieux troncs d'arbre, principalement sur le chêne.

LXXVIII

Chanterelle. — Helvelle. — Morille. — Clavaire. Truffe.

CHANTERELLE.

Chapeau en entonnoir, irrégulier, onduleux sur les bords, garni en dessous de plis étroits, un peu saillants, ramifiés.

1. CHANTERELLE ORDINAIRE (*comestible*). — Ce champignon est d'un *jaune* plus ou moins pâle, plus ou moins *orange*. Le pied est plein, charnu, épais de 10-12 millimètres; il se dilate progressivement en un chapeau irrégulier, d'abord arrondi et convexe, *ensuite en entonnoir, sinueux sur les bords, ordinairement plus prolongé d'un côté que de l'autre*. Le dessous du chapeau est marqué de veines ou nervures saillantes, ramifiées et décurrentes sur le pied. Son odeur est agréable, *sa saveur est un peu poivrée* lorsqu'on le mâche cru.

La Chanterelle ordinaire est un excellent champignon que l'on mange partout. Elle croît en abondance dans les forêts en automne. Ses noms vulgaires sont : *Chevrotte*,

Chevrille, Gyrole, Jaunelet, Mousseline, Cassine, Escraville, Gallinace.

2. Chanterelle a pied noir (*vénéneux*). — Cette espèce, que l'on rencontre fort rarement, ressemble à la précédente; mais *son pied est mince, noir et du double plus long.* Le chapeau est *d'un jaune sale*, d'abord convexe et ensuite concave ou simplement déprimé au centre.

Elle croît dans les bois et quelquefois dans les champs, parmi les graminées.

HELVELLE.

Les Helvelles se terminent par un chapeau irrégulier, formé de lames membraneuses, lisses, rabattues sur les côtés ou confusément plissées. Leur pied est presque toujours crevassé, lacuneux. Toutes sont alimentaires. Les principales sont :

1. Helvelle comestible (*comestible*). — Chapeau membraneux, lisse, de forme variable, diversement lobé et plissé, large de 5-8 centimètres, d'un *brun rougeâtre.* Pied fistuleux *non crevassé,* blanchâtre ou couleur de chair, assez souvent renflé à la base.

Croît de *mars en mai* dans les bois de pins des lieux montueux, principalement sur les bords sablonneux des chemins.

2. Helvelle crépue (*comestible*). — Cette espèce est assez grande et atteint de 8 à 12 centimètres de hauteur. Le chapeau est *blanchâtre, incarnat, jaune, roux,* rabattu sur les côtés, lobé, *puis tout contourné* et crépu. Le pied est fort, blanc, renflé inférieurement, *relevé de côtes et creusé de sillons irréguliers.*

Croît en *automne* dans les parties fraîches des bois.

3. Helvelle en mitre (*comestible*). — Se distingue des précédentes par sa taille plus petite, par son chapeau plus régulier, rappelant une mitre pliée, *formé de deux à quatre lobes amples et rabattus sur les côtés.* Le pied est blanc, crevassé ; le chapeau est généralement *d'un brun grisâtre, presque noir.*

Vient au *printemps* dans les lieux boisés. C'est le *Bouné dé capelan* des bords du Rhône.

MORILLE.

Les Morilles se reconnaissent à leur chapeau ovoïde, creusé sur toute sa surface de larges et profondes cavités ou alvéoles où se développent les spores. Le pied n'est pas reçu dans un volva. Le dernier caractère empêche de confondre les Morilles avec les Satyres, champignons pernicieux, de forme étrange, d'odeur infecte, et dont le chapeau est également alvéolé, mais porté sur un pied reçu dans un ample volva.

Toutes les Morilles sont comestibles et croissent au printemps, principalement en avril. La plus importante est la suivante.

Morille comestible (*comestible*).. — Ce champignon, le plus estimé de tous, a le pied cylindrique, quelquefois plein, quelquefois creux à l'intérieur, blanc, uni, long de 3-5 centimètres. Son chapeau est ovoïde, adhérent avec le pied et crevassé de nombreuses cavités polygonales. Son odeur est douce et agréable. La couleur est assez variable. Quelques Morilles sont d'abord d'un blanc de lait et deviennent ensuite d'un jaune paille ; d'autres sont grisâtres au début et tournent au bistre foncé ; d'autres enfin passent du gris brun au noirâtre.

Vient en avril, aux premières fleurs de l'aubépine et du prunellier, dans les clairières des bois, sur les bords des sentiers.

CLAVAIRE.

Les Clavaires n'ont pas de chapeau distinct. Elles sont parfois simples et s'allongent en forme de massue, mais plus fréquemment elles sont très ramifiées et imitent un petit buisson touffu. Toutes sont comestibles, à moins qu'elles ne soient trop coriaces. Elles croissent le plus souvent à terre. La plus usitée comme aliment est la suivante.

Clavaire corail (*comestible*). — Cette espèce, employée partout comme aliment, est un des champignons les plus sûrs. Elle est fragile, pleine, tantôt simple, tantôt à deux ou trois divisions, mais le plus fréquemment divisée en un nombre considérable de rameaux, lisses, cylindriques, pleins, qui forment une touffe buissonnante. Sa couleur varie du blanc au jaune, et du jaune à l'orangé. Sa hauteur atteint de cinq à dix centimètres.

La Clavaire corail vient en automne dans les bois. Il faut la cueillir jeune; trop vieille, elle est coriace et indigeste.

Elle porte les noms vulgaires de : *Barbe de chèvre*, *Barbe de bouc*, *Barbe de capucin*, *Mainotte*, *Tripette*, *Ganteline*, *Balai*, *Buisson*, *Bouquin barbe*, *Gallinette*, *Poule*, *Pied de coq*.

TRUFFE.

Les truffes sont des champignons charnus, arrondis, souterrains, dont la chair est marbrée de veines dirigées en tous sens. C'est dans ces veines que se forment les semences ou spores. Des idées très bizarres ont cours sur l'origine des Truffes. Les uns les regardent comme le produit des racines des arbres, du chêne en particulier, au pied desquels elles viennent; d'autres les considèrent comme des excroissances, des galles des racines, provoquées par la piqûre de quelque mouche. Ces opinions, dont la source est le charlatanisme autant que l'ignorance, ne méritent pas la moindre confiance et sont dans la contradiction la plus formelle avec les résultats d'une étude sévère. Les Truffes sont des champignons ayant leur vie propre, indépendante, comme tous les autres. Le caractère de ne croître que sous terre ne leur est pas particulier; beaucoup d'autres champignons l'ont également. Il est vrai que parfois une Truffe englobe dans sa croissance quelque menue racine dont elle paraît être alors une dépendance; mais les champignons croissant à l'air libre en font autant : ils englobent, dans leur rapide accroissement, les corps voisins, quels qu'ils soient, feuilles mortes, gazon sec ou vivant, rameaux, terre, grains de sable. L'adhérence d'une Truffe avec une racine ne prouve donc absolument rien. La science est unanime à ce sujet : les Truffes sont des champignons provenant, ainsi que tous les autres, de la germination de spores dans un terrain favorable, ou du développement des fragments de mycelium, produit lui-même par des spores.

Truffe noire. — Elle est arrondie, noire ou grise, dépourvue de toute espèce de racine ; sa surface est relevée de petites éminences ou verrues prismatiques. Quand elle est jeune, elle est blanche à l'intérieur ; dans son état de développement complet, elle est noirâtre et marbrée de veines d'un blanc roussâtre.

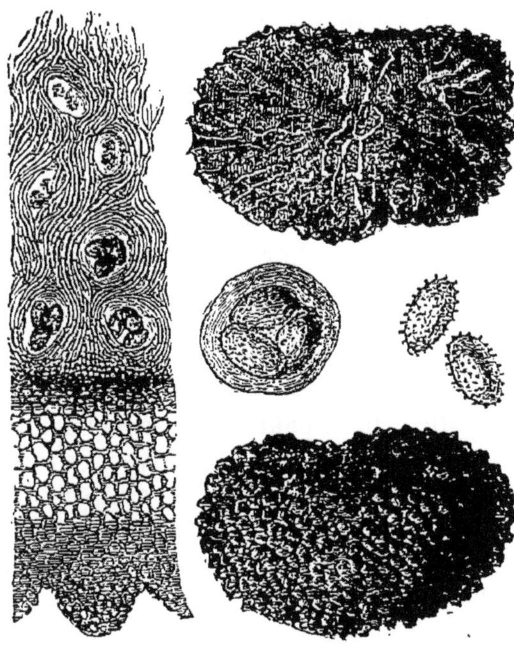

Fig. 72. — Truffe noire.

Il faut une année entière à la Truffe pour se former, et on doit distinguer dans cette plante trois principaux états, qui offrent autant d'aspects différents : 1° lorsqu'elle commence à se former ; 2° lorsqu'elle est formée, sans être marbrée ni en maturité ; 3° lorsqu'elle est en maturité et marbrée.

Dans le premier état, c'est-à-dire à la fin de l'hiver et au printemps, c'est un tubercule rougeâtre, grand comme un pois à chair blanche. Dans le deuxième état, c'est-à-dire en été, sa surface est déjà noire et grenue, mais sa chair est encore blanche, et à peine ses lignes grises marquent-elles. Dans le troisième état, vers la fin de l'automne et au commencement de l'hiver, la Truffe est en maturité. Alors sa surface est très noire et couverte de fines verrues, sa chair est noirâtre et marbrée de veines blanchâtres, son parfum est décidé. Cet état de maturité est bientôt suivi d'une dissolution de la chair qui tombe en bouillie, dissolution fréquemment activée par la présence de larves de divers insectes qui se nourrissent de ce champignon, de même que d'autres vers, d'autres larves se nourrissent des champignons aériens.

Les Truffes viennent au voisinage d'un grand nombre d'arbres très différents, mais principalement des chênes et des châtaigniers. Elles préfèrent les terrains argileux, mêlés de sable et de parties ferrugineuses, où la chaleur et la pluie pénètrent facilement. Les Truffes du Périgord sont les plus estimées.

On reconnaît qu'un terrain recèle des Truffes à certaines gerçures, au bruit sourd et particulier qu'il rend toujours, lorsqu'on le frappe d'un bâton, et à un léger renflement de sa surface, car la Truffe en grossissant soulève la terre sous laquelle elle est cachée ordinairement à la profondeur de 1 à 2 décimètres. Une espèce de mouche jaunâtre, dont la larve vit dans les Truffes, peut également servir à faire reconnaître les points où ce champignon se trouve. Ces mouches, soit qu'elles sortent de l'état de larves, soit qu'elles veuillent déposer les œufs dans les Truffes, se tiennent assez constamment dans leur voisinage.

A la fin de l'automne, lorsque, par un temps serein, on les voit se balancer en colonnes dans l'air, on peut être certain qu'en fouillant la terre au-dessous d'elles, on découvrira des Truffes.

Un indice plus certain encore, c'est l'odeur particulière que les Truffes exhalent et qui se fait sentir à quelque distance. Cette odeur n'est pas toujours sensible pour l'homme, mais elle l'est extrêmement pour les cochons, qui recherchent les Truffes avec une avidité extrême. On conduit donc ces animaux dans les terrains où l'on sait qu'il y a des Truffes ; aussitôt qu'ils fouissent la terre en un lieu plus particulièrement, on accourt, on les éloigne, et avec une petite bêche on soustrait la Truffe à leur gloutonnerie. On récompense l'animal avec un gland pour l'encourager à continuer ses recherches et ses fouilles.

Comme il faut une grande surveillance avec le porc, qui souvent dévore la Truffe avant que l'on ait eu le temps d'accourir, on a imaginé de dresser des chiens à cette sorte de chasse. Rarement ces animaux montrent du goût pour les Truffes; cependant avec quelques soins on parvient à les accoutumer à leur usage. Quand une fois ils en mangent avec plaisir de cuites et de crues, on peut les conduire à la recherche des Truffes. Avec le chien, cette chasse est facile et ne diffère guère de celle que l'on fait avec le cochon. Lorsque le chasseur le voit flairer plus particulièrement certain endroit et le gratter avec ses pattes, il écarte l'animal et avec un outil déterre les Truffes.

Les divers chapitres sur les champignons sont extraits des ouvrages de Persoon, de Candolle, Fries, Léveillé, Cordier, Bulliard, Paulet, Viviani, et de nos propres observations.

LXXIX

Préparation des champignons.

..... La réunion fut encore plus nombreuse que la première fois. L'histoire des plantes vénéneuses s'était répétée dans le village. Quelques-uns, gens routiniers se complaisant dans leur stupide ignorance, avaient bien dit : « A quoi cela sert-il? — Eh! parbleu, répliquaient les autres, cela sert à se méfier des plantes malfaisantes, pour ne pas finir misérablement comme le pauvre Joseph. » Mais les routiniers avaient hoché la tête d'un air suffisant. Rien n'est suffisant comme la sottise. Il ne vint donc chez l'oncle Paul que des gens de bonne volonté.

Paul. De toutes les plantes vénéneuses, mes amis, les champignons sont les plus redoutables, et cependant quelques-uns fournissent un aliment délicieux, capable de tenter les plus sobres.

SIMON. Pour ma part, je l'avoue, rien ne vaut un plat de champignons.

PAUL. Personne ne vous accusera de gourmandise, car, je viens de le dire, les champignons peuvent tenter les plus sobres. Je ne veux détourner personne de leur usage, je sais trop bien de quelle ressource ils sont dans la campagne; je me propose simplement de vous mettre en garde contre les espèces vénéneuses.

MATHIEU. Vous allez nous apprendre à distinguer les espèces bonnes des espèces mauvaises?

PAUL. Non, car c'est pour nous impossible.

MATHIEU. Comment, impossible! Il est au su de tous qu'on peut manger sans crainte les champignons qui viennent au pied de tel ou tel arbre.

PAUL. Avant de répondre à l'observation, je m'adresse à vous tous et je demande : Avez-vous confiance en ma parole? êtes-vous d'avis que passer sa vie à étudier ces choses-là en apprend plus long que le dire des personnes dont ce n'est pas le métier?

SIMON. Maître Paul, vous pouvez parler; nous avons tous une pleine confiance dans votre savoir.

PAUL. Eh bien, je vous le répète en toute conviction : il nous est impossible, à nous, qui ne sommes pas du métier, de distinguer un champignon comestible d'un champignon vénéneux, car aucun n'a de marque qui puisse dire : Ceci se mange, et ceci ne se mange pas. Ni la nature du terrain, ni les arbres au pied desquels ils viennent, ni leur forme, ni leur coloration, ni leur goût, ni leur odeur, ne peuvent en rien nous renseigner et nous permettre de distinguer à première vue ceux qui sont inoffensifs de ceux qui sont vénéneux. J'en conviens, une personne qui passerait de longues années à étudier les champignons avec le minutieux coup d'œil qu'y met la science, parviendrait à distinguer fort bien ce qui est vénéneux de ce qui est inoffensif, de même que l'on arrive à connaître toutes les autres plantes; mais pouvons-nous faire de telles études, en avons-nous le temps? Nous connaissons à peine une douzaine d'herbes sauvages, et nous voudrions décider des propriétés des champignons, si nombreux en espèces, ressemblants entre eux?

Je me hâte d'ajouter que, dans toute localité, l'usage a de longtemps appris de quelles espèces on peut sans danger se nourrir. Il est excellent de se conformer à cet usage, qui nous fait profiter de l'expérience des autres, à la condition, bien entendu, d'être au courant des espèces usitées. Ce n'est pas assez, cependant, pour être sauvegardé de tout péril. Une erreur est si facile à commettre! Et puis, changez de localité, et vous rencontrerez d'autres champignons, qui, tout en ayant un air de famille avec ceux que vous connaissiez comme bons, seront d'un emploi dangereux. Ma règle de conduite est, vous le voyez, absolue : il faut se méfier de tous les champignons, un excès de prudence est ici nécessaire.

Simon. J'admets avec vous qu'il nous est impossible de distinguer à première vue les espèces vénéneuses des espèces comestibles ; mais il y a des moyens de décider la question.

Paul. Voyons ces moyens.

Simon. En automne, nous faisons sécher au soleil les champignons coupés par tranches. Ce sont d'excellentes provisions d'hiver. Les champignons vénéneux pourrissent sans pouvoir sécher, les bons se conservent.

Paul. Erreur. Tous les champignons, bons et mauvais indifféremment, se conservent ou pourrissent, suivant leur état plus ou moins avancé et suivant le temps qu'il fait au moment de la préparation. Ce caractère est sans valeur aucune.

Antoine. Les vers se mettent aux bons champignons; ils ne se mettent pas aux mauvais, qui les empoisonneraient.

Paul. Ce caractère ne vaut pas mieux que l'autre. Les vers se mettent dans tous les champignons vieux, dans les mauvais comme dans les bons, car ce qui est mortel pour nous est quelquefois inoffensif pour eux. Leur estomac est fait pour se nourrir impunément de poison. Certains insectes mangent l'aconit, la digitale, la belladone ; ils se régalent de ce qui nous tuerait.

JEAN. On dit qu'une pièce d'argent, mise dans la casserole où les champignons cuisent, noircit s'ils sont mauvais, et reste blanche s'ils sont bons.

PAUL. Le dire est une sottise, et le mettre en pratique une folie. L'argent ne change pas plus de couleur en présence des champignons mauvais que des champignons bons.

SIMON. Il ne reste plus alors qu'à renoncer aux champignons.

PAUL. Mais non, je vous engage au contraire à les utiliser plus souvent qu'on ne le fait. Le tout est de s'y prendre convenablement.

Ce qui est vénéneux dans les champignons, ce n'est pas la chair, c'est le suc dont elle est imprégnée. Faisons partir ce suc, et les propriétés malfaisantes disparaîtront du coup. On y parvient en faisant cuire dans l'eau bouillante, avec une bonne poignée de sel, les champignons coupés par tranches, frais ou secs indifféremment. On les met égoutter dans une passoire et on les lave une paire de fois avec de l'eau froide. Cela fait, on les prépare de telle façon qui nous convient..

Si, au contraire, les champignons sont préparés sans être préalablement cuits à l'eau bouillante, nous nous exposons au danger d'un suc vénéneux. La cuisson à l'eau bouillante, additionnée de sel, est si efficace que, dans l'intention de résoudre cette grave affaire, des personnes ont eu le courage de se nourrir, des mois entiers, avec les champignons les plus vénéneux, mais débarrassés de leur principe vénéneux par l'action de l'eau salée ou vinaigrée.

SIMON. Et que leur est-il advenu?

PAUL. Rien du tout. Il est vrai que ces personnes apportaient à la préparation de leurs champignons une scrupuleuse attention.

SIMON. Il y avait de quoi. D'après vous, alors, on pourrait faire usage de tous les champignons indistinctement?

PAUL. A la rigueur, oui. Mais ce serait aller trop loin, beaucoup trop loin. Il y aurait à craindre une préparation incomplète, une cuisson insuffisante. J'affirme seulement qu'il faut soumettre à la cuisson préalable dans l'eau bouillante et salée les champignons réputés bons dans le pays. Si, de fortune, il s'en trouvait de vénéneux dans le nombre, le poison serait de la sorte écarté, et aucun accident n'arriverait, j'en mettrais la main sur le feu.

SIMON. Ce que vous venez de nous apprendre là, maître Paul, sera mis à profit, soyez-en sûr. Est-on jamais bien certain qu'il n'y a rien de vénéneux dans ce qu'on a recueilli?

J.-H. FABRE.

En 1850, j'épiai les premières Amanites, et je revins chez moi avec plusieurs beaux échantillons d'Amanite bulbeuse, qui de tous nos champignons est le plus vénéneux. Je les fis macérer dans plusieurs liquides, les uns dans de l'eau pure, d'autres dans de l'eau acidulée par du vinaigre, d'autres dans de l'eau salée. Je prolongeai la macération pendant douze heures, je les lavai à grande eau et je les apprêtai. J'en mangeai environ 40 à 50 grammes de chaque et n'en fus pas incommodé. On comprendra facilement ma prudence : je m'étais entouré de tous les moyens de combattre un empoisonnement dans le cas où il serait venu à se déclarer.

N'ayant éprouvé aucun malaise, je doublai la dose, toujours avec le même résultat. Je dois dire que, après cette préparation, ces champignons, dont l'odeur est d'abord fade et repoussante, prennent l'odeur et le goût des champignons comestibles. Je modifiai alors mon système de préparation en diminuant la durée de la macération, qui ne fut plus que de quatre heures, puis de deux. Dès que le champignon avait perdu son odeur nauséeuse, je le regardais comme inoffensif; je le faisais blanchir à grande eau, avec ou sans vinaigre, et je fus dès lors convaincu de l'infaillibilité de ce procédé.

L'automne arriva, et deux empoisonnements successifs vinrent jeter l'effroi dans Paris. La presse s'en occupa ; on rappela les procédés de la pièce d'argent, de l'oignon, de la bague d'or, qui, dit-on, changent de couleur ou même noircissent en présence des champignons vénéneux. Ce sont là des préjugés plus dangereux encore que l'ignorance, puisqu'ils donnent une sécurité trompeuse. Je résolus dès lors de répéter mes expériences sur toutes les espèces vénéneuses indistinctement, afin d'arriver à un résultat qui permît de rédiger une note destinée à être vulgarisée pour prévenir le retour de pareils accidents.

Dans l'espace d'un mois, il entra chez moi plus de 150 livres de champignons vénéneux de toute espèce. Pendant huit jours, je m'astreignis à manger deux fois par jour, malgré la répugnance que me causait cette uniformité de nourriture, de 250 à 300 grammes de champignons cuits. N'en ayant ressenti aucune incommodité, je ne m'en tins pas là, et, craignant que les nombreuses expériences que je ne cesse de faire sur moi pour connaître l'action des poisons végétaux n'eussent émoussé ma sensibilité, j'admis tous les membres de ma famille, qui est de douze personnes, à partager mes expériences. Je ne procédais qu'avec lenteur, et, après avoir essayé sur un, j'en prenais un deuxième. Je continuai jusqu'à ce que je fusse convaincu que, malgré la différence des âges, des sexes et des tempéraments, personne n'en était incommodé. L'épreuve était décisive : il ne s'agissait plus de quelques grammes de champignons ou d'essais sur des animaux; une famille de douze personnes en avait mangé jusqu'à ce que la satiété eût amené la répugnance.

Satisfait d'avoir obtenu un succès si complet, je me mis à déterminer avec précision le temps et les quantités de liquides nécessaires pour rendre inoffensifs les champignons les plus dangereux.

J'arrivai finalement au résultat suivant :

Pour chaque 500 *grammes de champignons coupés en morceaux d'assez médiocre grandeur, il faut un litre d'eau acidulée par deux à trois cuillerées de vinaigre, ou additionnée de deux cueillerées de sel. On laisse les champignons macérer dans le liquide pendant deux heures entières, puis on les lave à grande eau. Ils sont alors mis dans de l'eau froide qu'on porte à l'ébullition, et après un quart d'heure ou une demi-*

heure on les retire. On les lave, on les essuie et on les apprête soit comme un mets spécial, soit comme condiment.

FRÉDÉRIC GÉRARD.

En Russie, les gens de la campagne mangent beaucoup de champignons et en font de grandes provisions pour l'hiver. Ces champignons et le pain sont à peu près, pendant le carême, la seule nourriture des pauvres paysans des contrées forestières. Ils font sécher ou ils salent ceux qu'ils veulent conserver pour l'hiver.

On mange généralement en Russie toutes les espèces de champignons indistinctement, et en particulier plusieurs espèces qu'on regarde ailleurs comme très pernicieuses. La fausse oronge, les champignons puants du fumier, et quelques autres trop petits, trop coriaces ou dénués de chair, sont les seuls dont on ne fasse pas usage. Cet emploi de toute espèce de champignons n'a causé encore aucun malheur. Les paysans se contentent de les faire bouillir dans de l'eau avec du sel.

PALLAS.

Les champignons regardés comme vénéneux deviennent une nourriture substantielle et exempte de tout danger par diverses préparations auxquelles on les soumet préalablement. La coction à l'eau bouillante et salée est un des moyens les plus sûrs.

Nous trouvant en Bavière, à l'armée du Danube, à la fin de l'an VIII (1800), nous vîmes les paysans des contrées situées entre l'Iser et l'Inn se nourrir indistinctement de Bolets et d'Agarics, qui abondent dans les forêts de pins dont ce pays est coupé. En notre qualité de médecin, nous devions plus particulièrement nous assurer de la manière dont s'apprêtaient ces champignons pour ne causer aucun accident. Nous reconnûmes qu'après enlèvement des tubes, des lames et de la pellicule colorée du chapeau, la chair, divisée en morceaux, était placée dans de grands chaudrons remplis d'eau et mise en ébullition pendant à peu près une demi-heure. Cette eau prenait une teinte sale et exhalait une odeur très désagréable. Comme elle était chargée du principe vénéneux des champignons, les paysans avaient grand soin de la vider dans les égouts, afin qu'aucun animal domestique ne pût y toucher. Ainsi bouillie, la chair des champignons était mélangée avec de la farine humectée d'eau et aiguisée de sel. Avec cette pâte, on formait des boulettes, nommées *Knedol*, que l'on plaçait à leur tour dans des chaudrons remplis d'eau. Une nouvelle coction avait lieu, plus ou moins prolongée, suivant le degré de consistance que la cuisinière désirait donner au mets. Enfin ces boulettes étaient servies disposées en pyramides sur des plats; trois à quatre suffisaient au repas du plus vigoureux travailleur. MOUGEOT.

Résumons les documents qui précèdent. — Ce n'est pas la chair elle-même des champignons qui est vénéneuse, c'est le liquide qui l'imbibe. Si par un traitement quelconque assez énergique, comme la pression, l'action d'un dissolvant, la cuisson dans l'eau bouillante et des lavages répétés, on débarrasse les champignons de leur liquide vénéneux, la chair qui reste est désormais inoffensive, proviendrait-elle de l'espèce la plus redoutable. Le liquide exprimé et l'eau ayant servi à la cuisson sont, au contraire, des poisons; et leurs propriétés délétères sont d'autant plus actives que le principe vénéneux est concentré en un moindre volume. Ces faits sont mis hors de doute tant par les usages adoptés en certaines provinces que par les expériences tentées sur eux-mêmes par de courageux observateurs. La règle à suivre dans l'usage des champignons est donc celle-ci :

1° *A moins de connaissances botaniques certaines, n'admettre que les espèces reconnues bonnes dans le pays que l'on habite.*

2° *Pour se prémunir contre toute chance d'erreur, faire macérer les champignons dans de l'eau salée ou vinaigrée, puis les faire cuire à l'eau bouillante d'après le précepte de Gérard; ou du moins les faire cuire à l'eau bouillante additionnée de sel.*

3° *Le liquide provenant de ces traitements doit être rejeté, et les champignons cuits doivent être lavés à l'eau froide, puis égouttés. On les prépare alors de la manière que l'on veut.*

Si, dans le nombre, il se trouvait des espèces vénéneuses, on peut être certain que ce traitement les aura rendues inoffensives. Avec ces précautions scrupuleusement suivies, on peut affirmer, en toute certitude, que ne se reproduiront plus ces lamentables accidents dont on a, toutes les années, de nombreux exemples.

J.-H. FABRE.

FIN

TABLE DES MATIÈRES

FIN DE LA TABLE DES MATIÈRES.

Coulommiers. — Imp. Paul BRODARD

A LA MÊME LIBRAIRIE

DICTIONNAIRE GÉNÉRAL DES SCIENCES

THÉORIQUES ET APPLIQUÉES

Par MM. **PRIVAT-DESCHANEL**, proviseur du lycée de Vanves, et **AD. FOCILLON**, directeur de l'École Colbert, avec la collaboration d'une réunion de savants, d'ingénieurs et de professeurs.
Troisième édition.

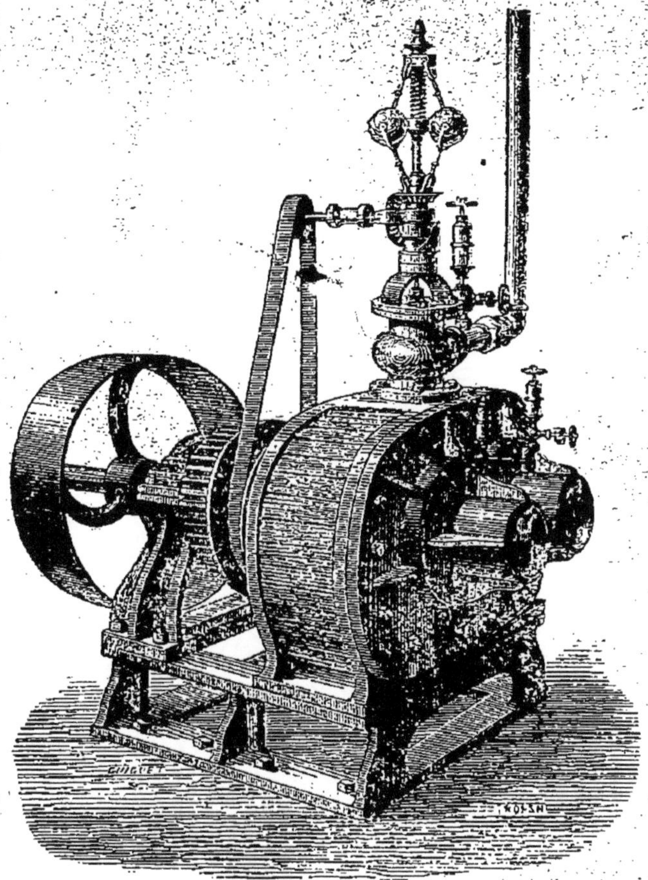

Machine rotative de Behrens.

Comprenant : POUR LES MATHÉMATIQUES : L'arithmétique, l'algèbre; la géométrie pure et appliquée ; le calcul infinitésimal; le calcul des probabilités; la géodésie, l'astronomie, etc.

POUR LA PHYSIQUE ET LA CHIMIE : La chaleur, l'électricité, le magnétisme, le galvanisme el leurs applications ; la lumière, les instruments d'optique; la photographie, etc. ; la physique terrestre, la météorologie, etc. ; la chimie générale; la chimie industrielle; la chimie agricole; la fabrication des produits chimiques, des substances industrielles ou alimentaires, etc.

POUR LA MÉCANIQUE ET LA TECHNOLOGIE : Les machines à vapeur; les moteurs hydrauliques et autres; les machines-outils; la métallurgie; les fabrications diverses; l'art militaire; l'art naval; l'imprimerie, la lithographie, etc.

POUR L'HISTOIRE NATURELLE ET LA MÉDECINE : La zoologie; la botanique; la minéralogie; la géologie; la paléontologie; la géographie animale et végétale; l'hygiène publique et domestique; la médecine; la chirurgie; l'art vétérinaire; la pharmacie; la matière médicale; la médecine légale, etc.

POUR L'AGRICULTURE : L'agriculture proprement dite; l'économie rurale; la sylviculture; l'horticulture; l'arboriculture; la zootechnie; les industries agricoles, etc.

AVEC ENVIRON 3 000 FIGURES INTERCALÉES DANS LE TEXTE

1 vol. grand in-8° de 3 000 pages, broché. . . . . 32 »
Le cartonnage en percaline gaufrée. . . . . 5 »
La demi-reliure en chagrin. . . . . 8 »

Paris. — Impr. E. CAPIOMONT et V. RENAULT, rue des Poitevins, 6.

www.ingramcontent.com/pod-product-compliance
Ingram Content Group UK Ltd.
Pitfield, Milton Keynes, MK11 3LW, UK
UKHW020437200726
13857UKWH00002B/460

9 782012 895874